全国高职高专应用型规划教材·机械机电系列

工程力学

主　编　周夏青　白红村

参　编　张春霞　张世亮

　　　　张　洁　隋景勋

北京大学出版社

PEKING UNIVERSITY PRESS

内 容 提 要

本书根据高职高专院校的教学特点和培养目标，以工程实例为切入点进行讲述，简化了理论推导，突出了实际应用。

本书分为静力学、材料力学和运动力学三部分。静力学部分介绍了静力学基础、平面力系、摩擦、空间力系，材料力学部分介绍了轴向拉伸与压缩、剪切与挤压、圆轴的扭转、直梁弯曲、组合变形构件的强度、压杆稳定、疲劳破坏和交变应力，运动力学部分介绍了质点运动力学和刚体运动力学。各专业可根据实际情况进行选择。各章均附有本章的要点、小结、思考题和习题，并在书末提供了部分习题的参考答案。

本书可作为各类高职高专院校及成人院校的机械机电类、近机械类各专业的教学用书，也可供相关工程技术人员参考。

图书在版编目(CIP)数据

工程力学/周夏青,白红村主编. —北京：北京大学出版社，2013.1
(全国高职高专应用型规划教材·机械机电系列)
ISBN 978-7-301-21833-4

Ⅰ.①工… Ⅱ.①周…②白… Ⅲ.①工程力学—高等职业教育—教材Ⅳ.①TB12

中国版本图书馆CIP数据核字(2012)第309867号

书　　名：工程力学
著作责任者：周夏青　白红村　主编
策 划 编 辑：傅　莉
责 任 编 辑：傅　莉　刘红娟
标 准 书 号：ISBN 978-7-301-21833-4/TB·0001
出 版 发 行：北京大学出版社
地　　址：北京市海淀区成府路205号　100871
网　　址：http://www.pup.cn　新浪官方微博：@北京大学出版社
电 子 信 箱：zyjy@pup.cn
电　　话：邮购部62752015　发行部62750672　编辑部62754934　出版部62754962
印 刷 者：北京鑫海金澳胶印有限公司
经 销 者：新华书店
787毫米×1092毫米　16开本　13.5印张　303千字
2013年1月第1版　2013年1月第1次印刷
定　　价：27.00元

前　言

本书是根据高职高专院校机电类及近机械类专业工程力学教学的需要，并根据教育部制定的“高职高专教育工程力学课程教学基本要求”编写而成，可作为高职高专机电类及近机械类专业“工程力学”课程60～80课时的教学用书，也可作为专升本考前复习及自学考试等的参考资料。

本书在编写过程中力求满足高职高专教育培养高技能人才的要求，本着“实用、够用”的原则，注重培养技术应用型人才的特色。在文字论述上，力求准确、简练和严谨；在内容安排上，着重讲清基本概念、基本原理和基本方法，简化理论推导，加强实践应用；在每章的开始部分均有本章要点，以便学生更好地了解本章的学习重点和要求；在每章后均附有本章小结、思考题和习题，以便学生总结并掌握本章的知识。

本书分为静力学、材料力学和运动力学三部分。静力学部分介绍了静力学基础、平面力系、摩擦、空间力系，材料力学部分介绍了轴向拉伸与压缩、剪切与挤压、圆轴的扭转、直梁弯曲、组合变形构件的强度、压杆稳定、疲劳破坏和交变应力，运动力学部分介绍了质点运动力学和刚体运动力学。各专业可根据实际情况进行选择。

本书配有课件，可供选用本书的教师免费下载。

参加本书编写的有：周夏青（第1，2，6，12章）；白红村（第3，4，5章）；张春霞（第7，8章）；张世亮（第9章）；张洁（第10，11章）；隋景勋（第13章）。

本书由周夏青、白红村主编并统稿。在编写过程中，有关同行提出了很好的意见和建议，在此一并表示感谢！

由于编者水平有限，错漏之处在所难免，恳请广大读者批评指正。

编　者

2012年11月

目　　录

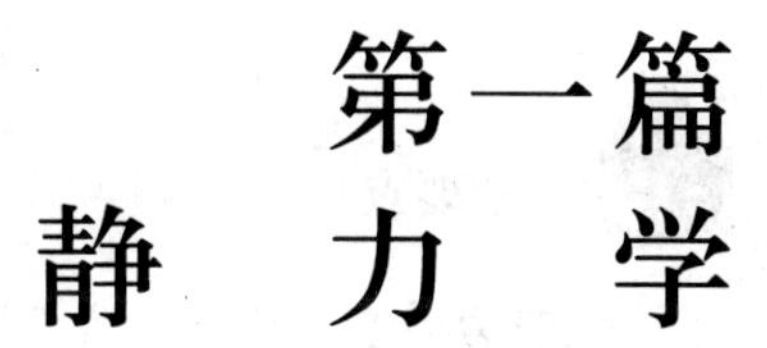

第一篇 静力学

静力学主要研究作用在物体上的力系的简化以及力系作用下的平衡问题。本章首先介绍静力学的基本概念和基本公理，然后是约束、约束类型及物体的受力分析，最后介绍构件的受力图画法。可以说受力分析是画受力图的基础，因此受力分析是本章的重点。

第 1 章　静力学基础

本章要点

- 静力学基本概念、力及刚体的概念，理解静力学公理及推论。
- 常见约束的反力分析方法。
- 画出受力图。

1.1　静力学的基本概念

1.1.1　力的概念

人们在生产和生活实践中逐渐形成了力的概念。例如，人在扛东西时感到肩膀受力；用手推车，车就由静止开始运动。

1. 定义

力是物体间的相互机械作用，这种机械作用使物体的运动状态或尺寸形状发生改变。力使物体的运动状态发生改变称为力的外效应，力使物体尺寸形状发生改变称为力的内效应。理论力学主要研究物体的外效应，材料力学主要研究物体的内效应。

2. 力的三要素及表示方法

在工程实践中，物体间机械作用的形式是多种多样的，如重力、压力、摩擦力等。力对物体的效应（外效应和内效应）取决于力的大小、方向和作用点，这三者被称为力的三要素。力是一个既有大小又有方向的物理量，所以力是矢量。力可用一条有向线段表示，线段的长度（按一定比例尺）表示力的大小；线段的方位和箭头表示力的方向；线段的起始点（或终点）表示力的作用点。

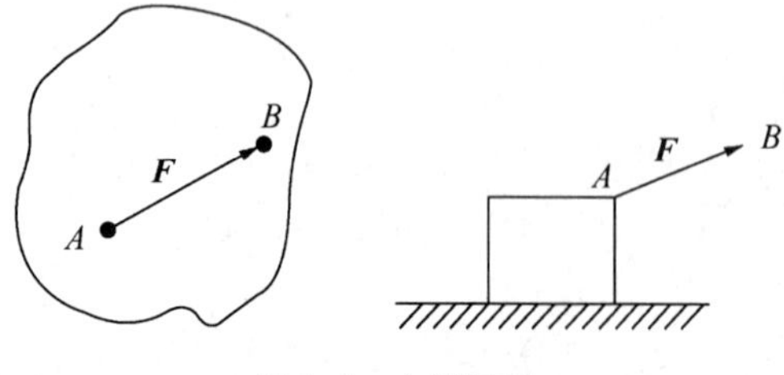

图 1-1　力的图示

如图 1-1 所示线段的起点 A 表示力的作用点，用线段的方位和箭头表示力的方向，用线段的长度表示力的大小。本书中，力的矢量用黑体字母表示，如 $\boldsymbol{F}$。力的单位是牛顿，用 N 表示（或千牛顿，用 kN 表示）。

3. 力系与等效力系

由若干个力组成的系统称为力系。力系按照作用线是否处于同一平面可以分为两种——平面力系和空间力系。如果一个力系与另一个力系对物体的作用效应相同，则这两个力系互称为等效力系。若一个力与一个力系等效，则称这个力为该力系的合力，而该力系中的各力称为这个力的分力。已知分力求其合力的过程称为力的合成，已知合力求其分力的过程称为力的分解。

1.1.2　刚体的概念

刚体是指在力的作用下，大小和形状都不变的物体。这是一个抽象化的力学模型。和刚体相对的为变形体。事实上，物体在力的作用下都会产生不同程度的变形。但在一般情况下，工程上的结构构件和机械零件的变形都是微小的，而这种微小的变形可以忽略不计，所以可以把结构构件和机械零件抽象为刚体。如钢筋混凝土结构中的梁，一般情况下可以将其视为刚体来进行研究。在静力学中可以将受力的物体假设为刚体，研究刚体的平衡问题，这样可以减少工作量，使问题简单明了。但是，如果考虑问题时认为微小的变形不能忽略（如材料力学部分)，则必须把物体视为变形体进行分析。当然，研究变形体的平衡问题也是以刚体静力学为基础的。

在静力学中所研究的物体只限于刚体，因此，静力学又称刚体静力学。由若干个刚体组成的系统称为物体系统，简称物系。

1.1.3　平衡的概念

平衡是指物体相对于惯性参考系处于静止或作匀速直线运动状态。在实际工程中，一般选惯性参考系为固连于地球的参考系。这样一来，工程中的一般平衡问题就转化为物体相对地球处于静止或作匀速直线运动状态的问题。若一力系使物体处于平衡状态，则该力系称为平衡力系。

静力学研究的对象包括以下问题。

（1）力系的简化。

（2）建立各种力系的平衡条件。

1.2　静力学的基本公理

静力学公理是人们在长期生活和生产实践中总结概括出来的。这些公理的正确性已为实践反复证明，并被大家公认。它们是静力学的理论基础。

公理一：二力平衡公理　作用于刚体上的两个力平衡的必要和充分条件是：这两个力的大小相等、方向相反，并作用于同一条直线上，$\boldsymbol{F}_1=\boldsymbol{F}_2$。

二力平衡公理的示意图如图1-2所示。

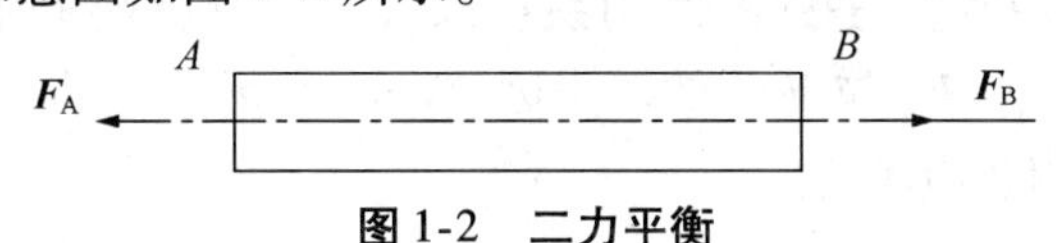

图1-2　二力平衡

公理一阐明了作用于刚体上的最简单力系的平衡条件。只在两个力作用下处于平衡状态的构件，称为二力杆，或称二力构件。工程上存在许多二力杆。例如，当不计构件自重时，图 1-3（b）所示的 *BC* 杆就为二力杆。

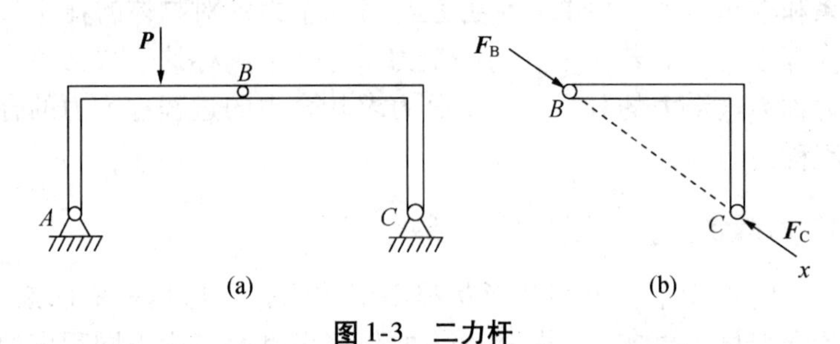

图 1-3 二力杆

公理二：力的平行四边形法则 作用于物体同一点的两个力，可以合成为一个合力。合力的作用点仍在该点，合力的大小和方向以这两个力为邻边所作的平行四边形的对角线来表示。

如图 1-4 所示为力的平行四边形法则示意图。

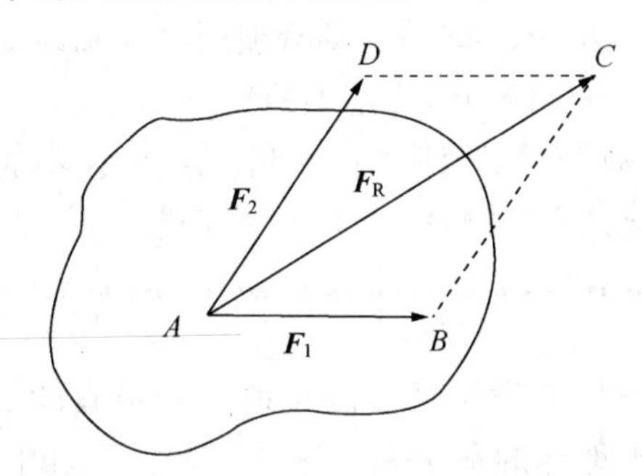

图 1-4 力的平行四边形法则

公理二提供了力的合成与分解的方法，合力 $\boldsymbol{F}_R$ 称为 $\boldsymbol{F}_1$ 和 $\boldsymbol{F}_2$ 的矢量和，用公式表示为：

$$\boldsymbol{F}_R = \boldsymbol{F}_1 + \boldsymbol{F}_2 \tag{1-1}$$

公理三：加减平衡力系公理 在作用于刚体上的任何一个力系上，加上或去掉任一平衡力系，并不改变原力系对刚体的作用效应。

也就是说，如果两个力系只差一个或几个平衡力系，则它们对刚体的作用是相同的。公理三是力系简化的重要理论依据，但是公理三并不适用于变形体。由公理三可以推导出两个重要的推论。

推论 1：力的可传性原理 作用在刚体上的力，可沿其作用线移到刚体内任意一点，而不改变该力对刚体的作用效应。

证明：设力 $\boldsymbol{F}$ 作用在刚体上的 *A* 点，如图 1-5（a）所示。在力 $\boldsymbol{F}$ 作用线上任意一点 *B* 上加上一对平衡力 $\boldsymbol{F}_1$ 与 $\boldsymbol{F}_2$，且使 $\boldsymbol{F}_2 = \boldsymbol{F} = -\boldsymbol{F}_1$，如图 1-5（b）所示。

由公理三可知，这并不改变原力 $\boldsymbol{F}$ 对刚体的作用。由公理一可知，$\boldsymbol{F}$ 与 $\boldsymbol{F}_1$ 构成平衡力系，再由公理三可以判定，这个平衡力系可以去掉。最后剩下作用于点 *B* 的力 $\boldsymbol{F}_2$，如图 1-5（c）所示。可见，$\boldsymbol{F}_2$ 与 $\boldsymbol{F}$ 等效。又因 $\boldsymbol{F}_2 = \boldsymbol{F}$，因此可将力 $\boldsymbol{F}_2$ 看做是力 $\boldsymbol{F}$ 从点 *A* 滑移至点 *B* 而力的作用效应不变。

根据力的可传性原理可知，对刚体而言，力是滑动矢量，它可沿其作用线移至刚体上的任意位置，而不改变该力对刚体的作用效应。

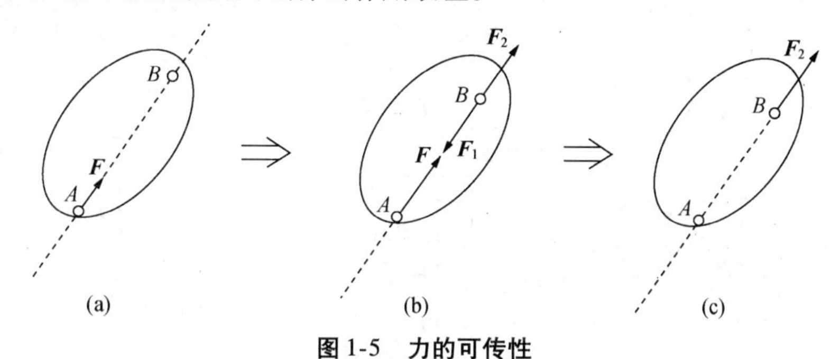

图1-5　力的可传性

推论2：三力平衡汇交定理　如一刚体在3个共面而又互不平行的力作用下处于平衡状态，则此3个力的作用线必汇交于一点。

证明：在刚体上的 A、B、C 点分别作用有3个力，且相互平衡，如图1-6所示。由力的可传性原理，将力 $\boldsymbol{F}_1$ 和 $\boldsymbol{F}_2$ 移到汇交点 O，并有 $\boldsymbol{F}_1'=\boldsymbol{F}_1$，$\boldsymbol{F}_2'=\boldsymbol{F}_2$。再根据力的平行四边形法则，求得合力 $\boldsymbol{F}_{12}$，则力 $\boldsymbol{F}_3$ 应与 $\boldsymbol{F}_{12}$ 平衡。由于两个力平衡必须共线，故力 $\boldsymbol{F}_3$ 必定与力 $\boldsymbol{F}_1$ 和 $\boldsymbol{F}_2$ 共面，且通过力 $\boldsymbol{F}_1'$ 与 $\boldsymbol{F}_2'$ 的交点 O。

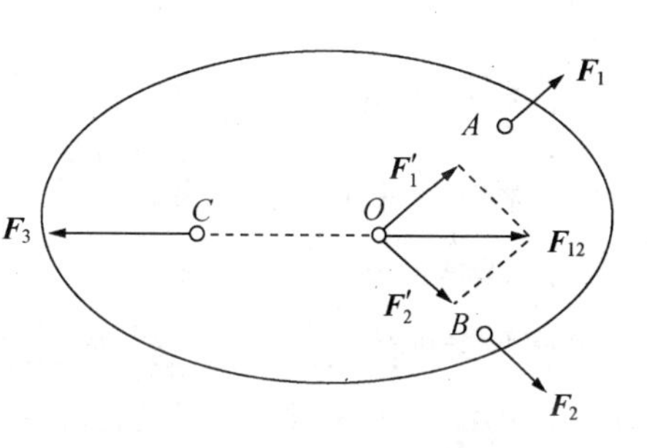

图1-6　三力平衡

公理四：作用与反作用公理　两物体间相互作用的力，总是大小相等、方向相反、作用于一条直线上，并分别作用于这两个物体上。

公理四表明，两个物体之间的相互作用力是成对出现的，分别作用在两个物体上，有作用力，必定有反作用力。需要强调指出的是：作用力与反作用力虽然等值、共线、反向，但并不作用于同一物体上。因此，不能误认为这两个力互成平衡，这与二力平衡公理有本质的区别，不能混淆。

1.3　约束和约束反力

1.3.1　约束和约束反力的定义

自然界中的一切物体总是以各种形式与周围物体相互联系而又相互制约。在各种机械中，任何构件的运动都被与它相联系的其他构件所限制。例如，轴受轴承的限制，使它只能绕轴心线旋转；车床尾架受床身导轨的限制，使它只能沿床身作平移运动；其他像悬挂的重物被绳索限制，在轨道内行驶的火车被导轨限制等。

一个物体的某些运动受到周围物体限制时，这些周围物体就称为**约束**。约束对物体的作用力称为**约束反力**，简称**反力**。例如，图1-7所示的力 $\boldsymbol{F}$ 就是绳索对重物的约束反力。

约束反力是限制物体运动的，所以它的作用点在约束与被约束物体的接触点，它的方向与约束所能限制的运动方向相反。至于约束反力的大小，在静力学中可由静力平衡方程求得。

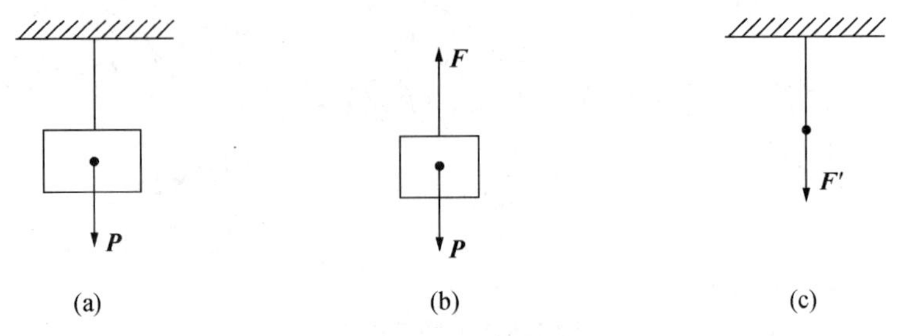

图 1-7　柔性约束及约束反力

1.3.2　约束的类型

工程中约束的类型很多，下面介绍几种常见的典型约束。

1. 柔性约束

属于柔性约束的有柔性绳索、链条、皮带等。如图 1-7（a）所示的绳索，它只能限制物体不能向下运动，而不能限制物体向其他方向的运动。即对于柔性约束本身来说，它只能受拉，不能受压，且力的方向沿柔性约束。由此，可以很容易地确定柔性约束对物体所施加的约束反力，如图 1-7（b）和图 1-7（c）所示。

2. 光滑接触表面约束

当两个接触表面间的摩擦忽略不计时，这样的接触表面就认为是光滑面约束。这种约束只能阻止物体沿着接触点的公法线压入支承面的运动，但不能阻止物体离开支承面和沿其切线方向的运动。因此，光滑接触表面约束的约束反力作用在接触点，过接触表面的公法线，且指向受力物体。通常把这种约束反力称为法向反力，用 $\boldsymbol{F}_{\mathrm{N}}$ 表示，如图 1-8所示。其中，图 1-8（a）所示为固定支撑面对杆件的约束；图 1-8（b）所示为固定支承面对圆球的约束。工程中常见的光滑接触表面约束很多。例如，啮合齿轮的齿面约束如图 1-9 所示，凸轮曲面对顶杆的约束如图 1-10 所示。

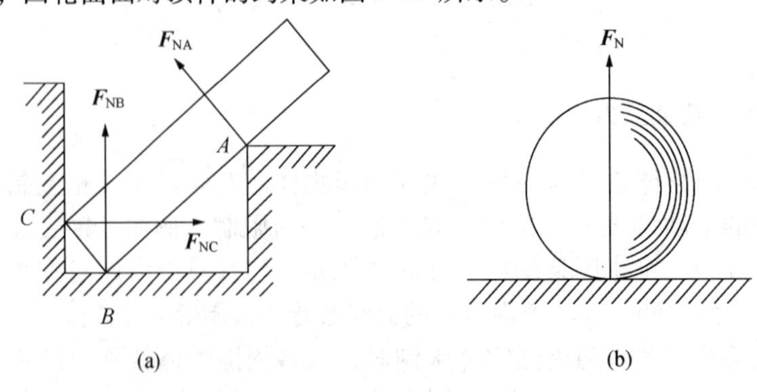

图 1-8　光滑面约束

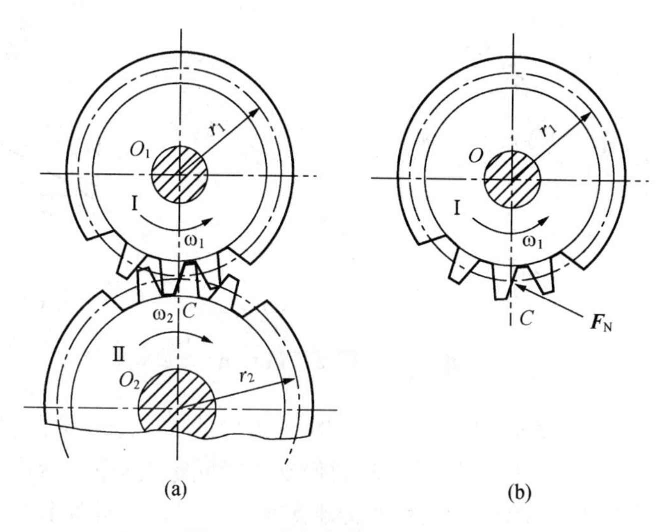

图 1-9　啮合齿轮的齿面约束

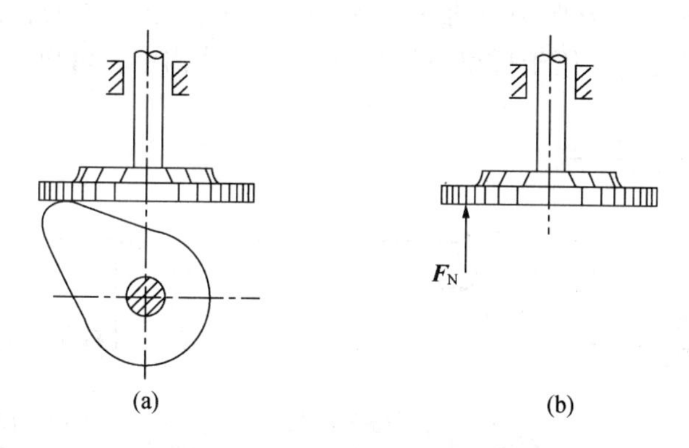

图 1-10　凸轮曲面对顶杆的约束

3. 圆柱铰链约束

圆柱铰链约束包括中间铰链约束、固定铰链约束、活动铰链约束和链杆约束。

(1) 中间铰链约束。铰链是工程中常用的一种约束，通常用于连接构件或零部件。铰链一般是两个带有圆孔的物体，用光滑圆柱形销钉相连接，物体只能绕销钉的轴线转动，这种连接称为中间铰链，如图 1-11（a）所示。图 1-11（b）所示为中间铰链的简图。

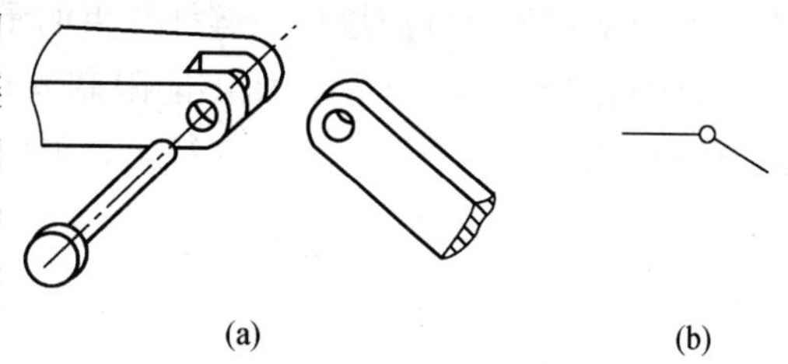

图 1-11　中间铰链

(2) 固定铰链约束。在圆柱铰链约束中，若某构件固定作为基座，则构成固定铰链支座。固定铰链支座形成的约束为固定铰链约束。如图 1-12（a）所示，固定铰链支座对于另一物体的约束力是通过销钉给予物体的作用力；图 1-12（b）所示为其示意图。固定铰链约束可以用正交的两个分力 $\boldsymbol{F}_x$ 和 $\boldsymbol{F}_y$ 来表示，如图 1-12（c）所示。

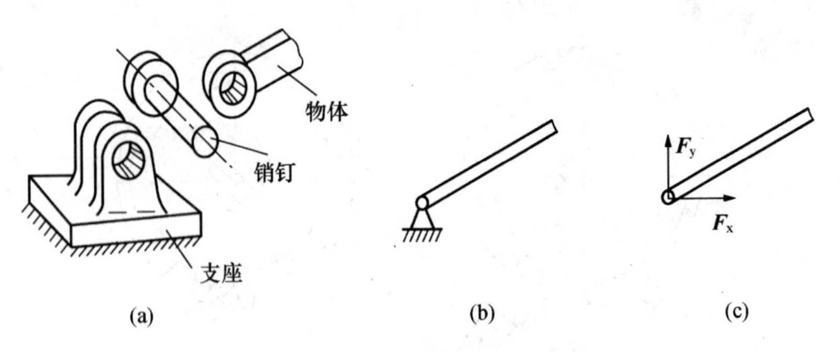

图 1-12　固定铰链支座

（3）活动铰链约束（辊轴支座）。活动铰链约束中的支座相当于在固定铰链支座的底部安装一排滚轮，如图 1-13（a）所示，从而使支座沿固定支承面移动，但不能脱离支撑面。在不计各接触面摩擦的情况下，活动铰链支座不能限制物体绕销钉的转动和沿支撑面的运动，只能限制构件沿支承面垂直方向的移动，其示意图如图 1-13（b）所示。因此活动铰链支座的约束力方向必垂直于支承面，且通过铰链中心，而指向未知，如图 1-13（c）所示。这种支座常用于桥梁、屋架或天车等结构中，可以避免由温度变化而引起结构内部变形应力。

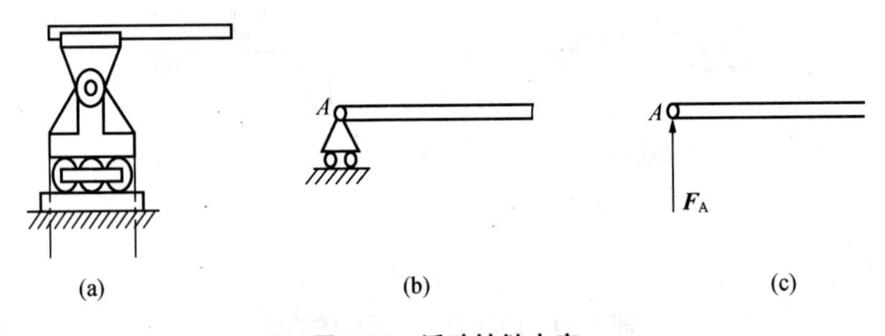

图 1-13　活动铰链支座

（4）链杆约束。链杆是指两端用光滑销钉与其他构件连接而中间不受力的直杆。如图 1-14（a）所示的杆件 AB，很显然链杆 AB 是二力杆。由于是二力杆，所以链杆在工程中常被用来作为拉杆或撑杆。链杆约束的示意图如图 1-14（b）所示。但链杆只能限制物体沿其中心线方向的运动，而不能限制其他方向的运动。因此，约束力的作用线一定是沿着链杆两端铰链的连线，指向待定，如图 1-14（c）所示。

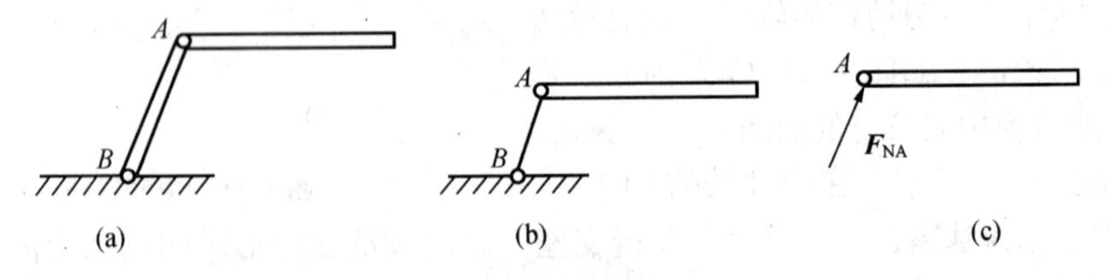

图 1-14　链杆约束及约束反力

1.4　构件的受力图

1.4.1　构件的受力分析

画构件的受力图，首先要对构件进行受力分析。所谓受力分析，首先要选定进行研究的物体，即选择研究对象；然后根据已知条件、约束类型并结合基本概念和公理分析它的受力情况，这个过程就称为物体的受力分析。在静力学范围内，作用在物体上的力分为主动力和约束反力。使物体具有运动趋势的力称为物体所受的主动力，如重力、风力、气体压力等；限制物体某些运动的力称为物体所受的约束反力。由此可以总结出物体受力分析的步骤主要有以下四步。

（1）根据题目恰当地确定研究对象（分离体），研究对象可以是一个物体或一个物系。

（2）取分离体。

（3）在分离体上，画出物体所受的主动力，并标出各主动力的名称。

（4）根据约束的类型确定约束反力的位置与方向，画在分离体上，并标出各约束反力的名称。

1.4.2　构件的受力图

将所要研究的对象（物体或物系）从周围物体的约束中分离出来，画出作用在研究对象上的全部力（主动力和约束反力），这样的图称为受力图。

画受力图的注意事项如下。

（1）要画出物体所受的全部力。一般除重力、电磁力外，物体之间只有通过接触才有相互作用的机械作用力。要分清研究对象（受力体）都与周围哪些物体（施力体）相接触，接触处必有力，力的方向由约束类型而定。

（2）不要多画力。要注意既然力是物体之间的相互机械作用，那么对于受力体所受的每一个力，都应能明确地指出它是由哪一个施力体施加的。

（3）要正确画出力的方向。约束反力的方向必须严格地按照约束的类型来画，不能单凭直观或根据主动力的方向来简单推想。在分析两物体之间的作用力与反作用力时，要注意：作用力的方向一旦确定，反作用力的方向一定要与之相反，不要把箭头方向画错。

（4）约束不能出现在受力图上，即受力图一定要画在分离体上。

（5）受力图上只画外力，不画内力。一个力属于外力还是内力，因研究对象的不同有可能不同。当把物系拆开来分析时，原系统的部分内力就成为新研究对象的外力，这一点在分析的过程中必须注意。

（6）同一系统各研究对象的受力图必须整体与局部一致，相互协调，不能相互矛盾。对于某一处的约束反力的方向一旦设定，则在整体、局部或单个物体的受力图上都要与之保持一致。

(7) 正确判断二力构件。二力构件是工程中最简单的受力构件，应先画出它的受力图，然后再画出其他物体的受力图。此外，在分析以及画受力图的过程中要注意正确运用三力平衡汇交定理。

【例 1.1】 如图 1-15（a）所示，绳 AB 悬挂一重为 $\boldsymbol{G}$ 的球。试画出球 C 的受力图（不计摩擦）。

解： 取球 C 为研究对象，将其从周围物体中分离出来，画出球的分离体图。

在球心点 C 标上主动力 $\boldsymbol{G}$（重力）。

在解除约束的点 B 处画上表示柔性约束的拉力 $\boldsymbol{F}_{B}$，在 D 点画上表示光滑面约束的法向约束力 $\boldsymbol{F}_{ND}$。球的受力图如图 1-15（b）所示。

球 C 受同平面的 3 个不平行的力作用而平衡，则三力作用线必相交，交点应为 C。

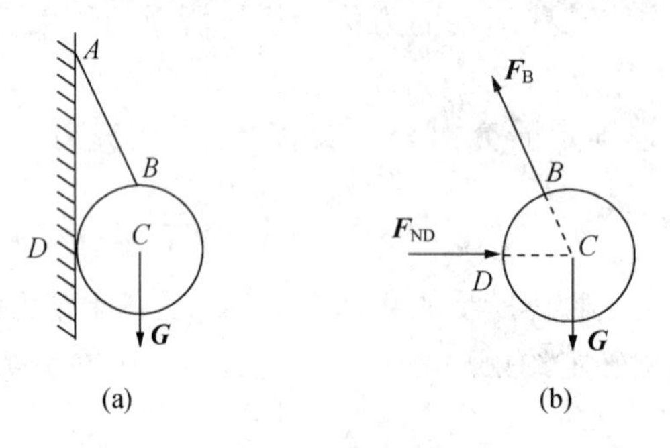

图 1-15　悬挂的球

【例 1.2】 一重量为 $\boldsymbol{G}$ 的直杆 EF 置于一凹槽内，如图 1-16（a）所示，不计摩擦的影响，下端与凹槽内 A、B 点接触，上端与凹槽的接触点为 C，试画出直杆 EF 的受力图。

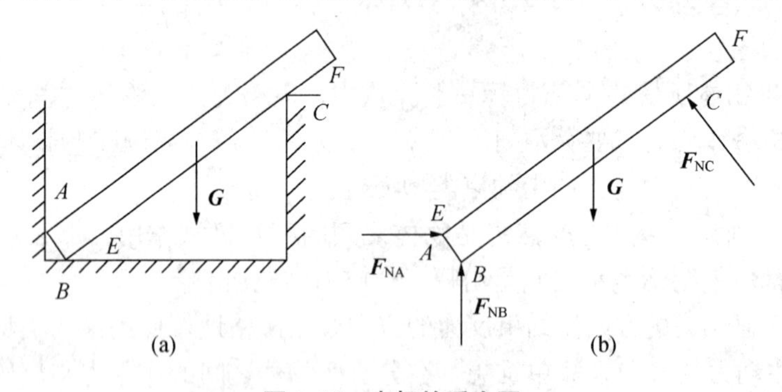

图 1-16　直杆的受力图

解： 首先选直杆为研究对象，将它从周围约束中分离出来，单独画出；然后标出主动力 $\boldsymbol{G}$（重力），并消除 A、B、C 处的约束，加上作用在 EF 上的约束反力 $\boldsymbol{F}_{NA}$、$\boldsymbol{F}_{NB}$、$\boldsymbol{F}_{NC}$。根据约束的特点，约束反力 $\boldsymbol{F}_{NA}$ 垂直于左侧墙体，约束反力 $\boldsymbol{F}_{NB}$ 方向垂直于地面，约束反力 $\boldsymbol{F}_{NC}$ 垂直于杆 EF，受力图如图 1-16（b）所示。

【例 1.3】 起重机架的结构如图 1-22 所示，图中 A、B、C、D 四点为铰链连接。悬挂物的重量为 $\boldsymbol{G}$，斜杆 CD 和滑轮的重量不计，横梁 AB 的重量为 $\boldsymbol{P}$，试作杆 CD、梁 AB

和滑轮的受力图以及整个系统的受力图。

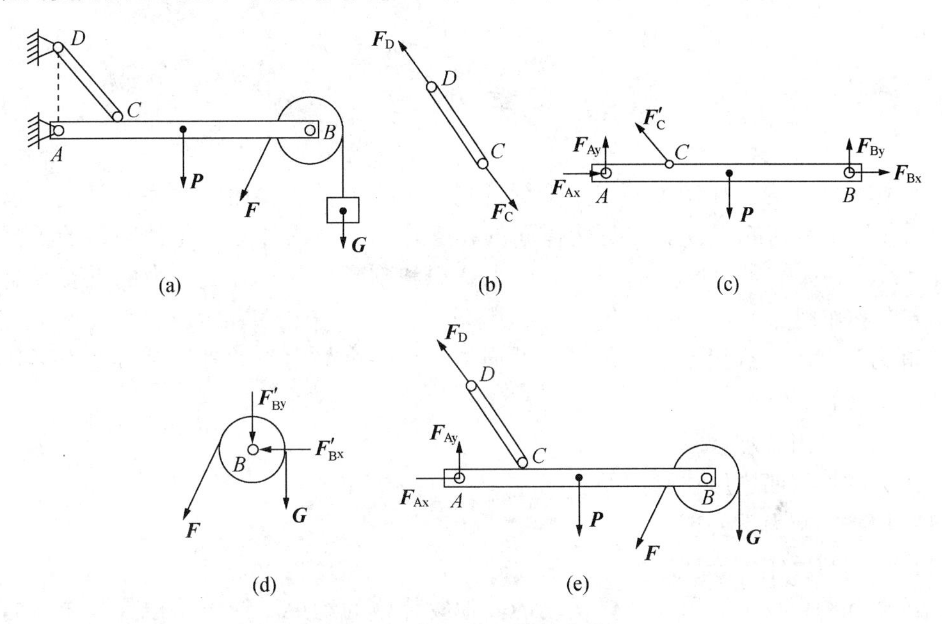

图 1-17　起重机架的受力分析

解： 先取斜杆 CD 为研究对象。斜杆两端为铰链连接，因此在 C、D 两点所受约束反力通过铰链中心，但方向不能确定。根据题意，斜杆重量不计，显然斜杆只在两端受力，且在力 $\boldsymbol{F}_{\mathrm{C}}$、$\boldsymbol{F}_{\mathrm{D}}$ 的作用下处于平衡状态，所以杆 CD 是二力杆。由公理一可知，这两个力一定是大小相等、方向相反，作用线沿 C、D 两点的连线。由经验判断，此处应为拉力，但在一般情况下，力的指向不能确定，需用平衡条件才能确定。斜杆的受力图如图 1-17（b）所示。

再取梁 AB 为研究对象。作用在梁上的主动力有重力 $\boldsymbol{P}$。梁在铰链 C 处有二力杆 CD 给它的约束反力 $\boldsymbol{F}'_{\mathrm{C}}$ 的作用，根据作用和反作用定律，$\boldsymbol{F}_{\mathrm{C}} = -\boldsymbol{F}'_{\mathrm{C}}$。梁在 A 处受有固定铰支座给它的约束反力的作用，由于方向未知，可用大小未定的两个正交分力 $\boldsymbol{F}_{\mathrm{Ax}}$、$\boldsymbol{F}_{\mathrm{Ay}}$ 来表示。梁在铰链 B 处受有滑轮给它的约束反力作用，由于方向未知，也用两个大小未定的正交分力 $\boldsymbol{F}_{\mathrm{Bx}}$、$\boldsymbol{F}_{\mathrm{By}}$ 来表示。梁的受力如图 1-17（c）所示。

再取滑轮为研究对象（包括两段钢绳和销钉 B）。作用在滑轮上的力有 3 个：左、右钢绳的拉力和铰接点 B 处梁给它的约束反力。钢绳为柔性约束，梁 AB 给它的约束反力 $\boldsymbol{F}'_{\mathrm{Bx}}$、$\boldsymbol{F}'_{\mathrm{By}}$ 和滑轮给梁的力 $\boldsymbol{F}_{\mathrm{Bx}}$、$\boldsymbol{F}_{\mathrm{By}}$ 互为作用力和反作用力。滑轮的受力如图 1-17（d）所示。

最后取整个系统为研究对象。由于铰链 C 处所受的力互为作用力和反作用力的关系，这些力都成对地作用在整个系统内，故统称为内力。内力对系统的作用相互抵消，不影响整个系统的平衡，因此可以不考虑。故内力在受力图上不必画出。在受力图上只画出系统以外的物体作用在系统上的力，这种力称为系统的外力。本例中，铰链 B 处的力为内力，重力 $\boldsymbol{P}$、$\boldsymbol{G}$，拉力 $\boldsymbol{F}$ 和约束反力 $\boldsymbol{F}_{\mathrm{Ax}}$、$\boldsymbol{F}_{\mathrm{Ay}}$、$\boldsymbol{F}_{\mathrm{D}}$ 都是作用于整个系统的外力。整个系统的受力图如图 1-17（e）所示。

不难理解，进行受力分析时，恰当地选取分离体并正确地画出受力图，是解决力学问题的基础。如果受力分析错误，那么据此所作的进一步分析计算不可能正确。

本章小结

1. 刚体是指在力的作用下不发生变形的物体。静力学主要研究力系的简化，以及物体在力系作用下平衡的问题。力是物体间的相互作用，力的外效应是使物体的机械运动状态发生改变，人们是通过力的作用效应来认识和判断力的存在的。力的三要素是力的大小、方向和作用点。

2. 静力学基本公理揭示了力的基本性质，它是整个静力学的理论基础。力系平衡的基本公理有以下4个。

（1）二力平衡公理。

（2）力的平行四边形法则。

（3）加减平衡力系公理。

（4）作用与反作用公理。

3. 约束和约束反力。限制物体运动的其他物体称为约束。约束给被限制物体的作用力称为约束反力。约束反力的方向与约束限制物体的运动方向相反，因此与约束类型的特征有关。约束的类型主要包括柔性约束、光滑接触表面约束和圆柱铰链约束（包括中间铰链约束、固定铰链约束、活动铰链约束和链杆约束）。

4. 对刚体进行受力分析，并正确画出其受力图是解决工程中的力学问题的重要前提。具体步骤如下。

（1）确定研究对象。

（2）取分离体。

（3）画主动力。

（4）画约束反力。

思考题

1. 解释下列名词：力的外效应，力的内效应，等效力系，刚体，约束，约束反力。
2. 平衡状态一定静止吗？什么是平衡力系？
3. 什么是二力杆？二力杆一定是直杆吗？
4. 什么是力的三要素？什么是三力平衡汇交定理？
5. “分力一定小于合力”这种说法对不对？为什么？试举例说明。

习题

1. 分析题图1-1所示受力图是否正确，请说明原因。

2. 画出如题图 1-2 所示各物体的受力图（不计摩擦）。

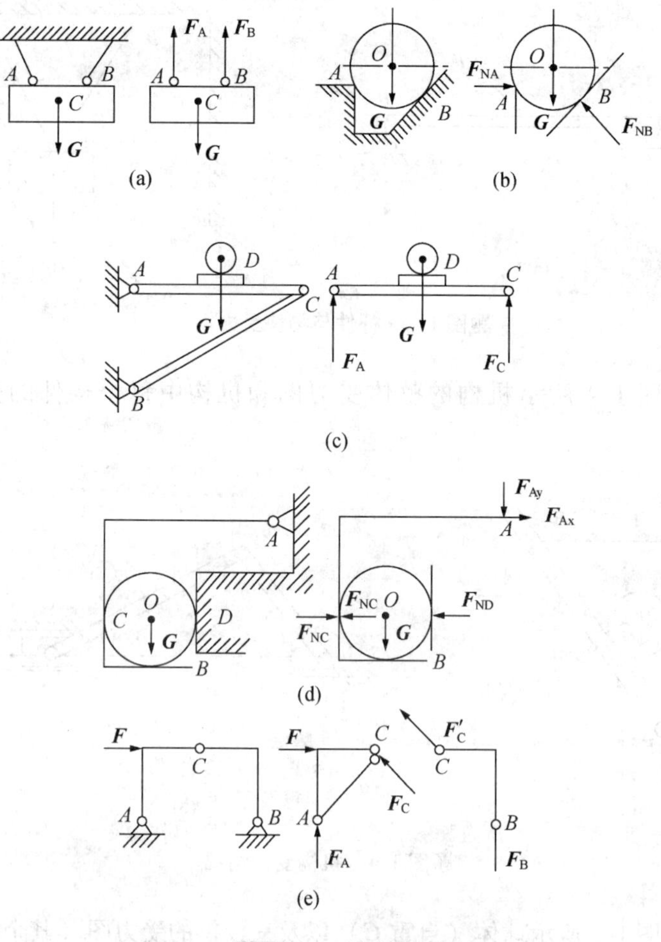

题图 1-1　受力图

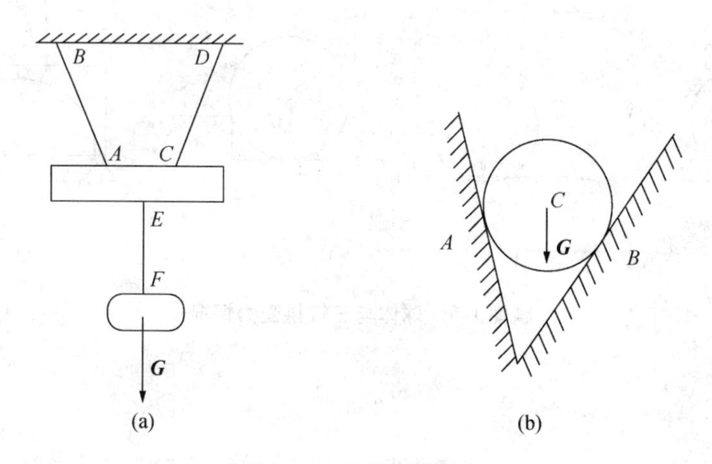

题图 1-2　物体受力情况

3. 画出如题图 1-3（a）所示的杆件以及如题图 1-3（b）所示物块的受力图，不计摩擦。

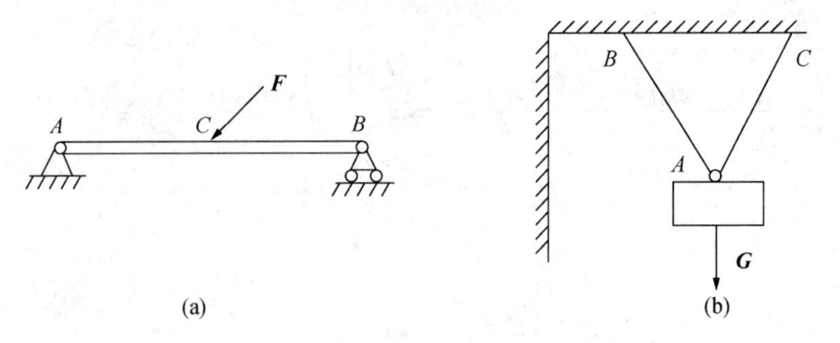

题图 1-3　杆件与物块受力情况

4. 画出如题图 1-4 所示机构的整体受力图和机构中每个构件的受力图（不考虑摩擦）。

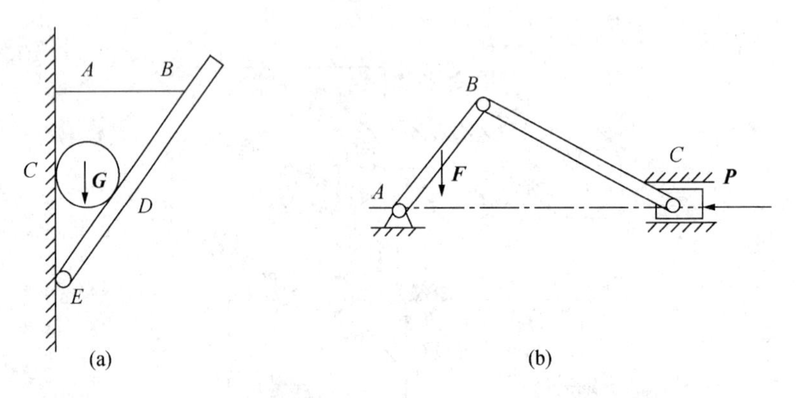

题图 1-4　机构受力情况

5. 画出如题图 1-5 所示球体（自重 $\boldsymbol{G}$）以及三铰拱的受力图（其余构件不计重力）。

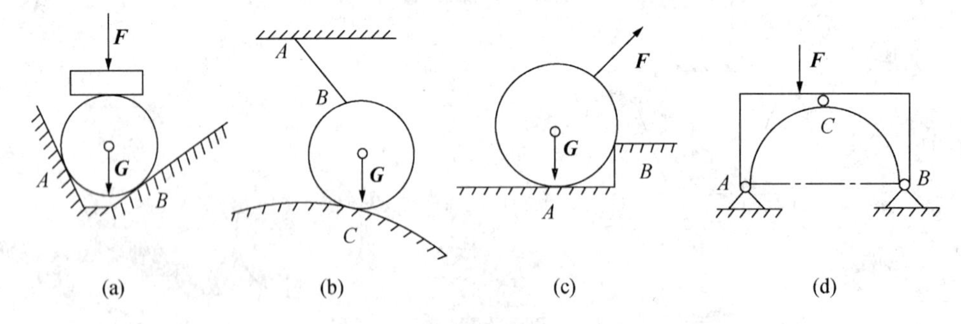

题图 1-5　球体与三铰拱受力情况

第2章 平 面 力 系

本章要点

- 力的投影、力矩、力偶。
- 平面力系的合成、平衡、简化及结果分析。
- 平面力系的平衡方程及应用。

平面力系指作用在物体上力系中的各力作用线位于同一平面内。它是最基本的一种力系，也是应用最广泛的力系。本章研究平面力系的简化与平衡。平面力系分为平面汇交力系、平面力偶系、平面平行力系和平面任意力系。

2.1 力在坐标轴上的投影

2.1.1 力在坐标轴上的投影

研究平面力系的前提是力在坐标轴上的投影。力 $\boldsymbol{F}$ 在坐标轴上的投影定义为：过 $\boldsymbol{F}$ 两端向坐标轴作垂线，垂足为 a、b 和 a'、b'，如图2-1所示。线段 ab、$a'b'$ 分别为 $\boldsymbol{F}$ 在 x 轴和 y 轴上投影的大小。投影的正负号规定为：从 a 到 b（或 a' 到 b'）的指向与坐标轴正向一致为正，反之为负。$\boldsymbol{F}$ 在 x 轴和 y 轴上的投影分别记作 $\boldsymbol{F}_x$ 和 $\boldsymbol{F}_y$。

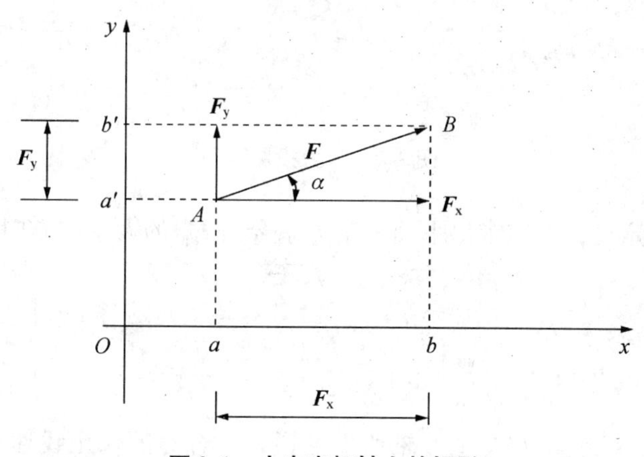

图2-1 力在坐标轴上的投影

若已知 $\boldsymbol{F}$ 的大小及 $\boldsymbol{F}$ 与 x 轴正向夹角 α，则有：

$$\left.\begin{aligned}\boldsymbol{F}_{\mathrm{x}} &= \boldsymbol{F}\cos\alpha \\ \boldsymbol{F}_{\mathrm{y}} &= \boldsymbol{F}\sin\alpha\end{aligned}\right\} \tag{2-1}$$

如果将 $\boldsymbol{F}$ 沿坐标轴方向分解，则所得分力 $\boldsymbol{F}_{\mathrm{x}}$、$\boldsymbol{F}_{\mathrm{y}}$ 的值与 $\boldsymbol{F}$ 在同轴上的投影 $\boldsymbol{F}_{\mathrm{x}}$、$\boldsymbol{F}_{\mathrm{y}}$ 相等。力的分量是矢量，力的投影是代数量。

若已知 $\boldsymbol{F}_{\mathrm{x}}$、$\boldsymbol{F}_{\mathrm{y}}$ 的值，则可求出 $\boldsymbol{F}$ 的大小和方向，即：

$$\left.\begin{aligned}\boldsymbol{F} &= \sqrt{\boldsymbol{F}_{\mathrm{x}}^{2} + \boldsymbol{F}_{\mathrm{y}}^{2}} \\ \tan\alpha &= \left|\frac{\boldsymbol{F}_{\mathrm{y}}}{\boldsymbol{F}_{\mathrm{x}}}\right|\end{aligned}\right\} \tag{2-2}$$

2.1.2 合力投影定理

设平面汇交力系由 $\boldsymbol{F}_1$，$\boldsymbol{F}_2$，…，$\boldsymbol{F}_n$ 组成，如图 2-2（a）所示。应用力的可传性原理将各力分别沿其坐标线移到汇交点，如图 2-2（b）所示。连续应用力的平行四边形法则，可以将平面汇交力系合成为一个过汇交点的合力 $\boldsymbol{F}_{\mathrm{R}}$，如图 2-2（c）所示，且合力等于各分力的矢量和，即：

$$\boldsymbol{F}_{\mathrm{R}} = \boldsymbol{F}_1 + \boldsymbol{F}_2 + \cdots + \boldsymbol{F}_n \tag{2-3}$$

式（2-3）两边同时向 x 轴，y 轴投影，可得：

$$\left.\begin{aligned}\boldsymbol{F}_{\mathrm{Rx}} &= \boldsymbol{F}_{1\mathrm{x}} + \boldsymbol{F}_{2\mathrm{x}} + \cdots + \boldsymbol{F}_{n\mathrm{x}} = \sum \boldsymbol{F}_{\mathrm{x}} \\ \boldsymbol{F}_{\mathrm{Ry}} &= \boldsymbol{F}_{1\mathrm{y}} + \boldsymbol{F}_{2\mathrm{y}} + \cdots + \boldsymbol{F}_{n\mathrm{y}} = \sum \boldsymbol{F}_{\mathrm{y}}\end{aligned}\right\} \tag{2-4}$$

式（2-4）即**合力投影定理**。

合力在坐标轴上的投影，等于各分力在同一轴上投影的代数和。

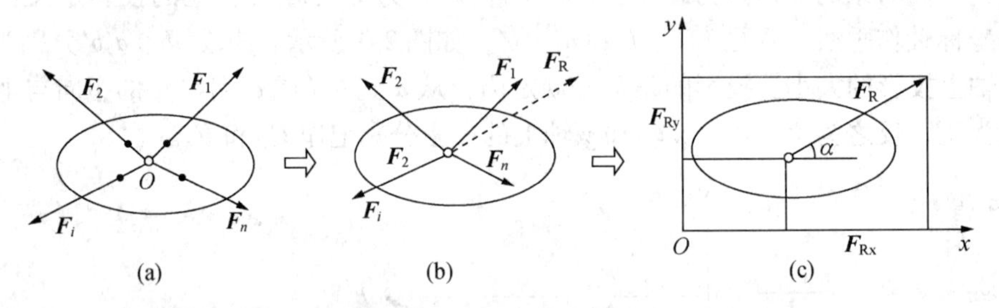

图 2-2 合力投影定理

应用合力投影定理，可以求出平面汇交力系合力 $\boldsymbol{F}_{\mathrm{R}}$ 的大小和方向：

$$\left.\begin{aligned}\boldsymbol{F}_{\mathrm{R}} &= \sqrt{\boldsymbol{F}_{\mathrm{Rx}}^{2} + \boldsymbol{F}_{\mathrm{Ry}}^{2}} = \sqrt{\left(\sum \boldsymbol{F}_{\mathrm{x}}\right)^2 + \left(\sum \boldsymbol{F}_{\mathrm{y}}\right)^2} \\ \tan\alpha &= \left|\frac{\boldsymbol{F}_{\mathrm{Ry}}}{\boldsymbol{F}_{\mathrm{Rx}}}\right| = \left|\frac{\sum \boldsymbol{F}_{\mathrm{y}}}{\sum \boldsymbol{F}_{\mathrm{x}}}\right|\end{aligned}\right\} \tag{2-5}$$

式（2-5）中，α 为合力 $\boldsymbol{F}_{\mathrm{R}}$ 与 x 轴所夹的锐角，合力的作用线通过力系的汇交点 O，具体指向可由 $\boldsymbol{F}_{\mathrm{Rx}}$ 和 $\boldsymbol{F}_{\mathrm{Ry}}$ 的正负确定。该定理虽然由平面汇交力系推导而得，但同样也适用其他力系。

2.2　平面汇交力系的合成与平衡

根据合力投影定理可知，平面汇交力系合成的结果是一个合力。如果物体处于平衡，则合力 $\boldsymbol{F}_R$ 应等于零。反之，如果合力 $\boldsymbol{F}_R$ 等于零，则物体必处于平衡。所以物体在平面汇交力系作用下平衡的充要条件是合力 $\boldsymbol{F}_R$ 等于零。平面汇交力系合成与平衡的研究方法有几何法和解析法两种。

2.2.1　平面汇交力系的合成——几何法

连续用力的平行四边形法则，就可以求出平面汇交力系的合力。仔细观察作图的过程，可以发现平面汇交力系的合力 $\boldsymbol{F}_R$ 是由各分力首尾相连组成的力多边形的封闭边来表示的。由此可得到**力的多边形法则**。

平面汇交力系的合成结果是一个合力，其大小和方向由力多边形的封闭边来表示，其作用线通过各力的汇交点，即合力等于各分力的矢量和。

当合力 $\boldsymbol{F}_R$ 等于零时，力多边形的封闭边也变为一点，即力多边形中第一个力的起点与最后一个力的终点重合，构成一个自行封闭的多边形，如图2-3所示。所以平面汇交力系平衡的几何条件是：**力多边形首尾相接自行封闭**。用公式表达如下：

$$\boldsymbol{F}_R = \boldsymbol{F}_1 + \boldsymbol{F}_2 + \cdots + \boldsymbol{F}_n = \sum \boldsymbol{F} = 0 \tag{2-6}$$

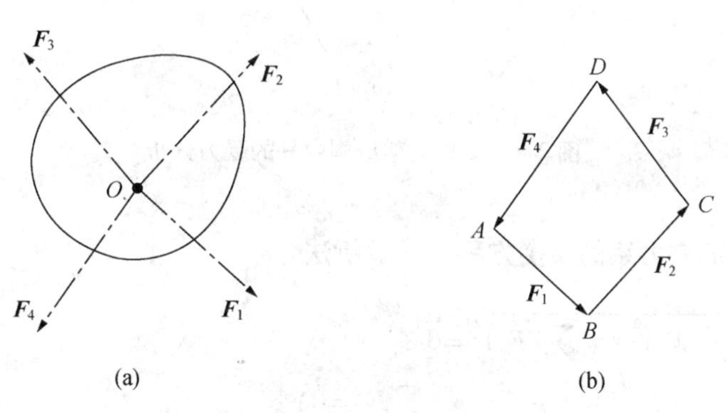

图2-3　平面汇交力系合成的几何法

【例2.1】　支架如图2-4（a）所示，由杆 AB、AC 组成，A、B、C 处均为铰链，在销钉上悬挂重量 $\boldsymbol{W}=10\,\text{kN}$ 的重物，试求杆 AB 与杆 AC 所受的力。各个杆的重量不计。

解：(1) 根据题意，选销钉 A 为研究对象。

(2) 画受力图。销钉受3个力作用：挂重物的绳索给它的拉力 $\boldsymbol{W}$ 及杆 AB 和杆 AC 给它的约束反力。而 AB、AC 均为二力杆，三力汇交于 A 点，如图2-4（b）所示。

(3) 作力多边形，求未知量。把3个力首尾相连，作多边形封闭，如图2-4（c）所示。由几何关系，得：

$$F_{AB}=W\tan30°=10\times\tan30°=5.77\ (\text{kN})$$

$$F_{AC}=\frac{W}{\cos30°}=\frac{10}{\cos30°}=11.55\ (\text{kN})$$

所以杆 AB 受力为 5.77 kN，受拉（力的方向背离杆）；杆 AC 受力为 11.55 kN，受压（力的方向指向杆），如图 2-4（d）所示。

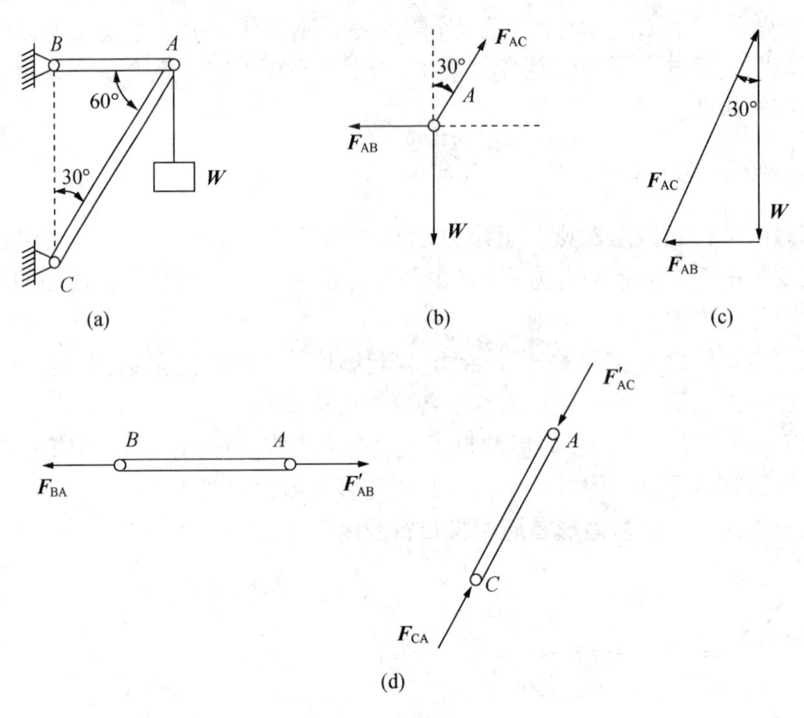

图 2-4　简单支架结构中杆的受力分析

2.2.2　平面汇交力系的平衡方程——解析法

由 $F'_R=\sqrt{\left(\sum F_x\right)^2+\left(\sum F_y\right)^2}=0$ 有：

$$\left.\begin{aligned}\sum F_x=0\\ \sum F_y=0\end{aligned}\right\}\tag{2-7}$$

即平面汇交力系平衡的解析条件是各力在 x 轴和 y 轴上投影的代数和分别等于零。

式（2-7）也称为平面汇交力系的平衡方程。运用这两个方程，可以求解两个未知量。

【例 2.2】 用解析法求解【例 2.1】。

解： 步骤（1）与步骤（2）同【例 2.1】。

（3）以水平向右为 x 轴方向，竖直向上为 y 轴方向，列平衡方程：

$$\sum F_x=0,\ F_{AC}\sin30°-F_{AB}=0 \quad ①$$

$$\sum F_y=0,\ F_{AC}\cos30°-W=0 \quad ②$$

代入数值联立式①、②，解得：

$F_{AC}=11.55$ kN，受拉；

$F_{AB}=5.77$ kN，受压。

受力情况如图 2-4（d）所示。

2.3　力矩、平面力偶系的合成与平衡

2.3.1　力矩

1. 力对点之矩

用扳手转动螺母时，如图 2-5 所示，作用于扳手一端的力 $\boldsymbol{F}$ 使扳手绕 O 点转动，这是力对刚体的转动效应，它不仅与力 $\boldsymbol{F}$ 的大小和方向有关，且与力作用点的位置有关。在力学上以力对点的矩（简称力矩）这个物理量表示力 $\boldsymbol{F}$ 使物体绕 O 点的转动效应，并用符号 $\boldsymbol{M}_O(\boldsymbol{F})$ 表示，即

$$\boldsymbol{M}_O(\boldsymbol{F}) = \pm F \cdot d \qquad (2\text{-}8)$$

O 点称为力矩中心（简称矩心），O 点到力 $\boldsymbol{F}$ 作用线的垂直距离 d 称为力臂。通常规定：力使物体绕矩心作逆时针方向转动时，力矩取正号；反之取负号。

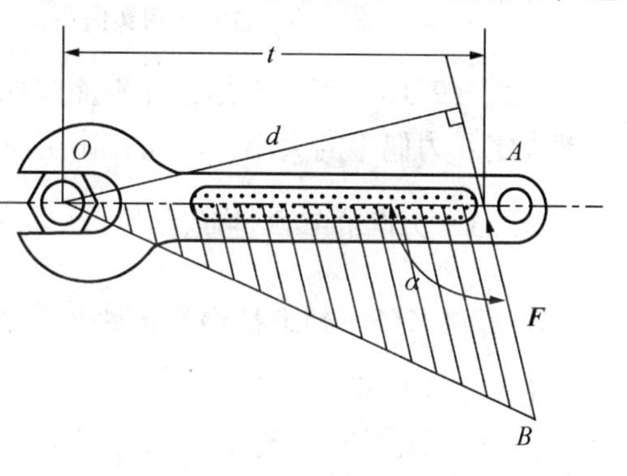

图 2-5　力对点的矩

力矩具有大小和转动方向，因此平面内力矩是一个代数量。

力矩的单位是 N · m 或 kN · m。

2. 合力矩定理

定理　平面汇交力系的合力对于平面内任一点之矩等于所有各分力对于该点之矩的代数和。

如果 $\boldsymbol{F}_R$ 是 $\boldsymbol{F}_1$，$\boldsymbol{F}_2$，…，$\boldsymbol{F}_n$ 的合力，即 $\boldsymbol{F}_R=\boldsymbol{F}_1+\boldsymbol{F}_2+\cdots+\boldsymbol{F}_n$，则有：

$$\boldsymbol{M}_O(\boldsymbol{F}_R)=\boldsymbol{M}_O(\boldsymbol{F}_1)+\boldsymbol{M}_O(\boldsymbol{F}_2)+\cdots+\boldsymbol{M}_O(\boldsymbol{F}_n)=\sum \boldsymbol{M}_O(\boldsymbol{F}_i) \qquad (2\text{-}9)$$

2.3.2　力偶和力偶矩

在日常生活中，常见物体同时受到大小相等、方向相反、作用线互相平行的两个力作用。例如，用手拧水龙头和汽车司机转动方向盘中的两个力就是这样的力，如图 2-6 所示。在力学上，把两个大小相等、方向相反、作用线相互平行的力称力偶，并记为 $(\boldsymbol{F}, \boldsymbol{F}')$。

由图 2-6 可知，力偶对物体作用只能产生转动效应，而不产生移动的效应。转动效应不仅与力偶中力 $\boldsymbol{F}$ 的大小成正比，而且也与两力作用线间的垂直距离 d 成正比。因此，在力学中以 F 与 d 的乘积作为度量力偶对物体转动效应的物理量，称为力偶矩，如图 2-7

所示。以符号 $\boldsymbol{m}$ 表示，即：

$$\boldsymbol{m} = \pm F \cdot d \tag{2-10}$$

式（2-10）中 d 为力偶臂。正负号表示力偶的转向，力偶逆时针转为正，顺时针转为负。力偶矩的单位为牛［顿］·米（N·m）或千牛［顿］·米（kN·m）。

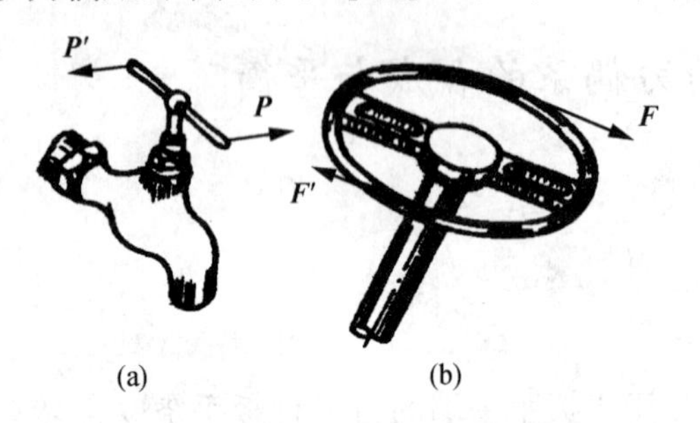

图 2-6　力偶作用实例

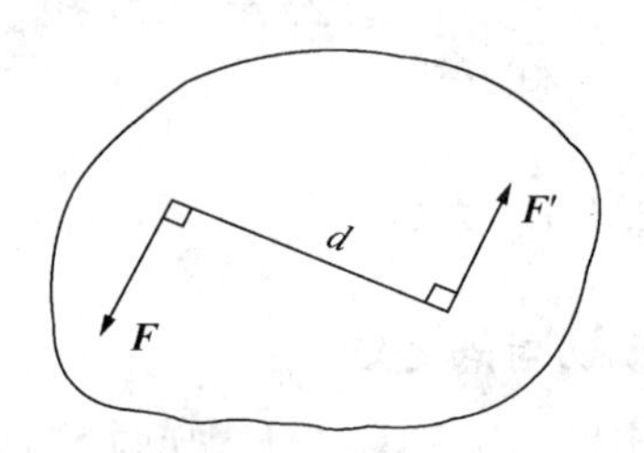

图 2-7　力偶矩

由式（2-10）可以看出，在平面问题中，力偶对物体的作用效果，可完全由以下三要素决定：力偶矩的大小；转向；作用面。

2.3.3　力偶的基本性质

1. 力偶在任一轴上投影的代数和等于零

由图 2-8 可知：

$$\boldsymbol{R}_{x}\ (\boldsymbol{F},\ \boldsymbol{F}') = \boldsymbol{F}_{x} + \boldsymbol{F}'_{x} = -\boldsymbol{F}\cos\alpha + \boldsymbol{F}'\cos\alpha = 0 \tag{2-11}$$

力偶在任一轴上投影的代数和等于零，说明力偶不能合成为一个力，它不能用一个力来平衡，而只能和力偶相平衡。

如图 2-9 所示，设有一力偶（$\boldsymbol{F}$，$\boldsymbol{F}'$）作用在物体上，其力偶矩 $\boldsymbol{m} = \pm F \cdot d$，在力偶的作用平面内任取一点 O 为矩心，设 O 点至 $\boldsymbol{F}'$ 的垂直距离为 x，则：

$$\boldsymbol{m}_{O}\ (\boldsymbol{F},\ \boldsymbol{F}') = \pm F \cdot d = \boldsymbol{m} \tag{2-12}$$

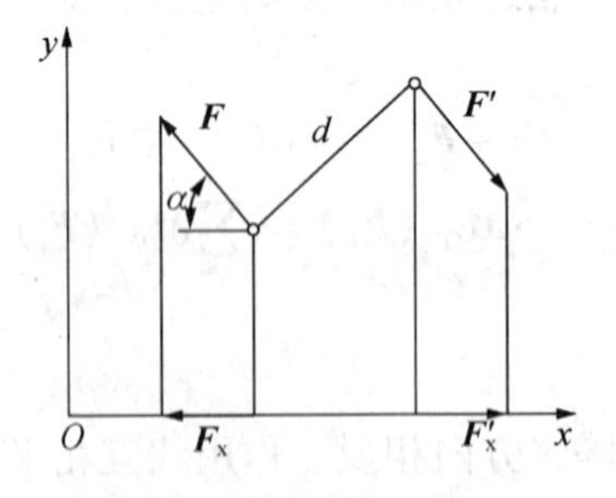

图 2-8　力偶的投影

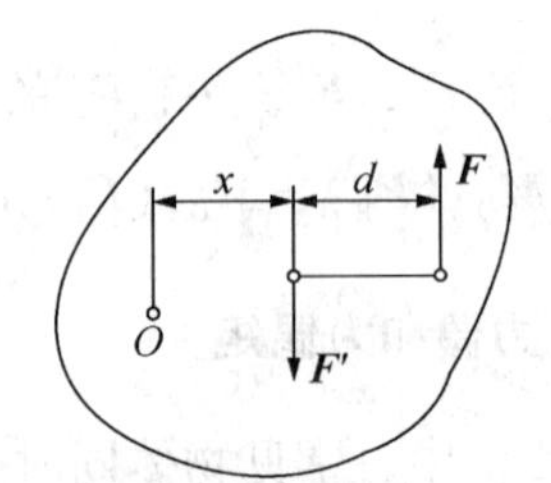

图 2-9　力偶矩

2. 力偶的等效性

在同一平面内的两个力偶，如果它们的力偶矩大小相等，转向相同，则两个力偶单独作用的效果是一样的，称为力偶的等效性，如图 2-10 所示。

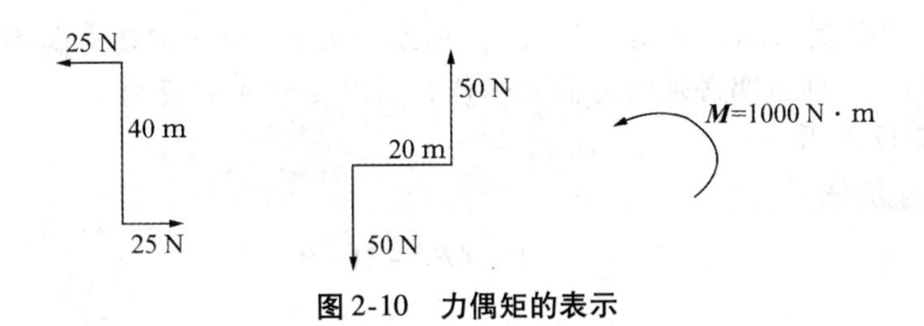

图 2-10　力偶矩的表示

由力偶的等效性可得出以下推论。

（1）力偶可在其作用面内任意移动，而不改变它对物体的作用效应。

（2）只要保持力偶矩不变，就可以任意改变力偶中力的大小和力偶臂的长短，而不改变力偶对物体的作用效应。

2.3.4　平面力偶系的合成和平衡

平面力偶系是指物体受到位于同一平面内的多个力偶作用。平面力偶系的合成，即把力偶系中的所有力偶用一个与它等效的合力偶来代替。

由于平面内的力偶对物体的作用效果只决定于力偶矩的大小和转向，因而只要求给出各分力偶矩的代数和，便可决定力偶系对物体作用的总效果。由此，平面力偶系的合力偶矩等于各分力偶矩的代数和，即：

$$M = m_1 + m_2 + \cdots + m_n = \sum m \tag{2-13}$$

平面力偶系的合成结果即为一合力偶，因此，若要使平面力偶系达到平衡状态，即力偶系对物体无转动效应，则合力偶矩必须等于零。即：

$$\sum m = 0 \tag{2-14}$$

平面力偶系平衡的充分必要条件是：此力偶系中各力偶矩的代数和为零。式（2-14）称为平面力偶系的平衡方程。

2.3.5　平面力偶系平衡方程的应用

在工程实际中，构件受平面力偶系作用的例子很多，下面举例说明平面力偶系平衡方程的应用。

【例 2.3】　梁 AB 受一力偶作用，其力偶矩 $M = 1\,\text{kN}\cdot\text{m}$，如图 2-11（a）所示，$AB = 4\,\text{m}$，试求支座 A 和 B 的反力。

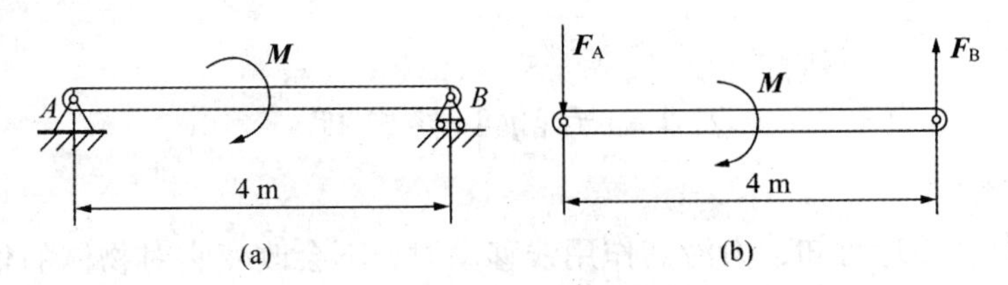

图 2-11　受力偶作用的梁

解：（1）取梁 AB 为研究对象。

（2）画梁AB的受力图，如图2-11（b）所示。梁AB受一主动力偶$\boldsymbol{M}$，B点的反力可直接确定方向。根据力偶必须由力偶来平衡，所以支座A的反力应垂直向下，与B点的反力构成约束反力偶。

（3）列平衡方程。

$$\sum \boldsymbol{M}=0,\ 4\boldsymbol{F}_{\mathrm{A}}-\boldsymbol{M}=0$$

得：

$$\boldsymbol{F}_{\mathrm{A}}=\boldsymbol{M}/4=250\ \mathrm{N}$$
$$\boldsymbol{F}_{\mathrm{B}}=-\boldsymbol{F}_{\mathrm{A}}=-250\ \mathrm{N}$$

【例2.4】 如图2-12（a）所示的多孔钻床在水平工件上钻孔时，每个孔的切削力偶矩$\boldsymbol{m}_1=\boldsymbol{m}_2=\boldsymbol{m}_3=20\ \mathrm{N\cdot m}$，$l=0.5\ \mathrm{m}$固定螺栓$A$和$B$的距离，求两个螺栓所受的水平力。

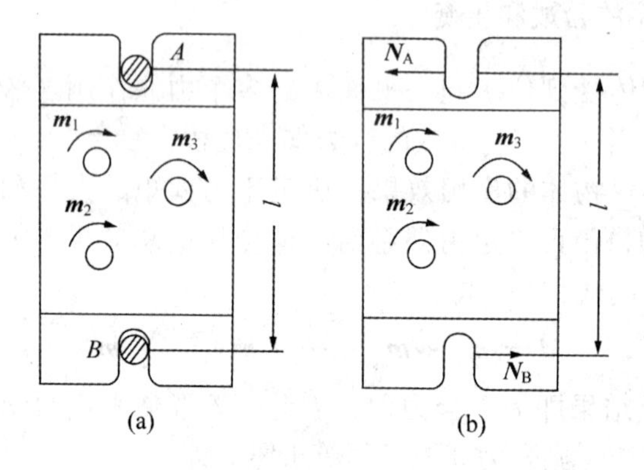

图2-12 多孔钻床加工工件

解：（1）取工件为研究对象。

（2）画工件的受力图，如图2-12（b）所示。工件受主动力偶$\boldsymbol{m}_1$、$\boldsymbol{m}_2$和$\boldsymbol{m}_3$的作用。$\boldsymbol{N}_{\mathrm{A}}$和$\boldsymbol{N}_{\mathrm{B}}$必组成一约束反力偶，工件才能平衡。

（3）列平衡方程。

$$\sum \boldsymbol{m}=0,\ \boldsymbol{N}_{\mathrm{A}}l-\boldsymbol{m}_1-\boldsymbol{m}_2-\boldsymbol{m}_3=0$$

得：

$$\boldsymbol{N}_{\mathrm{A}}=\frac{\boldsymbol{m}_1+\boldsymbol{m}_2+\boldsymbol{m}_3}{l}=120\ \mathrm{N}$$

故：

$$\boldsymbol{N}_{\mathrm{B}}=-\boldsymbol{N}_{\mathrm{A}}=-120\ \mathrm{N}$$

2.4 力的平移定理

由力的可传性原理可知，力沿其作用线移动时，不会改变它对物体的作用效果。但是，在力平行移动后，力对刚体的作用效果将发生改变。怎样才能使力平移后的作用效果不变呢？讨论如下。

设在物体的A点作用一力$\boldsymbol{F}$，如图2-13（a）所示。在任一点O加上一对与力$\boldsymbol{F}$平行的平衡力$\boldsymbol{F}'$和$\boldsymbol{F}''$，且使$\boldsymbol{F}'=\boldsymbol{F}''=\boldsymbol{F}$，如图2-13（b）所示，则对物体的作用效果仍然不变。由图2-13可以看出以下几点。

（1）力$\boldsymbol{F}'$与原力$\boldsymbol{F}$大小相等、方向相同。

（2）$\boldsymbol{F}$和$\boldsymbol{F}''$组成一个力偶，其转向为原力绕O点旋转的方向，所组成力偶的力偶矩$\boldsymbol{m}_a=F\cdot \mathrm{d}$，该力偶可看做力平移后附加的力偶，如图2-13（c）所示。

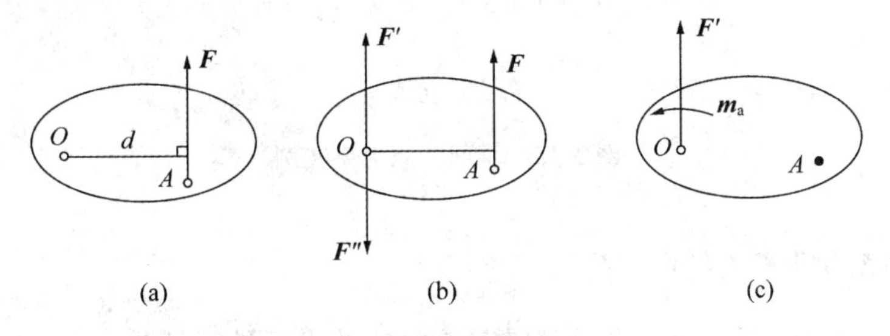

图2-13　力的平移

由此可得**力的平移定理**。

若将作用于刚体上的力$\boldsymbol{F}$，平移到刚体上的任一点O，而要不改变原力对该刚体的作用效果，则必须附加一力偶，其力偶矩为原力$\boldsymbol{F}$与平移距离d的乘积。

应用力的平移定理，有时能更清楚地看出力对物体的作用效果。例如，钳工攻螺纹时，要求双手均匀加力，这时丝锥仅受一个力偶作用。若双手用力不匀或用单手加力，如图2-14所示，这时丝锥就受一个力和一个力偶的共同作用。这个力对丝锥很不利，常易造成丝锥折断。

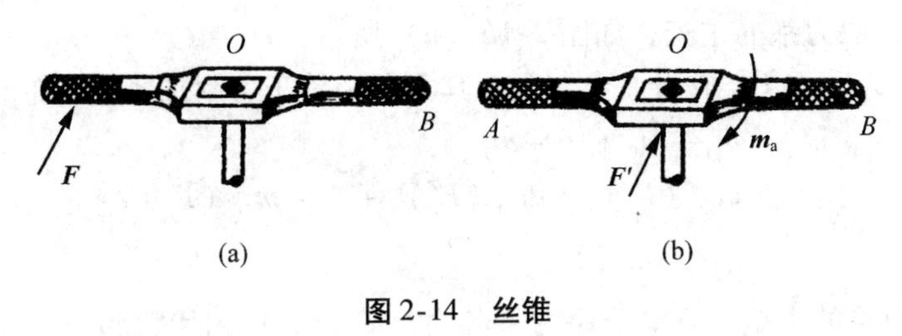

图2-14　丝锥

2.5　平面任意力系的简化

2.5.1　平面任意力系的概念

作用于物体上的各力，作用线在同一平面内，但既不汇交于一点，也不相互平行，这样的力系称为平面任意力系（或称平面一般力系）。如图2-15所示起重装置的横梁AB，在考虑横梁的自重时，就是受平面任意力系作用。它是工程实际中最常见的一种力系。

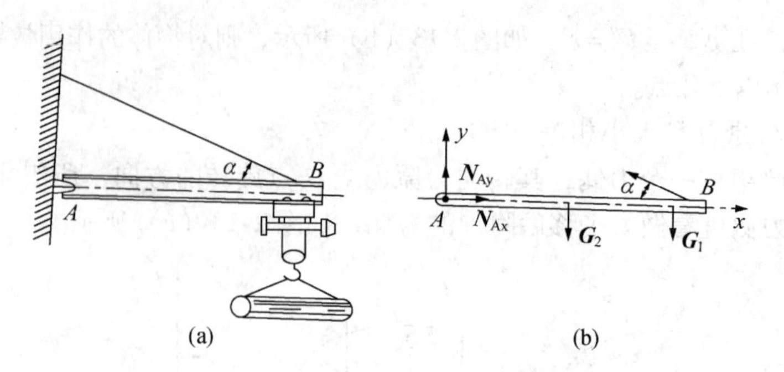

图 2-15　平面任意力系实例

2.5.2　力系向平面内任意点简化

为研究平面任意力系的平衡条件，需对较复杂的力系进行简化：应用力的平移定理，把力系向平面内一点简化。如图 2-16（a）所示表示一平面任意力系 $\boldsymbol{F}_1$，$\boldsymbol{F}_2$，…，$\boldsymbol{F}_n$ 作用在物体上，在力系平面内任选一点 O，称为简化中心。根据力的平移定理，将各力平移到 O 点，于是得到作用于 O 点的 $\boldsymbol{F}_1'$，$\boldsymbol{F}_2'$，…，$\boldsymbol{F}_n'$ 的力系，以及相应的附加力偶矩 $\boldsymbol{m}_1$，$\boldsymbol{m}_2$，…，$\boldsymbol{m}_n$，如图 2-16（b）所示。

这样就把原来的平面任意力系转换为一平面汇交力系和一平面力偶系。显然，如图 2-16（a）与图 2-16（b）所示两个力系的作用是等效的。平面汇交力系 $\boldsymbol{F}_1'$，$\boldsymbol{F}_2'$，…，$\boldsymbol{F}_n'$ 可合成为一个作用于 O 点的合力 $\boldsymbol{F}'_{\mathrm{R}}$，即：

$$\boldsymbol{F}'_{\mathrm{R}} = \boldsymbol{F}_1' + \boldsymbol{F}_2' + \cdots + \boldsymbol{F}_n' \tag{2-15}$$

矢量 $\boldsymbol{F}'_{\mathrm{R}}$ 称为原力系的主矢，如图 2-16（c）所示。

平面附加力偶系可以合成为一个力偶，其力偶矩等于各附加力偶矩的代数和。

$$\begin{aligned}\boldsymbol{m}_{\mathrm{O}} &= \boldsymbol{m}_1 + \boldsymbol{m}_2 + \cdots + \boldsymbol{m}_n \\ &= \boldsymbol{m}_{\mathrm{O}}(\boldsymbol{F}_1) + \boldsymbol{m}_{\mathrm{O}}(\boldsymbol{F}_2) + \cdots + \boldsymbol{m}_{\mathrm{O}}(\boldsymbol{F}_n) \\ &= \sum \boldsymbol{m}_{\mathrm{O}}(\boldsymbol{F}_i)\end{aligned} \tag{2-16}$$

$\boldsymbol{m}_{\mathrm{O}}$ 称为原力系的主矩，它等于原力系各力对 O 点之矩的代数和。

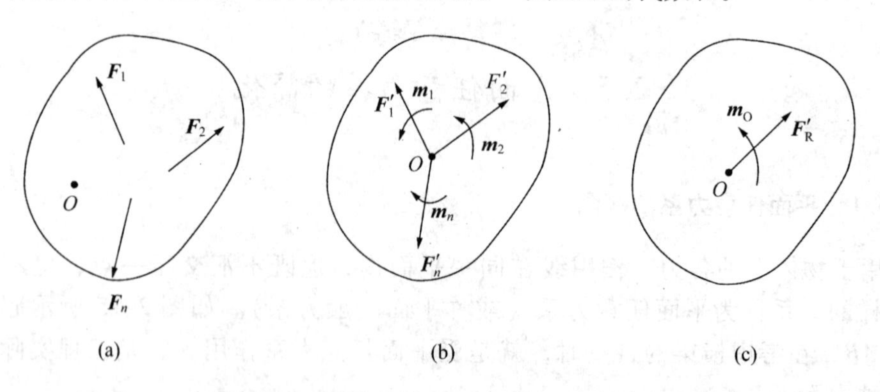

图 2-16　平面任意力系向作用面内一点简化

结论：平面任意力系向作用面内一点简化，可得一个力和一个力偶，这个力等于该力系的主矢：

$$\boldsymbol{F}'_{\mathrm{R}} = \sum \boldsymbol{F}_i \tag{2-17}$$

作用在简化中心。这个力偶的矩等于该力系对于 O 点的主矩：

$$\boldsymbol{m}_{\mathrm{O}} = \sum \boldsymbol{m}_{\mathrm{O}}(\boldsymbol{F}_i) \tag{2-18}$$

不难发现，主矢与简化中心的位置无关，而主矩与简化中心的位置有关。因此，凡提到主矩，必须指出其相应的简化中心。

2.5.3　简化结果分析

综上所述，平面力系向一点简化，可得一个主矢 $\boldsymbol{F}'_{\mathrm{R}}$ 和一个主矩 $\boldsymbol{m}_{\mathrm{O}}$。

（1）若 $\boldsymbol{F}'_{\mathrm{R}}=0$，$\boldsymbol{m}_{\mathrm{O}}\neq 0$，则原力系简化为一个力偶，其力偶矩等于原力系对于简化中心 O 点的主矩。简化结果与简化中心 O 的位置无关，即不论力系向哪一点简化，结果都是这个力偶。

（2）若 $\boldsymbol{F}'_{\mathrm{R}}\neq 0$，$\boldsymbol{m}_{\mathrm{O}}=0$，则 $\boldsymbol{F}'_{\mathrm{R}}$ 是原力系的合力 $\boldsymbol{F}_{\mathrm{R}}$，通过简化中心 O 点。

（3）若 $\boldsymbol{F}'_{\mathrm{R}}\neq 0$，$\boldsymbol{m}_{\mathrm{O}}\neq 0$，则力系仍然可以继续简化。如图 2-17 所示，只要将主矢 $\boldsymbol{F}'_{\mathrm{R}}$ 平行移动，总可以找到一个位置 O_1 点，使 $\boldsymbol{F}'_{\mathrm{R}}$ 的附加力偶与主矩大小相等、方向相反，与主矩相互抵消，只剩下作用在 O_1 点的力 $\boldsymbol{F}''_{\mathrm{R}}$。$\boldsymbol{F}''_{\mathrm{R}}$ 即为原力系的合力，合力 $\boldsymbol{F}''_{\mathrm{R}}$ 的大小和方向与主矢 $\boldsymbol{F}'_{\mathrm{R}}$ 相同，而作用线与简化中心 O 的距离为：

$$d = \frac{|\boldsymbol{m}_{\mathrm{O}}|}{\boldsymbol{F}''_{\mathrm{R}}} = \frac{|\boldsymbol{m}_{\mathrm{O}}|}{\boldsymbol{F}'_{\mathrm{R}}} \tag{2-19}$$

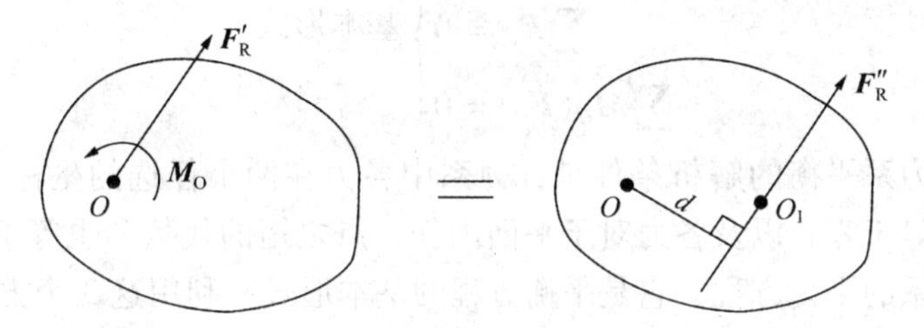

图 2-17　力系的继续简化

（4）若 $\boldsymbol{F}'_{\mathrm{R}}=0$，$\boldsymbol{m}_{\mathrm{O}}=0$，则表示原力系是一平衡力系，此时物体处于平衡状态。

综上所述，平面任意力系若不平衡，则可简化为一个合力偶或简化为一个合力。

例如，固定端对物体的作用，是在接触面上作用了一组约束反力。在平面问题中，这些力组成一个平面任意力系，如图 2-18（b）所示，将这一组力向作用面内点 A 简化得到一个力和一个力偶。一般情况下，这个力的大小和方向均为未知量，可用两个未知的正交分力来代替。因此在平面力系情况下，固定端 A 处的约束反作用力可简化为两个分力 $\boldsymbol{F}_{\mathrm{Ax}}$、$\boldsymbol{F}_{\mathrm{By}}$ 和一个约束反力偶 $\boldsymbol{M}_{\mathrm{A}}$，如图 2-18（c）所示。

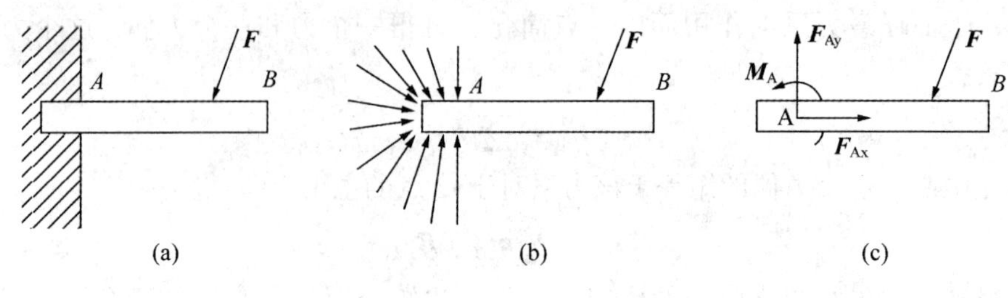

图 2-18 固定端约束

2.6 平面任意力系的平衡方程及应用

由 2.5 节可知，平面任意力系可以简化为一个主矢 $\boldsymbol{F}'_R$ 和一个主矩 $\boldsymbol{M}_O$。要使平面任意力系平衡，就必有 $\boldsymbol{F}'_R=0$，$\boldsymbol{M}_O=0$。反之，若 $\boldsymbol{F}'_R=0$，$\boldsymbol{M}_O=0$，则力系必然平衡。所以物体在平面任意力系作用下平衡的充要条件是：力系的主矢 $\boldsymbol{F}'_R$ 和力系对任一点 O 的主矩 $\boldsymbol{M}_O$ 都等于零，即：

$$\left.\begin{aligned} \boldsymbol{F}'_R &= \sqrt{\left(\sum \boldsymbol{F}_x\right)^2 + \left(\sum \boldsymbol{F}_y\right)^2} = 0 \\ \boldsymbol{M}_O &= \sum \boldsymbol{M}_O(\boldsymbol{F}) = 0 \end{aligned}\right\} \tag{2-20}$$

得平面任意力系平衡方程的基本形式（一矩式）。

$$\left.\begin{aligned} \sum \boldsymbol{F}_x &= 0 \\ \sum \boldsymbol{F}_y &= 0 \\ \sum \boldsymbol{M}_O(\boldsymbol{F}) &= 0 \end{aligned}\right\} \text{基本形式} \tag{2-21}$$

即平面任意力系平衡的解析条件是：力系中各力在两个任选的坐标轴中每一轴上投影的代数和分别等于零，以及各力对于平面内任一点之矩的代数和也等于零。式（2-21）称为平面任意力系的平衡方程，它是平衡方程的基本形式。利用这 3 个方程，可以求解 3 个未知量。

平面任意力系的平衡方程还有另外两种形式，二力矩式和三力矩式，如式（2-22）和式（2-23）所示。

$$\left.\begin{aligned} \sum \boldsymbol{F}_x &= 0 \\ \sum M_A(\boldsymbol{F}) &= 0 \\ \sum M_B(\boldsymbol{F}) &= 0 \end{aligned}\right\} \text{二力矩式} \tag{2-22}$$

式（2-22）中，矩心 A、B 的连线不能垂直于 x 轴。

$$\left.\begin{aligned} \sum \mathrm{M}_A(\boldsymbol{F}) &= 0 \\ \sum M_B(\boldsymbol{F}) &= 0 \\ \sum M_C(\boldsymbol{F}) &= 0 \end{aligned}\right\} \text{三力矩式} \tag{2-23}$$

式（2-23）中，矩心A、B、C三点不能共线。

在应用平衡方程解平衡问题时，为使计算简化，通常将矩心选在两个未知力的交点上，而坐标轴则尽可能与该力系中多数力的作用线平行或垂直。

【例2.5】 杆AB由钢杆CD支承在水平位置，AD在铅垂位置，A、C、D处铰链连接，尺寸如图2-19所示，单位为m。设作用于杆端的载荷$P=5\text{ kN}$，杆自重不计，求支座处约束反力及杆CD受力。

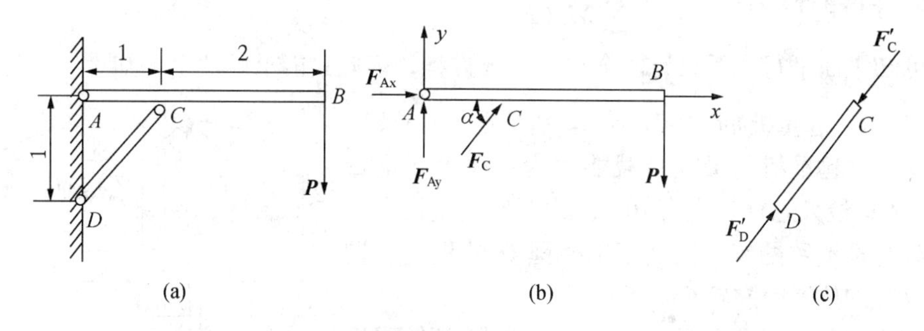

图2-19　杆件的受力分析

解： 选杆AB为研究对象，受力如图2-19（b）所示。杆AB受的力有载荷$\boldsymbol{P}$和二力杆CD的反力$\boldsymbol{F}_C$，$\boldsymbol{F}_C$的方向沿CD连线方向，指向假设如图2-19（b）所示；固定铰链支座A的约束反力用两个正交分力$\boldsymbol{F}_{Ax}$、$\boldsymbol{F}_{Ay}$来表示。取直角坐标系Axy，根据平衡条件，列平衡方程如下。

$$\sum \boldsymbol{F}_x=0,\ \boldsymbol{F}_{Ax}+\boldsymbol{F}_C\cos\alpha=0 \quad ①$$

$$\sum \boldsymbol{F}_y=0,\ \boldsymbol{F}_{Ay}+\boldsymbol{F}_C\sin\alpha-\boldsymbol{P}=0 \quad ②$$

$$\sum M_A(\boldsymbol{F})=0,\ \boldsymbol{F}_C\sin\alpha-\boldsymbol{P}\times 3=0 \quad ③$$

由式③解得：

$$\boldsymbol{F}_C=\frac{3\boldsymbol{P}}{\sin\alpha}=21.21\text{ kN}$$

$\boldsymbol{F}_C$的值为正，说明原假设正确。

代入数据，由式①、②解得：

$$\boldsymbol{F}_{Ax}=-15\text{ kN},\ \boldsymbol{F}_{Ay}=-10\text{ kN}$$

$\boldsymbol{F}_{Ax}$、$\boldsymbol{F}_{Ay}$均为负值，说明$\boldsymbol{F}_{Ax}$实际指向左，$\boldsymbol{F}_{Ay}$实际指向下。

杆CD受力图如图2-19（c）所示，所受压力为21.21 kN。

2.7　平面平行力系的平衡方程

若力系中的各力作用线在同一平面内且相互平行（如图2-20所示），则该力系称为平面平行力系。平面平行力系是平面一般力系的特例。如果取y轴平行于各力作用线，则各力在x轴上的投影恒等于零，即$\sum \boldsymbol{F}_x=0$。

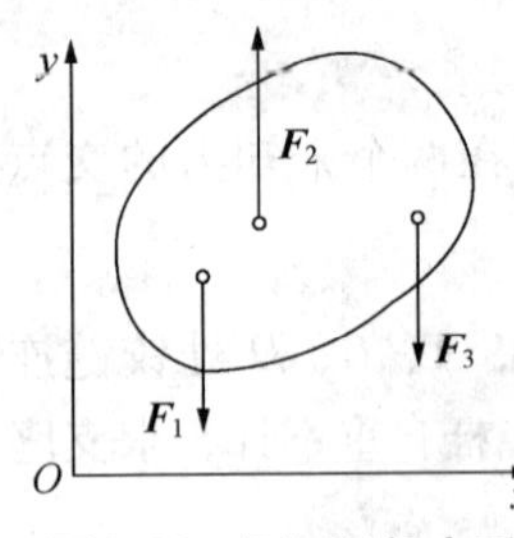

图 2-20　平面平行力系

因此，平面平行力系的平衡方程为：

$$\left.\begin{aligned}\sum \boldsymbol{F}_y = 0\\ \sum \boldsymbol{M}_O(\boldsymbol{F}) = 0\end{aligned}\right\} \tag{2-24}$$

平面平行力系的平衡方程亦可用二力矩式表示，即：

$$\left.\begin{aligned}\sum \boldsymbol{M}_A(\boldsymbol{F}) = 0\\ \sum \boldsymbol{M}_B(\boldsymbol{F}) = 0\end{aligned}\right\}(A、B\text{ 连线不能与各力作用线平行}) \tag{2-25}$$

由上述可知平面平行力系只有两个独立平衡方程，因此只能求解两个未知量。

【例 2.6】 起重机如图 2-21 所示。机架重 $\boldsymbol{G}=50\,\text{kN}$，重心在 O 点。起重机的最大承载能力为：最大起重量 $\boldsymbol{W}$ 为 25 kN；最大悬臂长度为 10 m。为了使起重机在空载和满载时都不致翻倒，试确定平衡锤 $\boldsymbol{Q}$ 的重量。设平衡锤放置的位置距左轮 6 m。

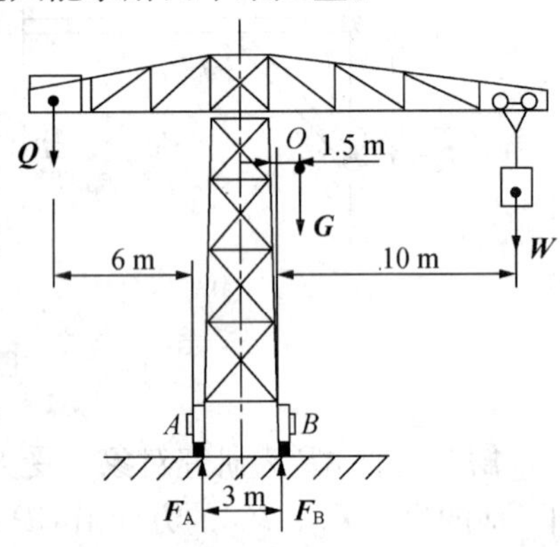

图 2-21　起重机

解：要使起重机不翻倒，就是要使作用在起重机上的所有力满足平衡条件。起重机所受的力有以下几个。重物的重力 $\boldsymbol{W}$，机架的重力 $\boldsymbol{G}$，平衡锤的重力 $\boldsymbol{Q}$，以及铁轨的约束反力 $\boldsymbol{F}_A$ 和 $\boldsymbol{F}_B$。

（1）画起重机受力图，如图 2-21 所示。

（2）根据空载和满载两种情况分别列出平衡方程并求解。

当满载时，为使起重机不绕点 B 翻倒的临界情况是 $\boldsymbol{F}_A=0$。这时求出的 Q 值是所允许的最小值。

$$\sum M_B(\boldsymbol{F}) = 0,\ \boldsymbol{Q}_{min}\cdot(6+3) - \boldsymbol{G}\cdot 1.5 - \boldsymbol{W}\cdot 10 = 0 \qquad ①$$

当空载时，$\boldsymbol{W}=0$，为使起重机不绕点 A 翻倒的临界情况是 $\boldsymbol{F}_B=0$，这时求出的 Q 值是所允许的最大值。

$$\sum M_A(\boldsymbol{F}) = 0,\ \boldsymbol{Q}_{max}\cdot 6 - \boldsymbol{G}(1.5+3) = 0 \qquad ②$$

由式①和式②可解得：

$$\boldsymbol{Q}_{max}=37.5\,\text{kN},\ \boldsymbol{Q}_{min}=36.1\,\text{kN}$$

即：当 $36.1\,\text{kN}\leqslant Q\leqslant 37.5\,\text{kN}$ 时，起重机的工作是可靠的。

2.8　物体系统的平衡问题

前面研究的都是单个物体的平衡问题。但在工程实际中，经常遇到的多是物体系统的平衡问题。所谓物体系统，就是由若干个物体通过约束所组成的系统，简称物系。如图 2-22（a）所示的三铰拱就是一个物系。

研究物系的平衡应首先搞清物系的外力和内力。物系以外的物体作用于物系的力称为该物系的外力。图 2-22（b）中的主动力 $\boldsymbol{F}_1$ 和 $\boldsymbol{F}_2$ 以及 A 和 B 处的约束反力 $\boldsymbol{R}_{Ax}$、$\boldsymbol{R}_{Ay}$、

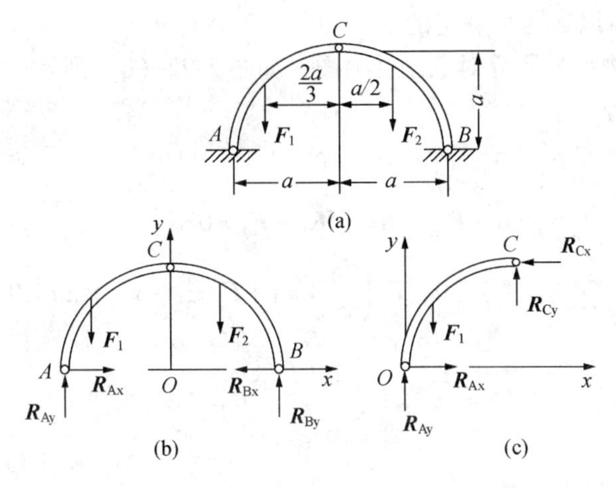

图 2-22 三铰拱

$\boldsymbol{R}_{Bx}$和$\boldsymbol{R}_{By}$都是外力。物系内各物体间相互作用的力，称为该物系的内力。对整个物系来说，根据作用反作用定律可知，物系的内力是成对出现的，若取整个物系为研究对象，则这些内力无须考虑，不必画出，如图 2-22（b）所示。

若取物系中某个物体为研究对象时，则原来作用在该物体上的内力就成为外力而必须画出，如图 2-22（c）所示。当物体系统平衡时，组成该系统的每一个物体都处于平衡状态，因此对于每一个物体，一般可写出 3 个独立的平衡方程。如有 n 个物体组成，则共有 $3n$ 个独立的平衡方程。如系统中有物体受平面汇交力系或平面平行力系作用时，则系统的平衡方程数目应该减少。当系统中的未知量数目等于独立平衡方程的数目时，则所有未知数都能由平衡方程求出，这样的问题称为静定问题。若未知量的数目多于平衡方程的数目，则未知量不能全部由平衡方程求出，这样的问题称为静不定问题。如图 2-22 所示的三铰拱就是静定问题，而图 2-23 所示的简支梁和两铰拱都是静不定问题。静不定问题已超出刚体静力学的范围，在此不予讨论。

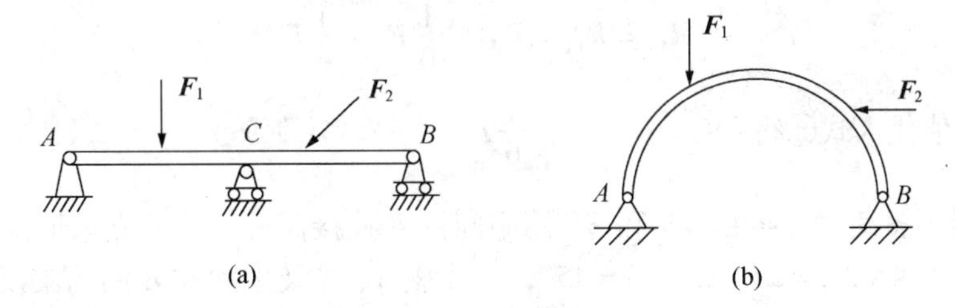

图 2-23 超静定结构

求解物体系统的平衡问题时，可取整个系统为研究对象，也可取部分或单个物体为研究对象，分别列出平衡方程而求解。总的原则是：使每一个平衡方程中的未知量尽可能少，最好是只含有一个未知量。下面通过实例来说明物系平衡问题的解法。

【例 2.7】 三铰拱如图 2-22（a）所示。试求在载荷 $\boldsymbol{F}_1$ 和 $\boldsymbol{F}_2$ 作用下，A、B、C 处铰链的反力。

解：每一个铰链有 2 个未知数，本题共 6 个未知量。三铰拱由 2 个半拱组成，独立平衡方程也是 6 个，所以本题是静定的。

（1）先以整个物系为研究对象画受力图，如图 2-22（b）所示。

（2）列平衡方程。

$$\sum \boldsymbol{F}_x = 0,\ \boldsymbol{R}_{Ax} - \boldsymbol{R}_{Bx} = 0 \qquad ①$$

$$\sum \boldsymbol{F}_y = 0,\ \boldsymbol{R}_{Ay} + \boldsymbol{R}_{By} - \boldsymbol{F}_1 - \boldsymbol{F}_2 = 0 \qquad ②$$

$$\sum M_B(\boldsymbol{F}) = 0,\ \boldsymbol{F}_1\left(\frac{2a}{3} + a\right) + \boldsymbol{F}_2\frac{a}{2} - \boldsymbol{R}_{Ax} \times 2a = 0 \qquad ③$$

由式③解得：

$$\boldsymbol{R}_{Ay} = \frac{5}{6}\boldsymbol{F}_1 + \frac{1}{4}\boldsymbol{F}_2 \qquad ④$$

将式④代入式②得：

$$\boldsymbol{R}_{By} = \frac{1}{6}\boldsymbol{F}_1 + \frac{3}{4}\boldsymbol{F}_2$$

由式①尚不能求出 $\boldsymbol{R}_{Ax}$ 和 $\boldsymbol{R}_{Bx}$。

（3）取左半拱 *AC* 为研究对象，画出受力图，如图 2-22（c）所示。

（4）根据图 2-22（c）列出半拱 AC 的平衡方程。

$$\sum \boldsymbol{F}_x = 0,\ \boldsymbol{R}_{Ax} - \boldsymbol{R}_{Cx} = 0 \qquad ⑤$$

$$\sum \boldsymbol{F}_y = 0,\ \boldsymbol{R}_{Ay} + \boldsymbol{R}_{Cy} - \boldsymbol{F}_1 = 0 \qquad ⑥$$

$$\sum M_C(\boldsymbol{F}) = 0,\ \boldsymbol{F}_1\frac{2a}{3} + \boldsymbol{R}_{Ax}a - \boldsymbol{R}_{Ay}a = 0 \qquad ⑦$$

将 $\boldsymbol{R}_{Ay}$ 的值代入式⑦得：

$$\boldsymbol{R}_{Ax} = \frac{1}{6}\boldsymbol{F}_1 + \frac{1}{4}\boldsymbol{F}_2$$

由式①和式⑤得：

$$\boldsymbol{R}_{Bx} = \boldsymbol{R}_{Cx} = \boldsymbol{R}_{Ax} = \frac{1}{6}\boldsymbol{F}_1 + \frac{1}{4}\boldsymbol{F}_2$$

再将 $\boldsymbol{R}_{Ay}$ 值代入式⑥得：
$$\boldsymbol{R}_{Cy} = \frac{1}{6}\boldsymbol{F}_1 - \frac{1}{4}\boldsymbol{F}_2$$

【例 2.8】 多跨静定梁由 *AB* 和 *BC* 用中间铰 *B* 连接而成，其他支承情况如图 2-24 所示。已知 $\boldsymbol{F} = 20\,\text{kN}$，$q = 5\,\text{kN/m}$，$\alpha = 45°$，求支座 *A*、*C* 及中间铰 *B* 的约束反力。

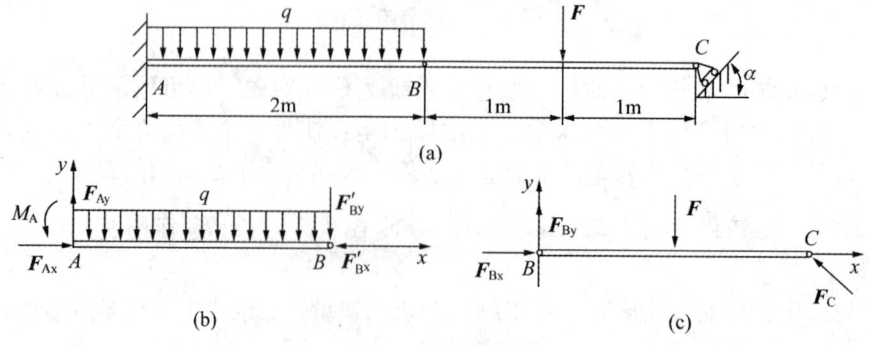

图 2-24　多跨静定梁

解：此梁由 AB 和 BC 两部分组成，先取 BC 为研究对象，画出受力图如图 2-24（c）所示，列平衡方程：

$$\sum \boldsymbol{F}_{x}=0,\ \boldsymbol{F}_{Bx}-\boldsymbol{F}_{C}\sin\alpha=0$$

$$\sum \boldsymbol{F}_{y}=0,\ \boldsymbol{F}_{By}-\boldsymbol{F}+\boldsymbol{F}_{C}\cos\alpha=0$$

$$\sum M_{B}(\boldsymbol{F})=0,\ -\boldsymbol{F}\times 1+\boldsymbol{F}_{C}\cos\alpha\times 2=0$$

解得：

$$\boldsymbol{F}_{C}=\frac{\boldsymbol{F}}{2\cos45^{\circ}}=\frac{20}{2\times\frac{\sqrt{2}}{2}}=14.14\ (\mathrm{kN})$$

$$\boldsymbol{F}_{Bx}=\boldsymbol{F}_{C}\sin\alpha=14.14\times\frac{\sqrt{2}}{2}=10\ (\mathrm{kN})$$

$$\boldsymbol{F}_{By}=\boldsymbol{F}-\boldsymbol{F}_{C}\cos\alpha=20-10=10\ (\mathrm{kN})$$

再取 AB 为研究对象，受力如图 2-24（b）所示，列平衡方程：

$$\sum \boldsymbol{F}_{x}=0,\ \boldsymbol{F}_{Ax}-\boldsymbol{F}'_{Bx}=0$$

$$\sum \boldsymbol{F}_{y}=0,\ \boldsymbol{F}_{Ay}-q\times 2-\boldsymbol{F}'_{By}=0$$

$$\sum M_{A}=0,\ M_{A}-q\times\frac{2^{2}}{2}-\boldsymbol{F}'_{By}\times 2=0$$

由 $\boldsymbol{F}_{Bx}=\boldsymbol{F}'_{Bx}$，$\boldsymbol{F}_{By}=\boldsymbol{F}'_{By}$ 得：

$$\boldsymbol{F}_{Ax}=\boldsymbol{F}_{Bx}=10\ (\mathrm{kN})$$

$$\boldsymbol{F}_{Ay}=2q+\boldsymbol{F}_{By}=2\times 5+10=20\ (\mathrm{kN})$$

$$M_{A}=2q+2\boldsymbol{F}_{By}=2\times 5+2\times 10=30\ (\mathrm{kN\cdot m})$$

【例 2.9】 图 2-25（a）为一台秤的简图，BCE 为一整体台面，AOB 为杠杆；BC 为水平杆。试求平衡砝码所受的力 $\boldsymbol{P}$ 与被称物体所受的力 $\boldsymbol{Q}$ 之间的关系。

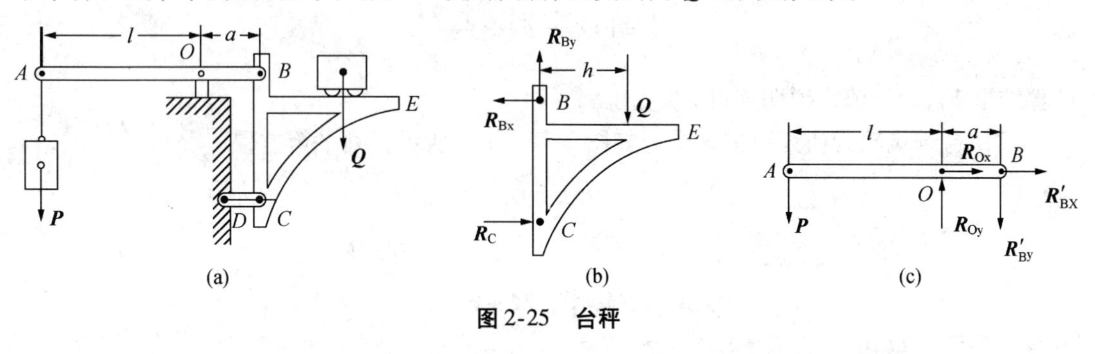

图 2-25　台秤

解：（1）先取台面 BCE 为研究对象画受力图，如图 2-25（b）所示。

（2）列平衡方程。

$$\sum \boldsymbol{F}_{y}=0,\ \boldsymbol{R}_{By}-Q=0 \qquad ①$$

解得：

$$\boldsymbol{R}_{By}=Q$$

（3）再取杠杆 AOB 为研究对象画受力图，如图 2-25（c）所示。

（4）列平衡方程。

$$\sum \boldsymbol{M}_{O}(\boldsymbol{F})=0,\ \boldsymbol{R}_{By}\cdot a-\boldsymbol{P}\cdot 1=0 \quad ②$$

由②解得：

$$\boldsymbol{P}=\frac{\boldsymbol{R}_{By}a}{l}=\frac{\boldsymbol{Q}a}{l}$$

【例 2.10】 图 2-26（a）所示曲柄连杆机构由活塞、连杆、曲柄和飞轮组成。已知飞轮重 $\boldsymbol{G}$，曲柄 OA 长 r，连杆 AB 长 l，当曲柄 OA 在垂直位置时，系统处于平衡，作用于活塞上的总压力为 $\boldsymbol{F}$，不计活塞、连杆和曲柄的重量。求作用于轴 O 上的阻力偶矩 M、轴承 O 的反力、连杆所受的力和气缸对于活塞的反力。

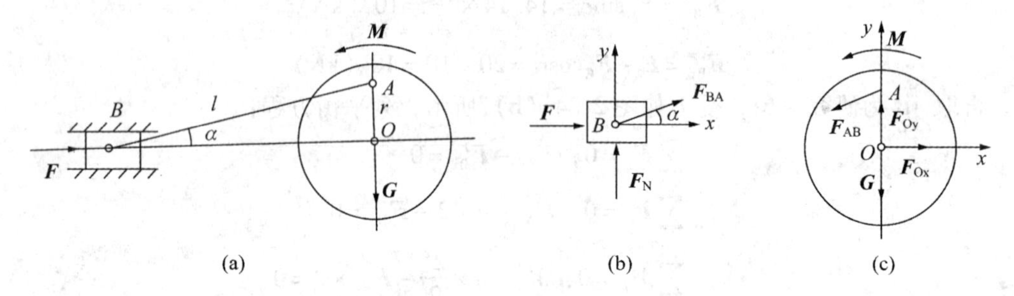

图 2-26　曲柄连杆机构

解：（1）首先选活塞为研究对象，受力如图 2-26（b）所示，列平衡方程：

$$\sum \boldsymbol{F}_{x}=0,\ \boldsymbol{F}+\boldsymbol{F}_{BA}\cos\alpha=0$$

$$\sum \boldsymbol{F}_{y}=0,\ \boldsymbol{F}_{N}+\boldsymbol{F}_{BA}\sin\alpha=0$$

解得：

$$\boldsymbol{F}_{BA}=-\frac{\boldsymbol{F}}{\cos\alpha}=-\boldsymbol{F}\frac{l}{\sqrt{l^2-r^2}}$$

$$\boldsymbol{F}_{N}=\boldsymbol{F}\mathrm{tg}\alpha=\boldsymbol{F}\frac{r}{\sqrt{l^2-r^2}}$$

计算结果 $\boldsymbol{F}_{BA}$ 为负值，说明连杆 AB 受压。

（2）再选飞轮为研究对象，受力如图 2-26（c）所示，列平衡方程：

$$\sum \boldsymbol{F}_{x}=0,\ \boldsymbol{F}_{Ox}-\boldsymbol{F}_{AB}\cos\alpha=0$$

$$\sum \boldsymbol{F}_{y}=0,\ \boldsymbol{F}_{Oy}-\boldsymbol{G}-\boldsymbol{F}_{AB}\sin\alpha=0$$

$$\sum \boldsymbol{M}_{O}(\boldsymbol{F})=0,\ \boldsymbol{M}+\boldsymbol{F}_{AB}\cos\alpha\times r=0$$

由 $\boldsymbol{F}_{AB}=\boldsymbol{F}_{BA}$，解得：

$$\boldsymbol{F}_{Ox}=\boldsymbol{F}_{AB}\cos\alpha=-\boldsymbol{F}$$

$$\boldsymbol{F}_{Oy}=\boldsymbol{G}+\boldsymbol{F}_{AB}\sin\alpha=\boldsymbol{G}-\boldsymbol{F}\frac{r}{\sqrt{l^2-r^2}}$$

$$\boldsymbol{M}=-\boldsymbol{F}_{AB}\cos\alpha\times r=\boldsymbol{F}r$$

2.9 静定与静不定问题

一个刚体平衡时，未知量个数等于独立方程个数，全部未知量可通过静力平衡方程求得，这类问题称为静定问题。

在工程实际中的很多构件和结构，为了提高可靠度，采用了增加约束的方法，使未知量个数超过了独立方程的个数，故仅用静力学平衡方程无法求解出所有未知量，这类问题称为静不定问题。

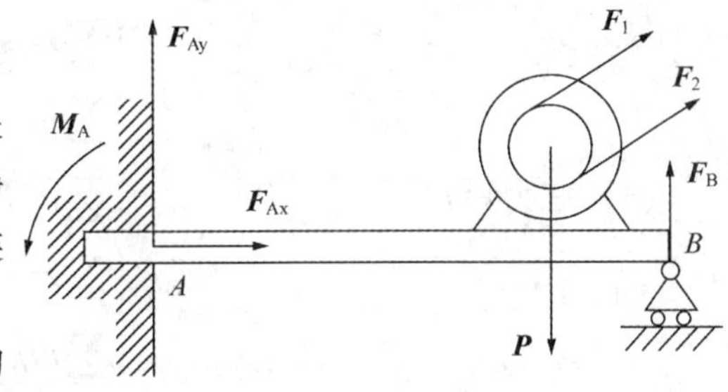

图2-27 静不定系统

求解静力学问题时，首先要判断研究的问题是静定的还是静不定的。如图2-27所示，梁*AB*所受的力是平面任意力系，有3个平衡方程，横梁上拉力$\boldsymbol{F}_1$、$\boldsymbol{F}_2$和重力$\boldsymbol{P}$已知，而图中有4个未知量，因此梁*AB*是静不定的。

本章小结

本章主要研究平面力系的合成与平衡问题。

1. 平面汇交力系的合成结果是一个合力，这个力等于力系中所有各力的矢量和。

2. 平面汇交力系的平衡条件是合力为零，即有以下平衡方程。

$$\sum \boldsymbol{F}_x = 0,\ \sum \boldsymbol{F}_y = 0$$

3. 力偶是力学中的一个基本量，它在坐标轴上的投影恒等于零；力偶对任意点之矩为一常量，等于力偶中力的大小与力偶臂的乘积；力偶不能与力平衡，只能与力偶平衡；力偶在可以作用面内任意移转；而且能同时改变力偶中力的大小和力偶臂的长短。

4. 平面力偶系的合成结果是一个合力偶，其大小等于力系中所有力偶矩的代数和。

5. 平面力偶系的平衡：合力偶矩为零。

（1）合力偶：$\boldsymbol{M} = \sum \boldsymbol{m}$

（2）平衡方程：$\sum \boldsymbol{m} = 0$

6. 力平行移出作用线后，必须附加一个力偶。

7. 合力对某点之矩等于各分力对同一点力矩的代数和。

8. 平面一般力系的简化结果如下。

主矢$\boldsymbol{F}'_R$：作用在简化中心的平面汇交力系的合力，它与简化中心的位置无关。

主矩$\boldsymbol{m}_0$：附加力偶系的合力偶矩，随简化中心位置的改变而改变，且$\boldsymbol{m}_0 = \sum \boldsymbol{m}_0(\boldsymbol{F})$。

9. 平面一般力系的平衡方程如下。

（1）基本形式：

$$\sum F_x = 0$$
$$\sum F_y = 0$$
$$\sum m_O(F) = 0$$

（2）二力矩式：

$$\sum F_x = 0$$
$$\sum m_A(F) = 0 \qquad (x\text{轴不能与}AB\text{连线垂直})$$
$$\sum m_B(F) = 0$$

（3）三力矩式：

$$\sum m_A(F) = 0$$
$$\sum m_B(F) = 0 \qquad (A、B、C\text{三点不能共线})$$
$$\sum m_C(F) = 0$$

10. 平面平行力系：可以看成平面一般力系的特殊形式。

11. 平面一般力系平衡方程的应用如下。

（1）取研究对象，首选有已知力作用的物体。

（2）画分离体的受力图。

（3）列平衡方程求解。列力矩方程时，矩心选两未知力的汇交点使解题更为方便。

12. 解物系平衡问题时的注意事项如下。

（1）对物系问题，应先判断它是静定问题还是静不定问题。

（2）确定研究对象可取整体也可以取单个物体，一般情况若整体的受力未知量不超过3个，可先选择整体为研究对象；若整体的受力未知量超过3个，必须拆开才能求出全部未知量时，可先选择受力情形最简单的，且有已知力和未知力同时作用的某个物体作为研究对象，然后逐次求解。画受力图时要注意根据约束性质确定约束反力，当以整体为研究对象时，不考虑内力。

思　考　题

1. 在什么情况下，力在轴上的投影等于力的大小？在什么情况下，力在轴上的投影等于零？同一个力在两个相互垂直的轴上的投影有何关系？

2. 写出思考题图2-1中所示各力在坐标轴x、y上的投影。

3. 如思考题图2-2所示，A、B为光滑面，为了求球对A、B面的压力，有人这样考虑：把球的重力$\boldsymbol{G}$向OA方向投影就行了，这样就得出了$F_{Ax} = G\cos30°$，这样做对吗？正确的解法应该如何？

4. “力偶的合力为零”这样的说法对吗？为什么？

5. 力偶不能用一个力来平衡，如何解释思考题图2-3所示的平衡现象。

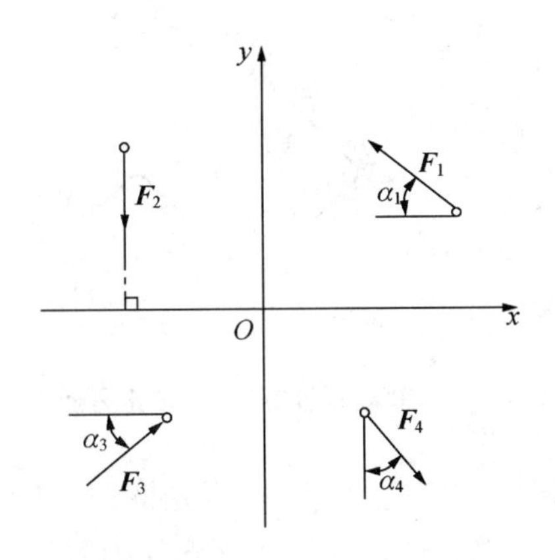

思考题图 2-1　力的作用位置

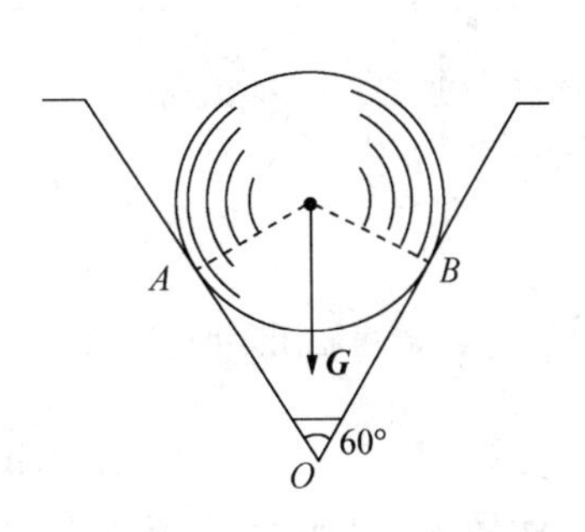

思考题图 2-2　光滑面支撑球

6. 如思考题图 2-4 所示，杆 AB 上作用一力偶，已知 $\boldsymbol{F}$，AB 杆的长度 l，则 $\boldsymbol{m}$（$\boldsymbol{F}$，$\boldsymbol{F}'$）$=\boldsymbol{F}\cdot L$，对吗？为什么？

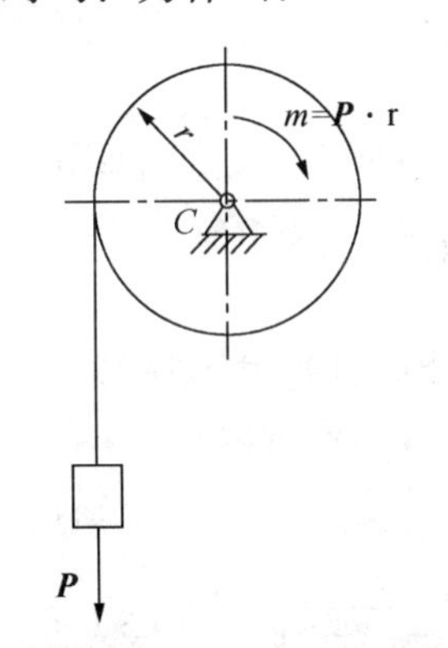

思考题图 2-3　辘轳的平衡图

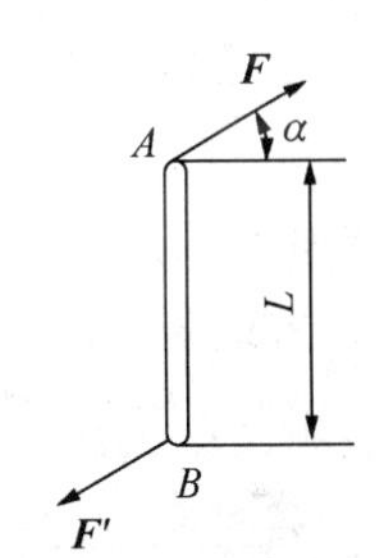

思考题 2-4　受力偶作用的杆

7. 梁 AB 的受力及支承情况如思考题图 2-5 所示。为求出此梁的支座反力，能否列出 4 个平衡方程将 4 个反力 $\boldsymbol{N}_{Ax}$，$\boldsymbol{N}_{Ay}$、$\boldsymbol{N}_{Bx}$和 $\boldsymbol{N}_{By}$都求出？

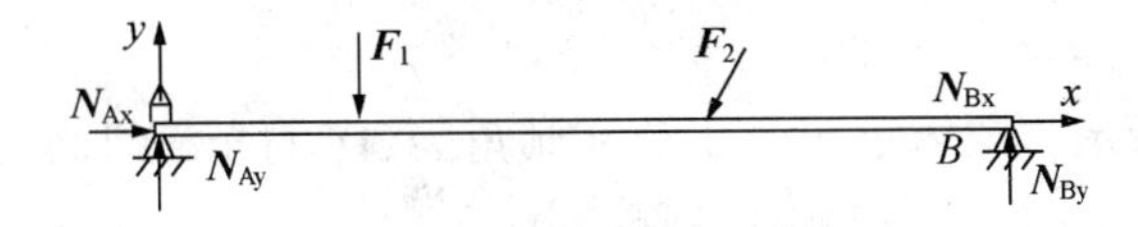

思考题图 2-5　简支梁受力

8. 试从平面一般力系的平衡方程推导出平面汇交力系的平衡方程。

9. 如思考题图 2-6 所示，物体系统处于平衡状态，若要求解各支座的约束反力，研究对象应怎样选取？分别画出 BC 杆和 AD 杆及整体的受力图。

10. 铰接的正方形结构 $ABCD$，如思考题图 2-7 所示。在 A 点有作用力 $\boldsymbol{P}$ 沿 AC 方向，B 点有作用力 $\boldsymbol{Q}$ 沿 BC 杆方向，试求各杆所受的力。

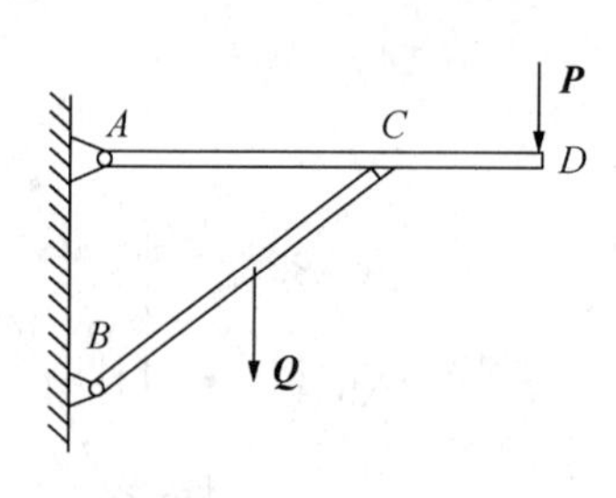

思考题图 2-6　支架受力

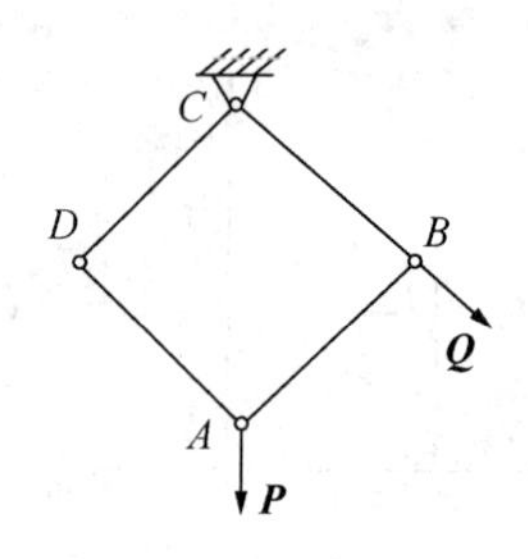

思考题图 2-7　铰接正方形

11. 思考题图 2-8（a）所示的简支梁，在求解支座反力时，可否先将 3 个力合成为一个合力，然后求解？思考题图 2-8（b）所示的铰接钢架，在求解支座反力时，可否用同样的方法？为什么？

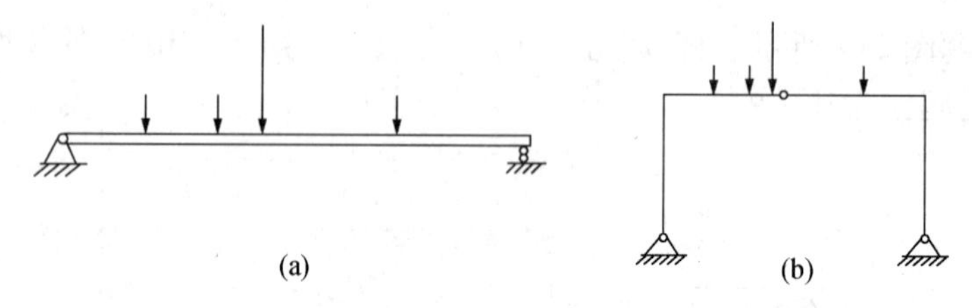

思考题图 2-8　力的合成

12. 如思考题图 2-9 所示，物体系统处于平衡状态。(1) 分别画出 AC、CD、DF 及整体的受力图。(2) 若求各支座的约束反力，研究对象应怎样选取？

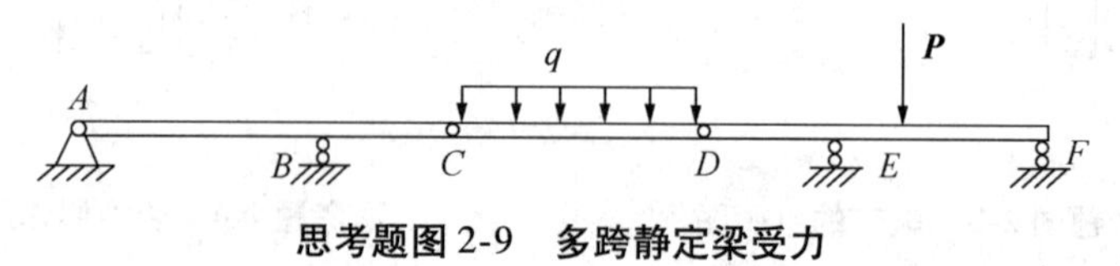

思考题图 2-9　多跨静定梁受力

习　　题

1. 如题图 2-1 所示，球体重 50 N，放在倾角为 30°的光滑斜面上，用一平行于斜面的绳子 BC 系住，试求绳子的拉力和斜面所受到的压力。

2. 试求题图 2-2 所示的三角架中杆 AC 和 BC 所受的力。已知载荷 $P = 100$ N，杆的自重不计，$\alpha = 30°$，$\beta = 60°$。

3. 如题图 2-3 所示的简易起重机用钢丝绳吊起重 $\boldsymbol{G} = 4$ kN 的重物，不计杆件自重、摩擦及滑轮大小，A、B、C 三处均为铰链连接，求杆 AB 和 AC 所受的力。

4. 连杆增力夹具如题图 2-4 所示，已知推力 $\boldsymbol{F}$ 作用于 A 点，夹紧平衡时杆与水平线的夹角为 α。求夹紧时 $\boldsymbol{Q}$ 的大小。(杆重不计)

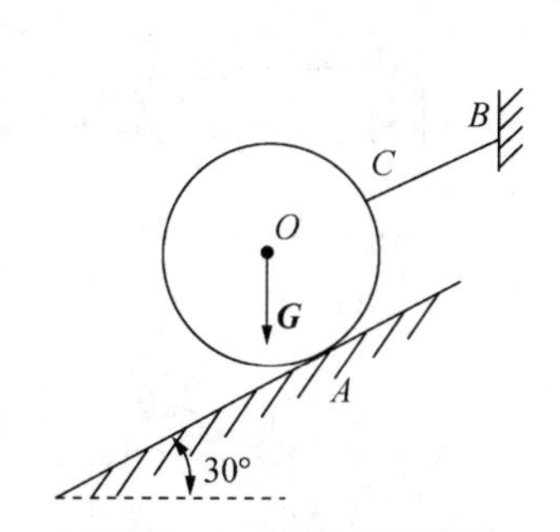

题图 2-1 斜面上的球图

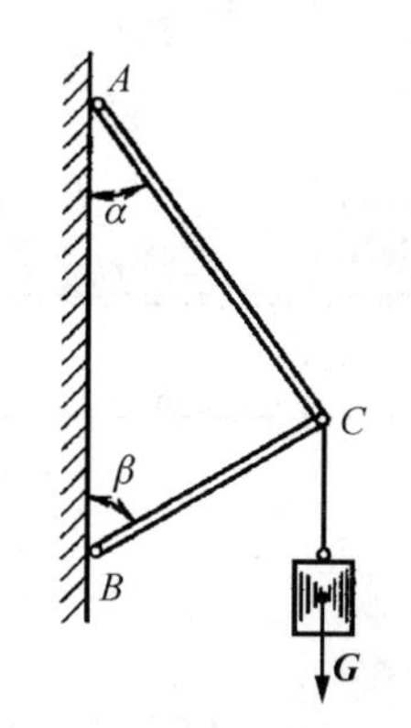

题图 2-2 三角架起吊重物

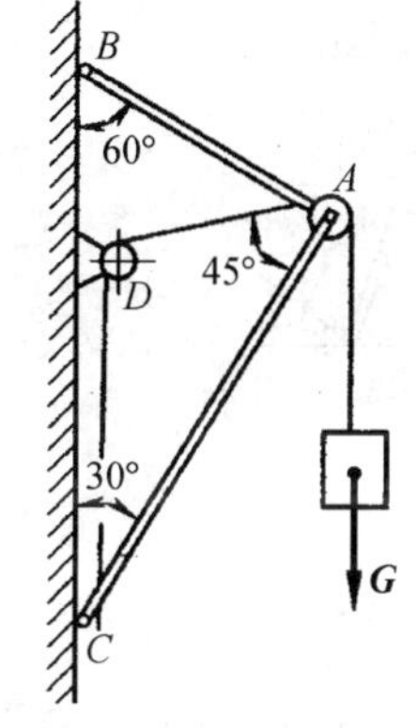

题图 2-3 简易起重机

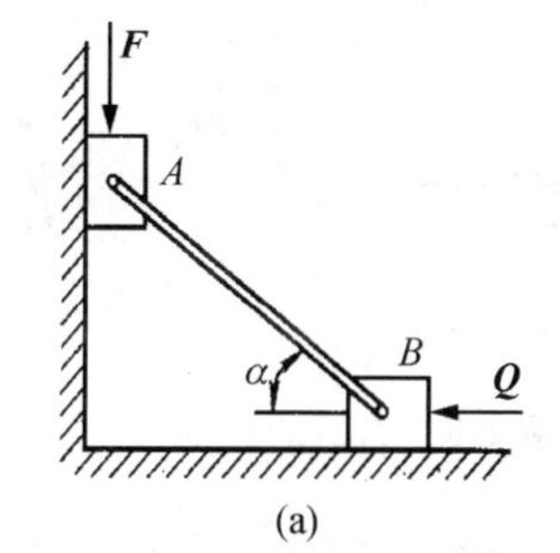

题图 2-4 连杆增力夹具

5. 如题图 2-5 所示，三铰钢架受集中力 $\boldsymbol{F}$ 作用，不计自重，求支座 A、B 的约束反力。

6. 直径相同的 3 个光滑圆柱放置如题图 2-6 所示，求圆柱不致倒塌时 θ 角的最小值。

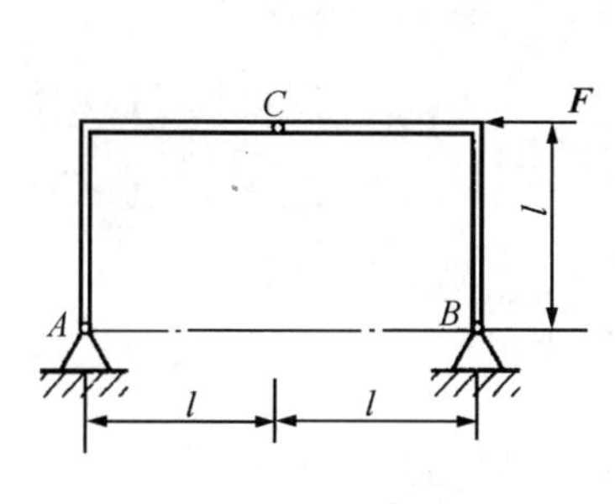

题图 2-5 三铰钢架

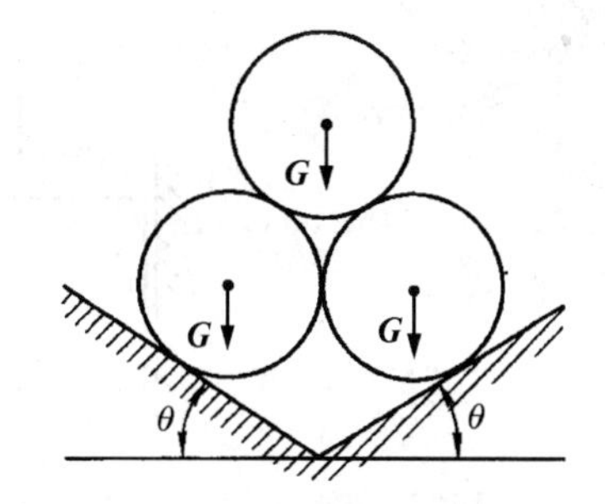

题图 2-6 圆柱堆放形式

7. 梁的受力情况如题图 2-7（a）和题图 2-7（b）所示，求支座 A、B 的约束反力。

8. 试计算题图 2-8 中各力 $\boldsymbol{F}$ 对 O 点之矩。

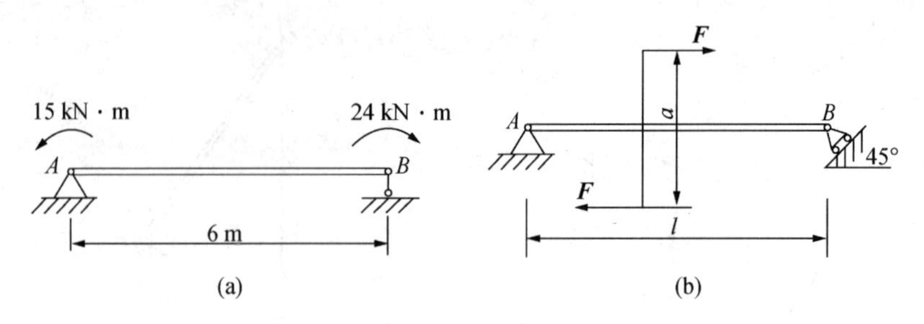

题图 2-7　简支梁

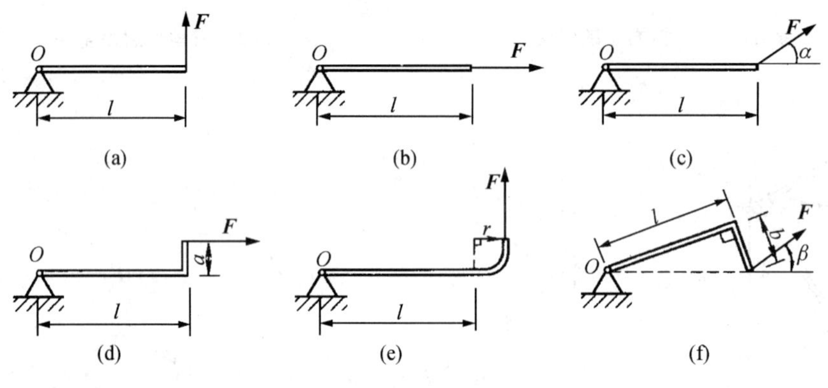

题图 2-8　力矩的计算

9. 如题图 2-9 所示的锻锤工作时，若锻件给它的反作用力有偏心，就会使锤头发生偏斜，在导轨上产生很大的压力，从而加速导轨的磨损，影响锻件的精度。已知打击力 $\boldsymbol{F}=1\,000\ \text{kN}$，偏心矩 $e=20\ \text{mm}$，锤头高度 $h=200\ \text{mm}$，求锤头给两侧轨道的压力。

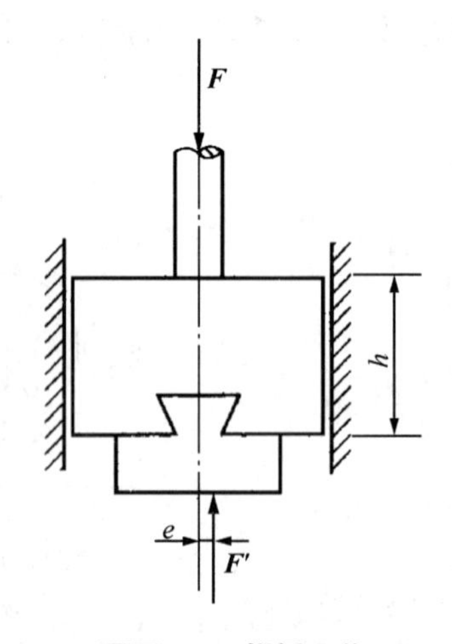

题图 2-9　锻锤工作

10. 在题图 2-10 所示铰接四连杆机构的杆 OA 上作用有力矩为 $M_1=2\ \text{N}\cdot\text{m}$ 的力偶。为使机构在 $\alpha=90°$、$\beta=30°$时处于平衡，试求必须作用在杆 O_1B 上的力偶矩 M_2。设$OA=$

400 mm，$O_1B = 200$ mm，各杆的自重与摩擦不计。

11. 题图2-11所示平面机构*ABCD*中的$AB = 100$ mm，$CD = 200$ mm，杆*AB*和*CD*上各作用于一力偶M_1和M_2，在图示位置平衡。已知$M_1 = 0.4$ N·m，杆重不计，求*A*和*D*两铰处的约束反力及力偶矩M_2。

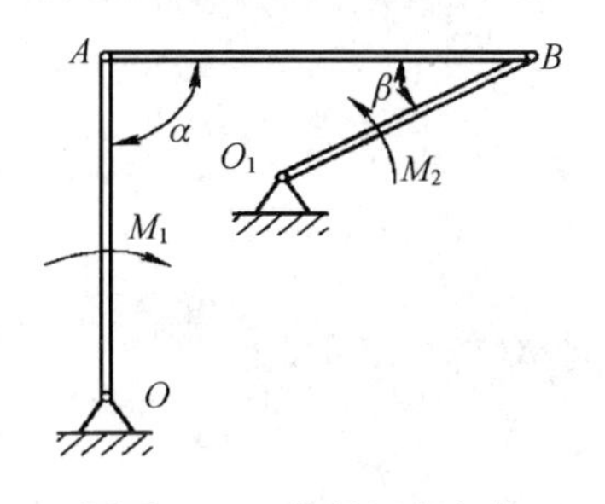

题图2-10 铰链四杆机构

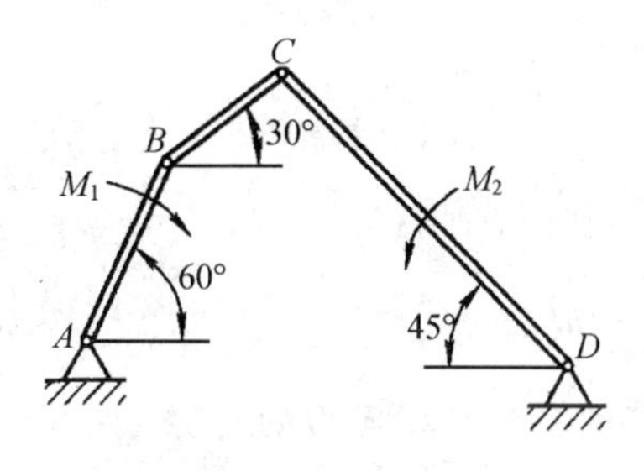

题图2-11 平面机构

12. 求题图2-12中各梁的约束反力。(力的单位为N，长度单位为m)

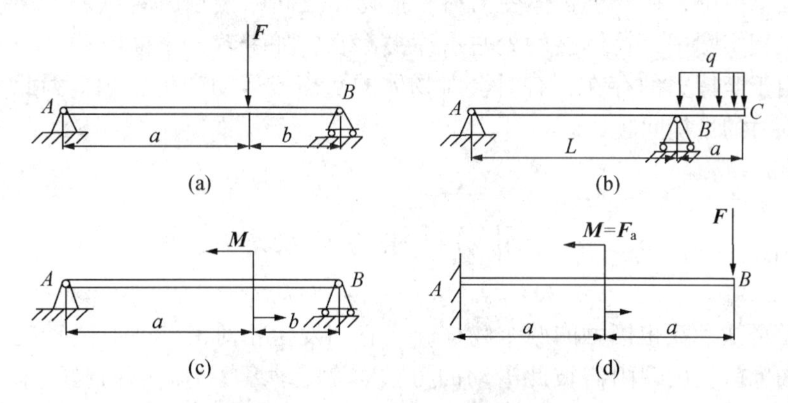

题图2-12 求各梁的约束反力

第3章 摩　　擦

本章要点

- 摩擦的概念及摩擦力的计算。
- 考虑摩擦时的平衡问题。

本书前面章节中，在分析物体受力时，把物体之间的接触面看成是不存在摩擦的光滑面。但在工程实际中，物体接触处总有摩擦存在，如带轮、摩擦制动器均靠摩擦力来进行工作。由于摩擦力的存在，有时会对物体的平衡或运动产生影响，因此，本章主要研究考虑摩擦时的平衡问题。

3.1 静滑动摩擦力与动摩擦力

由物理学可知，互相接触的两个物体，当它们发生相对滑动或有滑动趋势时，在两物体的接触面上就会出现阻碍彼此滑动的力，称为滑动摩擦力。当两物体未发生相对滑动而仅有相对滑动趋势时，两物体间的摩擦力称为静滑动摩擦力，简称静摩擦力。当两物体相对滑动时，两物体间的摩擦力称为动滑动摩擦力，简称动摩擦力。

为了说明静滑动摩擦力的特性，可做一简单实验。如图3-1所示，放在台面上的物体受水平拉力 $\boldsymbol{T}$ 的作用，拉力的大小由砝码的重量决定。拉力有使物体向右滑动的趋势，而台面对物体的摩擦力 $\boldsymbol{F}$ 阻碍它向右滑动。当拉力不大时，物体处于静止平衡，因此摩擦力与拉力大小相等，即 $\boldsymbol{F}=\boldsymbol{T}$。

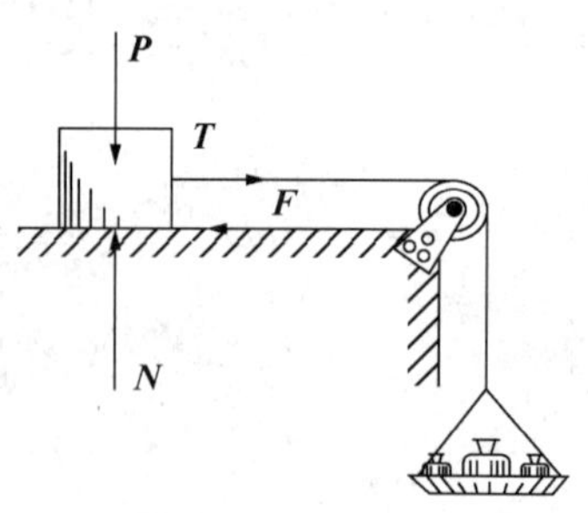

图3-1　静滑动摩擦力

若逐渐增大拉力，滑动的趋势增大，静摩擦力 $\boldsymbol{F}$ 也相应增大。当拉力增至某一值时，物体处于将动而未动的状态，称为临界平衡状态或临界状态。此时，摩擦力达到最大值，此后拉力 T 再增大，静摩擦力不再随之增大。

综上所述可知，静摩擦力的大小随主动力的增大而增大，但介于零和最大值之间。摩擦力的具体值可由平衡方程求得。摩擦力的方向总是与物体接触处相对滑动趋势的方向相反。若以 $\boldsymbol{F}_{max}$ 表示静摩擦力的最大值，则：

$$0 \leqslant \boldsymbol{F} \leqslant \boldsymbol{F}_{max} \tag{3-1}$$

大量实验证明：最大静摩擦力的大小与两物体内的正压力（即法向反力）成正

比。即：

$$F_{max}=fN \tag{3-2}$$

式中，f是比例常数，称为静摩擦系数（无量纲）。该系数需由实验测定。它与接触物体的材料及表面情况（粗糙度、温度和湿度等）有关，而与接触面积的大小无关。静摩擦系数可从有关工程手册中查到。表3-1列出了部分常用材料的摩擦系数。

表3-1 常用材料的滑动摩擦系数

接触物体的材料	f	f'	接触物体的材料	f	f'
钢和钢	0.15	0.15	钢与青铜	0.15	0.15
铸铁与铸铁	0.16	0.15	皮革与铸铁	0.3～0.5	0.6

对于动摩擦力，通过实验也可得出动摩擦力$\boldsymbol{F}'$与正压力$\boldsymbol{N}$之间的关系，即：

$$F'=f'N \tag{3-3}$$

动摩擦力$\boldsymbol{F}'$的大小也与接触面上的正压力（即法向反力）成正比。f'称为动摩擦系数，它不仅与接触物体的材料和表面情况有关，而且与接触物体间相对滑动的速度大小有关。

动摩擦力与静摩擦力不同，它没有变化范围。

总之，考虑摩擦问题时，首先要分清物体是处于静止、临界状态还是滑动状态，然后再选用相应的方法来计算摩擦力。

3.2 考虑摩擦时的平衡问题

求解有摩擦时物体的平衡问题，其方法和步骤与求解物体或物系平衡时相同，只是在分析和计算时必须考虑摩擦力。画受力图时，需注意摩擦力的方向与物体接触处相对运动方向相反。一般情况下，除列出平衡方程外，还必须列出补充方程，如临界状态时：$F_{max}=fN$。由于静摩擦力大小在零与F_{max}之间变化，因此在考虑摩擦的平衡问题中，主动力也在一定范围内变化，所以这一类问题的解答往往具有一个变化范围。

【例3.1】 制动器的构造和主要尺寸如图3-2（a）所示。制动块和鼓轮表面间的摩擦系数为f，鼓轮上悬挂物的重力为$\boldsymbol{Q}$。试求制动鼓轮所必需的最小力$\boldsymbol{P}$。

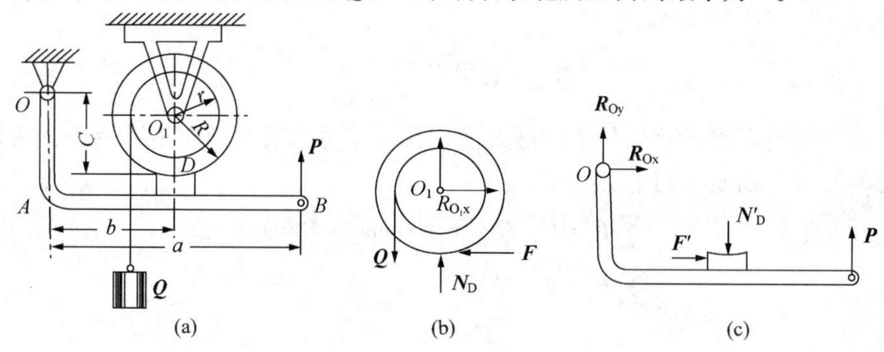

图3-2 制动器

解：当鼓轮刚能停止转动时，力 $\boldsymbol{P}$ 最小，制动块与鼓轮的摩擦力达到最大值。

（1）分别取鼓轮和制动杆 OAB 为研究对象并画受力图，如图 3-2（b）和图 3-2（c）所示。

（2）分别列平衡方程：

$$\sum M_{O_1}(\boldsymbol{F})=0，\boldsymbol{Q}r-\boldsymbol{F}\boldsymbol{R}=0 \quad ①$$

$$\sum M_{O}(\boldsymbol{F})=0，\boldsymbol{P}_{min}\cdot a+\boldsymbol{F}'\cdot C-\boldsymbol{N}'_{D}\cdot b=0 \quad ②$$

考虑平衡的临界情况，列补充方程：

$$\boldsymbol{F}=\boldsymbol{F}_{max}=f\boldsymbol{N}_{D} \quad ③$$

由式①、式②和式③可解得制动鼓轮所需的最小力：

$$\boldsymbol{P}_{min}=\frac{\boldsymbol{Q}r}{a\boldsymbol{R}}\left(\frac{b}{f}-C\right)$$

【例 3.2】 将重为 $\boldsymbol{G}$ 的物块放在斜面上，斜面的倾角 α 大于接触面的静摩擦角 ϕ_m，如图 3-3（a）所示。已知静摩擦系数 f，求使物块静止于斜面上时，水平推力 $\boldsymbol{Q}$ 的大小。

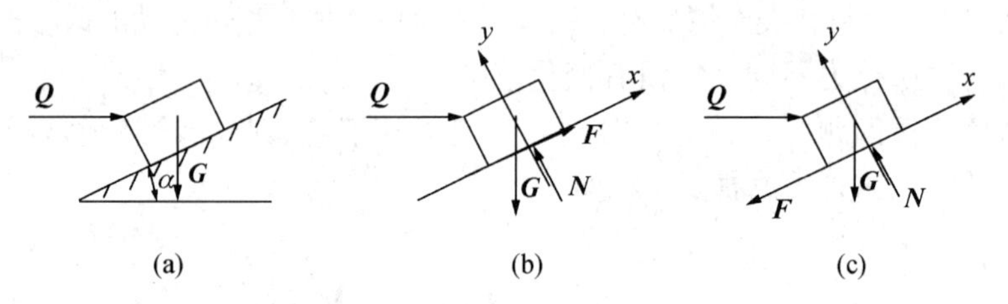

图 3-3　斜面上静止的物块

解：若 $\boldsymbol{Q}$ 力太小，物体将向下滑动，但若 $\boldsymbol{Q}$ 力太大，物体又将向上滑动。

（1）先求使物体不致下滑的力 $\boldsymbol{Q}$ 的最小值。由于滑块有向下滑动的趋势，所以，摩擦力应沿斜面向上并达到最大值，物体的受力图如图 3-3（b）所示，列平衡方程：

$$\sum \boldsymbol{F}_x=0，\boldsymbol{Q}\cos\alpha-\boldsymbol{G}\sin\alpha-\boldsymbol{F}=0 \quad ①$$

$$\sum \boldsymbol{F}_y=0，\boldsymbol{N}-\boldsymbol{G}\cos\alpha-\boldsymbol{Q}\sin\alpha=0 \quad ②$$

考虑临界状态，列补充方程：

$$\boldsymbol{F}=f\boldsymbol{N} \quad ③$$

解得：

$$\boldsymbol{Q}_{min}=\boldsymbol{G}\frac{\sin\alpha+f\cos\alpha}{\cos\alpha-f\sin\alpha}$$

（2）求使物块不致上滑的力 $\boldsymbol{Q}$ 的最大值，此时摩擦力沿斜面向下并达到最大值，受力图如图 3-3（c）所示，列平衡方程：

$$\sum \boldsymbol{F}_x=0，\boldsymbol{Q}\cos\alpha-\boldsymbol{G}\sin\alpha-\boldsymbol{F}=0 \quad ④$$

$$\sum \boldsymbol{F}_y=0，\boldsymbol{N}-\boldsymbol{G}\cos\alpha-\boldsymbol{Q}\sin\alpha=0 \quad ⑤$$

$$\boldsymbol{F}=f\boldsymbol{N} \quad ⑥$$

解得：

$$Q_{max}=G\frac{\sin\alpha+f\cos\alpha}{\cos\alpha-f\sin\alpha}$$

可见，当 Q 在下列范围内变化时，物块可以静止在斜面上。即：

$$Q_{min}=G\frac{\sin\alpha+f\cos\alpha}{\cos\alpha-f\sin\alpha}\leqslant Q\leqslant Q_{max}=G\frac{\sin\alpha+f\cos\alpha}{\cos\alpha-f\sin\alpha}$$

【例 3.3】　物体重为 $G=800$ N，放置在与水平面成 20°的斜面上，如图 3-4 所示。物体与斜面间的摩擦系数 $f=0.3$，该物体受一水平力 $F=200$ N 的力作用，问此物体是否发生滑动？如有滑动，其方向是向上还是向下？如无滑动，则静摩擦力的大小和方向如何？

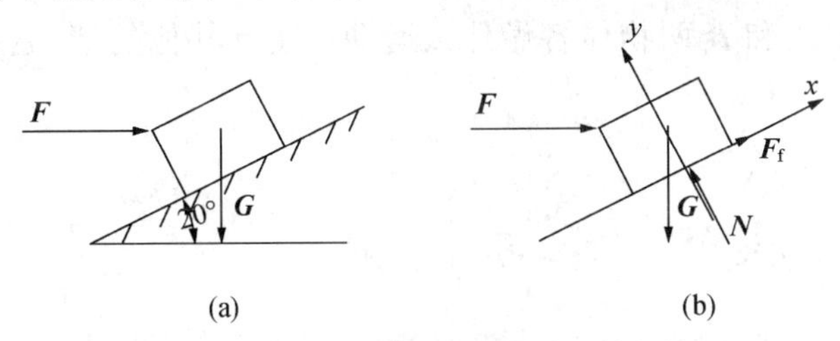

图 3-4　受力作用静止在斜面上的物块

解：先假设摩擦力不存在，由图 3-4（a）所示，得：

$$\sum F_x=F\cos20°-G\sin20°=200\cos20°-800\sin20°=-85.7\,(\text{N})<0$$

这说明物体在力 G、F、N 的作用下不能保持平衡，将沿斜面向下滑动，由此确定出摩擦力的方向为沿斜面向上，至于此摩擦力的大小可由平衡关系求出。列出平衡方程：

$$\sum F_x=0,\ F_f+200\cos20°-800\sin20°=0$$

$$\sum F_y=0,\ N-200\sin20°-800\cos20°=0$$

由此解得：　　$F_f=85.7$ N，$N=820.2$ N

最大静摩擦力应为：　　$F_{fmax}=fN=0.3\times820.2=246.06$（N）

本 章 小 结

1. 摩擦的概念。

（1）静摩擦力

一般平衡状态：$0\leqslant F\leqslant F_{max}$，$F$ 由平衡条件确定。

临界状态：　　$F_{max}=fN$

（2）动摩擦力：　　$F'=f'N$

2. 考虑摩擦时平衡问题。

要分析物体的状态。临界状态需在原力系平衡方程基础上列补充方程：

$$F_{max}=fN$$

思 考 题

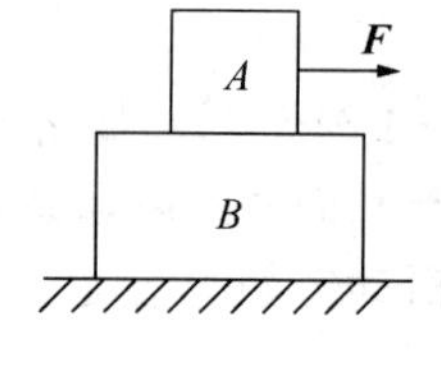

思考题图 3-1 叠放的两物体

1. 物体放在粗糙的桌面上，是否一定会受到摩擦力的作用?

2. A 和 B 两物体叠放在粗糙的水平面上，如思考题图 3-1 所示。设 A 和 B 间的最大静摩擦力为 $\boldsymbol{F}_1$，B 物体与水平面间的最大静摩擦力为 $\boldsymbol{F}_2$，在物体 A 上加一水平力 $\boldsymbol{F}$，若（1）$\boldsymbol{F}<\boldsymbol{F}_1<\boldsymbol{F}_2$；（2）$\boldsymbol{F}_1<\boldsymbol{F}<\boldsymbol{F}_2$，则 A 和 B 两物体各做什么运动? 还有其他的情况吗?

习 题

1. 物块重量 $\boldsymbol{G}=80\ \mathrm{N}$，用水平力 $\boldsymbol{P}$ 将其压在铅垂墙上，如题图 3-1 所示。已知 $\boldsymbol{P}=400\ \mathrm{N}$，物块与墙间的摩擦系数 $f=0.25$，求摩擦力 $\boldsymbol{F}$ 的大小。

2. 如题图 3-2 所示，物块接触面间的静摩擦系数 $f=0.2$，试分析各物体的运动状态，并求摩擦力 $\boldsymbol{F}$ 的大小和方向。

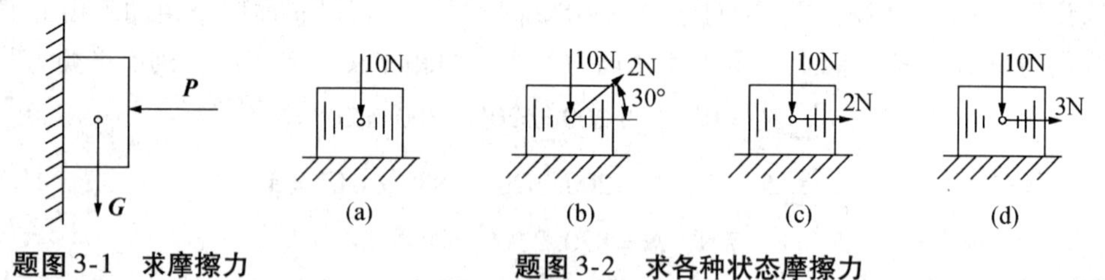

题图 3-1 求摩擦力　　题图 3-2 求各种状态摩擦力

3. 如题图 3-3 所示，在轴上作用着一个力偶，力偶矩 $\boldsymbol{m}=1\ \mathrm{kN\cdot m}$。轴上固连着直径 $d=0.5\ \mathrm{m}$ 的制动轮，轮缘与制动块间的静摩擦系数 $f=0.25$，问制动块应对制动轮加多大的压力 $\boldsymbol{Q}$，才能使轴不转动?

4. AB 两物叠在一起置于水平面上，A 物系一斜绳固定于墙上，如题图 3-4 所示。已知 $\boldsymbol{G}_\mathrm{A}=5\ \mathrm{kN}$，$\boldsymbol{G}_\mathrm{B}=2\ \mathrm{kN}$，$\alpha=30°$，$A$、$B$、地面间的摩擦系数均为 $f=0.3$，试求能拉动 B 物体的水平拉力 $\boldsymbol{P}$ 的最小值。

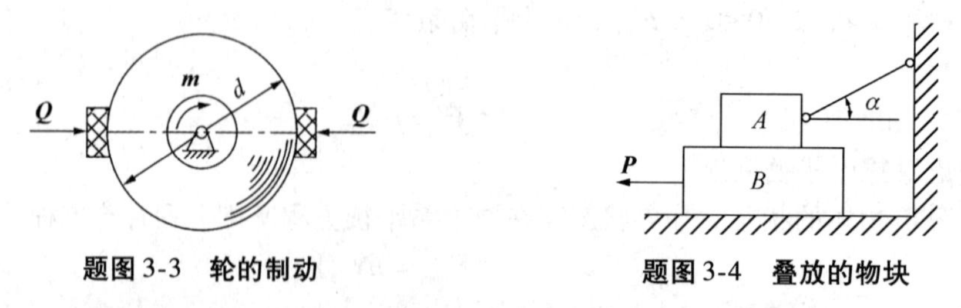

题图 3-3 轮的制动　　题图 3-4 叠放的物块

5. 题图 3-5 所示物体重 $\boldsymbol{G}=1\ \mathrm{kN}$，放置在与水平面成 30°的斜面上，物体与斜面间的摩擦系数 $f=0.3$。该物体受一水平力 $\boldsymbol{F}=200\ \mathrm{N}$ 作用，问此物体是否滑动? 此时摩擦力为

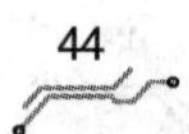

多大?

6. 简易升降混凝土吊桶装置如图3-6所示，混凝土和吊桶共重25 kN，吊桶与滑道间的摩擦系数为0.3，分别求出重物上升和下降时绳子的拉力。

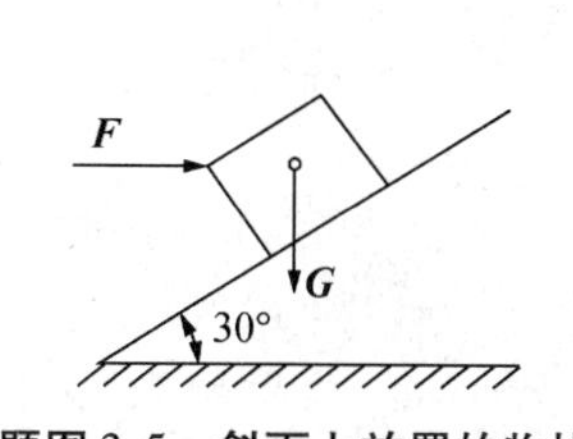

题图3-5 斜面上放置的物块

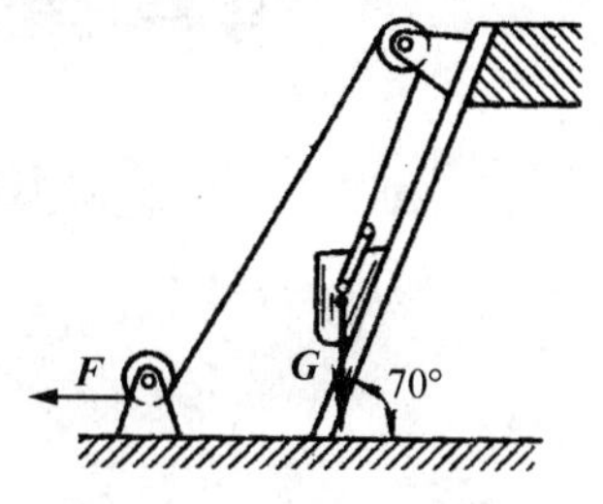

题图3-6 混凝土吊桶装置

第4章　空间力系

本章要点

- 力在空间直角坐标轴上的投影、力对轴之矩的概念。
- 空间力系的平衡方程及应用。
- 各力作用线不在同一平面内的力系称为空间力系。空间力系分为空间汇交力系、空间平行力系和空间任意力系。

4.1　力在空间直角坐标轴上的投影和分解

4.1.1　力在空间直角坐标轴上的投影

1. 直接投影法

力在空间直角坐标轴上的投影定义与在平面力系中的定义相同。若已知力与轴的夹角，就可以直接求出力在轴上的投影，这种求解方法称为直接投影法。

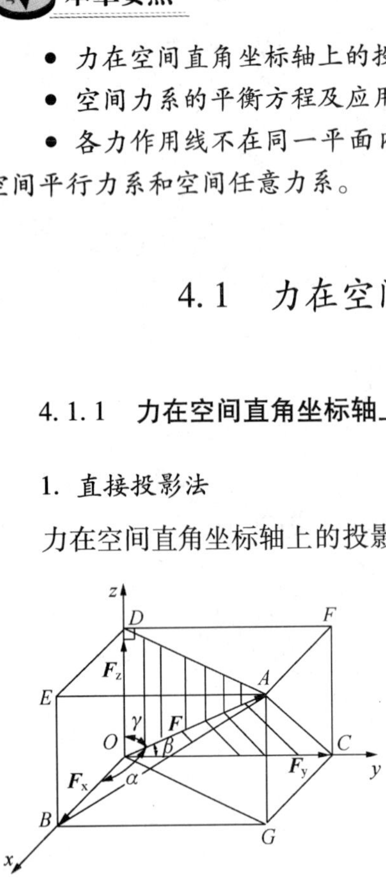

设空间直角坐标系的3个坐标轴如图4-1所示，已知力 $\boldsymbol{F}$ 与3轴间的夹角分别为 α、β、γ，则力在轴上的投影为：

$$\left.\begin{aligned} F_x &= \pm F\cos\alpha \\ F_y &= \pm F\cos\beta \\ F_z &= \pm F\cos\gamma \end{aligned}\right\} \tag{4-1}$$

图4-1　直接投影法

力在轴上的投影为代数量，其正负号规定：从力的起点到终点，若投影后的趋向与坐标轴正向相同，则力的投影为正；反之为负。而力沿坐标轴分解所得的分量则为矢量。虽然两者大小相同，但性质不同。

2. 二次投影法

当力与坐标轴的夹角没有全部给出时，可采用二次投影法，即先将力投影到某一坐标平面上得到一个矢量，然后再将这个过渡矢量进一步投影到所选的坐标轴上。

如图4-2中，已知力 $\boldsymbol{F}$ 的值和 $\boldsymbol{F}$ 与 z 轴的夹角 γ，以及力 $\boldsymbol{F}$ 在 xy 平面上的投影 $\boldsymbol{F}_{xy}$ 与 x 轴的夹角 φ，则 $\boldsymbol{F}$ 在 x、y、z 三轴上的投影可列写为：

$$\left.\begin{aligned} F_z &= \pm F\cos\gamma \\ F_{xy} &= F\sin\gamma \end{aligned}\right\} \tag{4-2}$$

即：

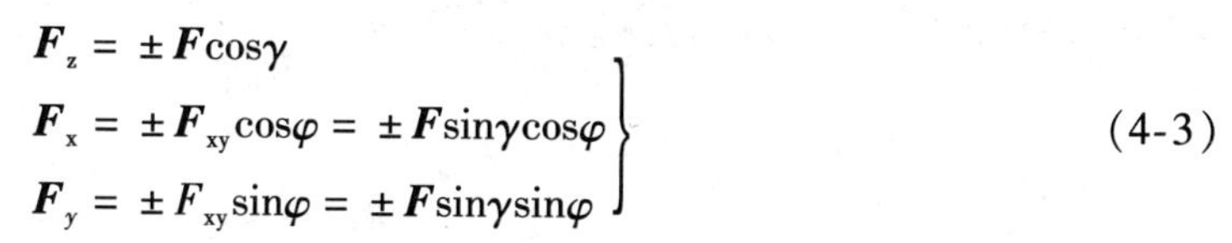

$$\left.\begin{aligned} F_z &= \pm F\cos\gamma \\ F_x &= \pm F_{xy}\cos\varphi = \pm F\sin\gamma\cos\varphi \\ F_y &= \pm F_{xy}\sin\varphi = \pm F\sin\gamma\sin\varphi \end{aligned}\right\} \tag{4-3}$$

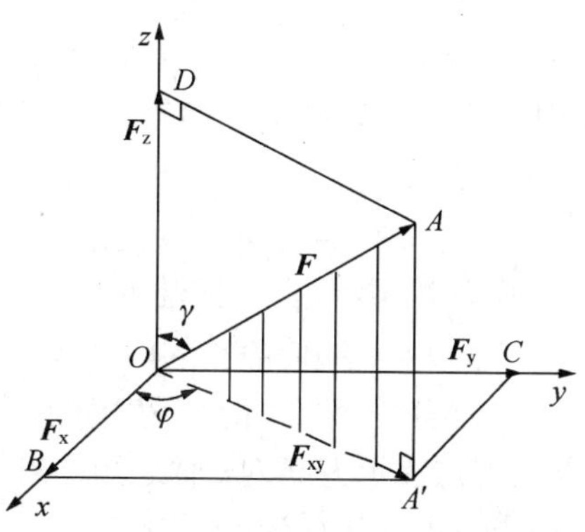

图 4-2　二次投影法

4.1.2　力在空间直角坐标轴上的分解

在空间，一个力可分解为互相垂直的 3 个分力。例如，有一个力 $\boldsymbol{F}$，取空间直角坐标系 $Oxyz$，如图 4-1 所示，以 $\boldsymbol{F}$ 为对角线作平行正六面体。根据力的平行四边形法则，先将力 $\boldsymbol{F}$ 分解为两个分力，即沿 z 轴方向的分力 $\boldsymbol{F}_z$ 和垂直于 z 轴平面内的分力 $\boldsymbol{F}_{xy}$。然后进一步将 $\boldsymbol{F}_{xy}$ 分解为沿 x 轴方向的分力 $\boldsymbol{F}_x$ 和沿 y 轴方向的 $\boldsymbol{F}_y$。3 个分力 $\boldsymbol{F}_x$、$\boldsymbol{F}_y$ 和 $\boldsymbol{F}_z$ 的大小分别等于力 $\boldsymbol{F}$ 在 x、y、z 轴上的投影的绝对值。力投影的正负表示分力的方向。

【例 4.1】　如图 4-3 所示为一圆柱斜齿轮，传动时受到啮合力 $\boldsymbol{F}$ 的作用，若已知 $F = 7\ \text{kN}$，$\alpha = 20°$，$\beta = 15°$，求 $\boldsymbol{F}$ 沿坐标轴的投影。

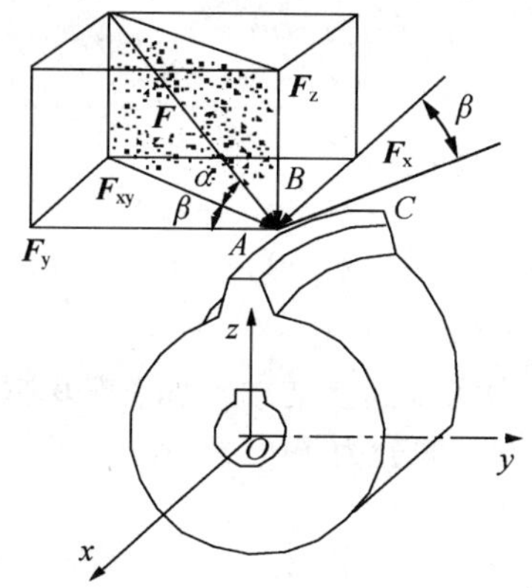

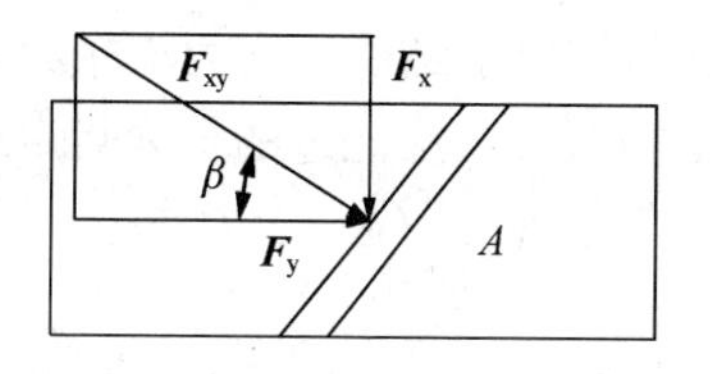

图 4-3　圆柱斜齿轮

解：从以力 $\boldsymbol{F}$ 为对角线的正六面体可得：

径向力 $F_z = -F\sin\alpha = -2.39\ \text{kN}$

轴向力 $F_x = F_{xy}\sin\beta = F\cos\alpha\sin\beta = 1.70\ \text{kN}$

切向力 $F_y = F_{xy}\cos\beta = F\cos\alpha\cos\beta = 6.35\ \text{kN}$

4.2 力对轴之矩

在工程实际中，经常遇到刚体绕定轴转动的情形，为了度量力使物体绕定轴转动的效果，这里引入力对轴之矩的概念。

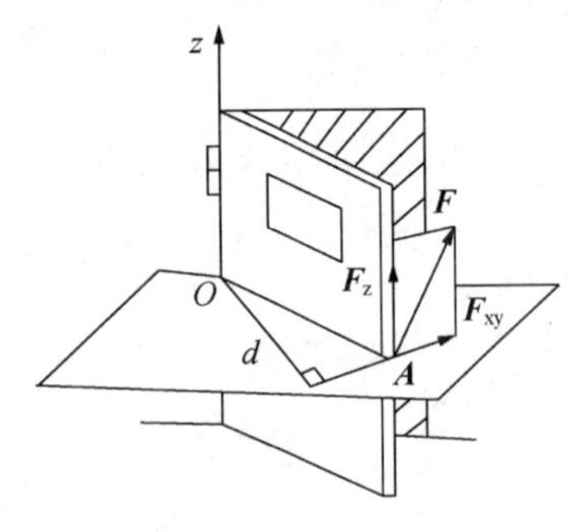

图 4-4 力使门转动

如图 4-4 所示，可把推门的力 $\boldsymbol{F}$ 分解为平行于 z 轴的分力 $\boldsymbol{F}_z$ 和垂直于 z 轴的平面内的分力 $\boldsymbol{F}_{xy}$。由经验可知，分力 $\boldsymbol{F}_z$ 不能使静止的门转动，故力 $\boldsymbol{F}_z$ 对 z 轴的力矩为零，只有分力 $\boldsymbol{F}_{xy}$ 才能使静止的门绕 z 轴转动。现用符号 $M_z(\boldsymbol{F})$ 表示力 $\boldsymbol{F}$ 对 z 轴之矩。点 O 为 $\boldsymbol{F}_{xy}$ 所在平面与 z 轴的交点，d 为点 O 到 $\boldsymbol{F}_{xy}$ 作用线的距离，即：

$$M_z(\boldsymbol{F}) = M_z(\boldsymbol{F}_{xy}) = M_O(\boldsymbol{F}_{xy}) = \pm F_{xy} \cdot d \quad (4\text{-}4)$$

式（4-4）表明：空间力对轴之矩等于此力在垂直于该轴平面上的分力对该轴与此平面交点之矩。

力对轴之矩的单位是 N · m，它是一个代数量，正负号可用右手螺旋法则来判定：如图 4-5 所示，用右手握住转轴，四指与力矩转动方向一致，若拇指指向与转轴正向一致时力矩为正；反之为负。也可从转轴正端看过去，逆时针转向的力矩为正，顺时针转向的力矩为负。

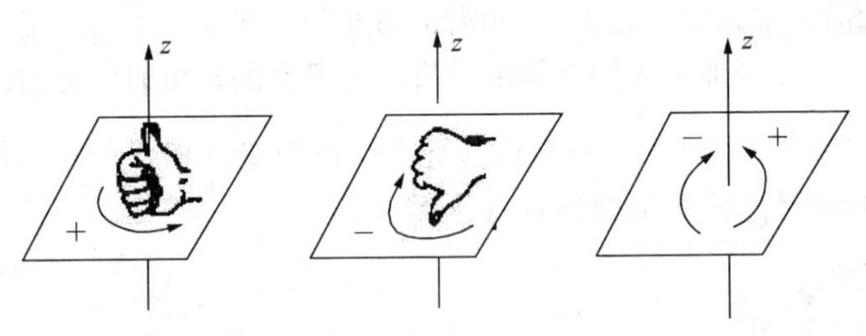

图 4-5 力对轴之矩的正负

力对轴之矩等于零的情形：（1）当力与轴相交时（$d=0$）；（2）当力与轴平行时（$F_{xy}=0$）。故有以下结论：**当力与轴共面时，力对轴之矩为零**。

在平面力系中，推证过的合力矩定理在空间力系中同样适用。如图 4-6 所示合力 $\boldsymbol{F}$ 对某轴的力矩等于各分力在 x、y、z 这 3 个坐标轴方向的分力 $\boldsymbol{F}_x$、$\boldsymbol{F}_y$ 和 $\boldsymbol{F}_z$ 对同轴之矩的代数和，即：

$$M_z(\boldsymbol{F}) = M_z(\boldsymbol{F}_x) + M_z(\boldsymbol{F}_y) + M_z(\boldsymbol{F}_z) \quad (4\text{-}5)$$

因分力 F_z 平行于 z 轴，故 $M_z(F_z)=0$，于是：

$$M_z(F)=M_z(F_x)+M_z(F_y)=F_y x_A-F_x y_A \tag{4-6}$$

同理可得：

$$\left.\begin{aligned}M_x(F)=F_z y_A-F_y z_A\\ M_y(F)=F_x z_A-F_z x_A\end{aligned}\right\} \tag{4-7}$$

式（4-5）称为合力矩定理。应用此式时，要注意力矩的正负。

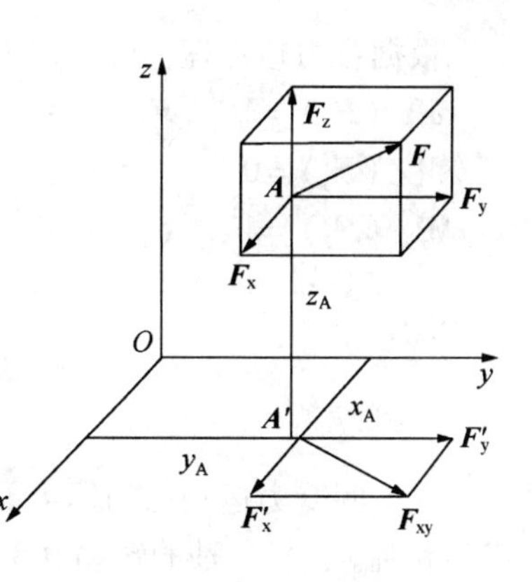

图4-6　合力矩定理

【例4.2】　如图4-7（a）所示，已知各力的值均等于100 N，六面体的规格为30 cm×30 cm×40 cm。求：(1) 各力在 x、y、z 轴上的投影；(2) 力 F_3 对 x、y、z 轴之矩。

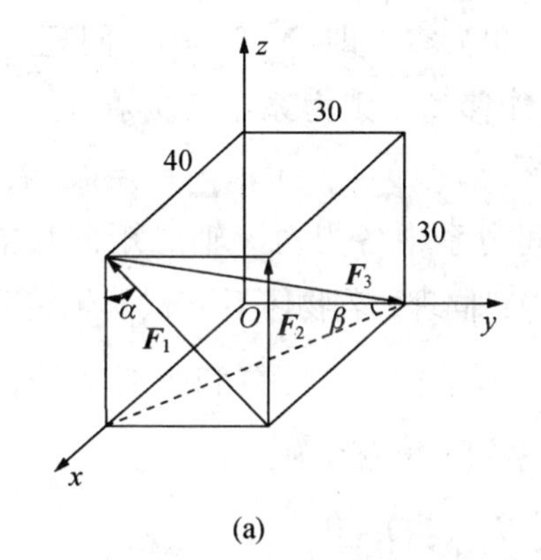

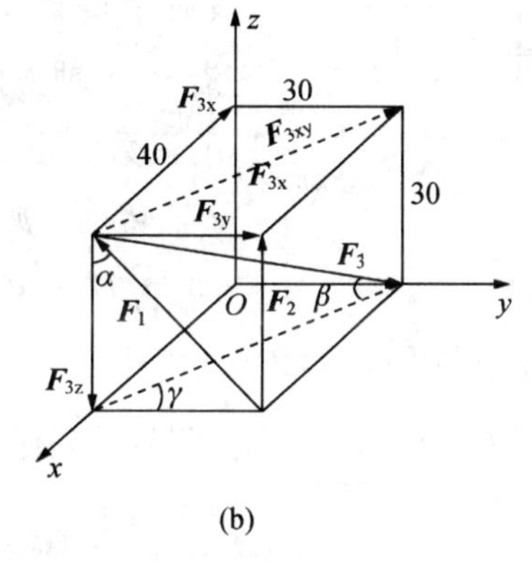

图4-7　合力矩定理应用

解：(1) 计算投影。

$$F_1:\ F_{1x}=0$$

$$F_{1y}=-F\sin\alpha=-100\cdot\frac{\sqrt{2}}{2}=-50\sqrt{2}=-70.7\ (\mathrm{N})$$

$$F_{1z}=F\cos\alpha=100\cdot\frac{\sqrt{2}}{2}=50\sqrt{2}=70.7\ (\mathrm{N})$$

$$F_2:\ F_{2x}=0,\ F_{2y}=0,\ F_{2z}=F_2=100\ \mathrm{N}$$

$$F_3:\ F_{3x}=-F_3\cos\beta\sin\gamma=-100\frac{5}{\sqrt{34}}\cdot\frac{4}{5}=-68.6\ \mathrm{N}$$

$$F_{3y}=F_3\cos\beta\cos\gamma=100\frac{5}{\sqrt{34}}\cdot\frac{3}{5}=51.5\ \mathrm{N}$$

$$F_{3z}=-F_3\sin\beta=-100\frac{3}{\sqrt{34}}=-51.5\ \mathrm{N}$$

(2) 计算力对轴之矩。

先将力 F_3 在作用点处沿 x、y、z 方向分解，得到3个分量 F_{3x}、F_{3y}、F_{3z}，如图4-7(b) 所示，它们的大小分别等于投影 F_{3x}、F_{3y}、F_{3z} 的大小。

根据合力矩定理，可求得力 F_3 对指定的 x、y、z 这 3 轴之矩如下：

$M_x(F_3)=M_x(F_{3x})+M_x(F_{3y})+M_x(F_{3z})=0-F_{3y}\times0.3+0=-15.5\ (\mathrm{N\cdot m})$

$M_y(F_3)=0$

$M_z(F_3)=M_z(F_{3x})+M_z(F_{3y})+M_z(F_{3z})=0+F_{3y}\times0.4+0=20.6\ (\mathrm{N\cdot m})$

4.3 空间力系的平衡

在空间受力运动的物体可能有如图 4-8 所示的几种运动情况，即沿 x、y、z 轴方向的移动和绕 x、y、z 轴的转动（6 个自由度）。若物体在空间力系作用下保持平衡，则物体既不能绕 x、y、z 三轴方向移动，也不能绕 x、y、z 三轴转动。若物体沿 x 轴方向不能移动，则此空间力系各力在 x 轴上投影的代数和为零，即 $\sum F_x=0$；同理，如果物体沿 y、z 轴方向不能移动，则力系中各力在 y、z 轴上投影的代数和也必为零，即 $\sum F_y=0$，$\sum F_z=0$。若物体不绕 x 轴转动，则空间力系中各力对 x 轴之矩的代数和为零，即 $\sum M_x(F_i)=0$；同理，若物体不绕 y、z 轴转动，则空间力系中各力对 y、z 轴之矩的代数和也必为零，即 $\sum M_y(F_i)=0$，$\sum M_z(F_i)=0$。由此得到空间任意力系的平衡方程为：

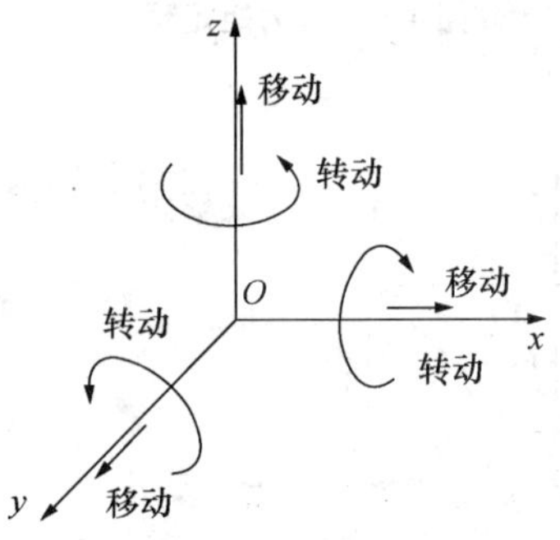

图 4-8 空间运动物体的自由度

$$\left.\begin{array}{ll}\sum F_x=0 & \sum M_x(F_i)=0\\ \sum F_y=0 & \sum M_y(F_i)=0\\ \sum F_z=0 & \sum M_z(F_i)=0\end{array}\right\}\qquad(4\text{-}8)$$

结论如下。

空间一般力系平衡的充分必要条件是：所有各力在 3 个坐标轴中每个轴上的投影的代数和等于零，以及这些力对于每一个坐标轴的力矩的代数和也等于零。

空间汇交力系和空间平行力系是空间一般力系的特殊情况，它们的平衡方程读者可自行推证。

空间汇交力系的平衡方程为：

$$\left.\begin{array}{l}\sum F_x=0\\ \sum F_y=0\\ \sum F_z=0\end{array}\right\}\qquad(4\text{-}9)$$

空间平行力系的平衡方程为：

$$\left.\begin{array}{l}\sum F_z=0\ (z\text{ 轴与力系平行})\\ \sum M_x(F_i)=0\\ \sum M_y(F_i)=0\end{array}\right\}\qquad(4\text{-}10)$$

【例4.3】 如图4-9（a）所示的三轮推车中，已知：$AH=HB=0.5\ m$，$CH=1.5\ m$，$EF=0.3\ m$，$ED=0.5\ m$，载重$\boldsymbol{G}=1.5\ kN$。试求地面对A、B、C三轮的压力。

解：(1) 取小车为研究对象，并画出其受力图，如图4-9（b）所示，重力$\boldsymbol{G}$与三轮地面的反力$\boldsymbol{F}_{NA}$、$\boldsymbol{F}_{NB}$、$\boldsymbol{F}_{NC}$构成空间平行力系。

(2) 选取坐标系$Hxyz$（点H为坐标原点）。

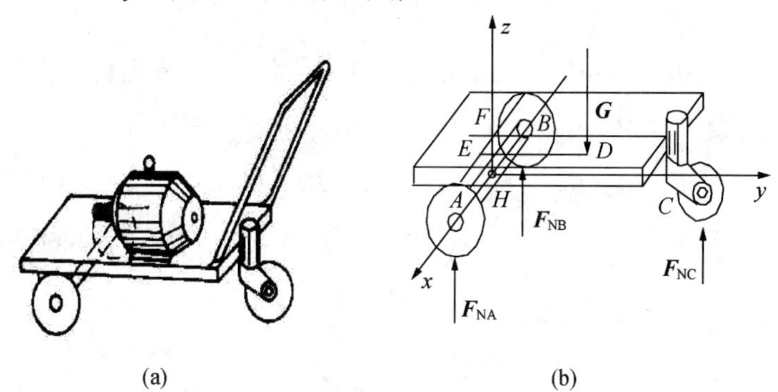

图4-9 三轮推车

(3) 列平衡方程求解。

$$\sum M_x(\boldsymbol{F}_i)=0,\ \boldsymbol{F}_{NC}\cdot CH-\boldsymbol{G}\cdot ED=0$$

$$\sum M_y(\boldsymbol{F}_i)=0,\ \boldsymbol{G}\cdot EF+\boldsymbol{F}_{NB}\cdot HB-\boldsymbol{F}_{NA}\cdot AH=0$$

$$\sum \boldsymbol{F}_z=0,\ \boldsymbol{F}_{NA}+\boldsymbol{F}_{NB}+\boldsymbol{F}_{NC}-\boldsymbol{G}=0$$

解得：$\boldsymbol{F}_{NA}=0.95\ kN$，$\boldsymbol{F}_{NB}=0.05\ kN$，$\boldsymbol{F}_{NC}=0.5\ kN$

【例4.4】 某传动轴如图4-10（a）所示。已知皮带拉力$\boldsymbol{T}=5\ kN$，$\boldsymbol{t}=2\ kN$，带轮直径$D=160\ mm$，齿轮分度圆直径为$d=100\ mm$，压力角（齿轮啮合力与分度圆切线间夹角）$\alpha=20°$，求齿轮圆周力$\boldsymbol{F}_t$、径向力$\boldsymbol{F}_r$和轴承的约束反力。

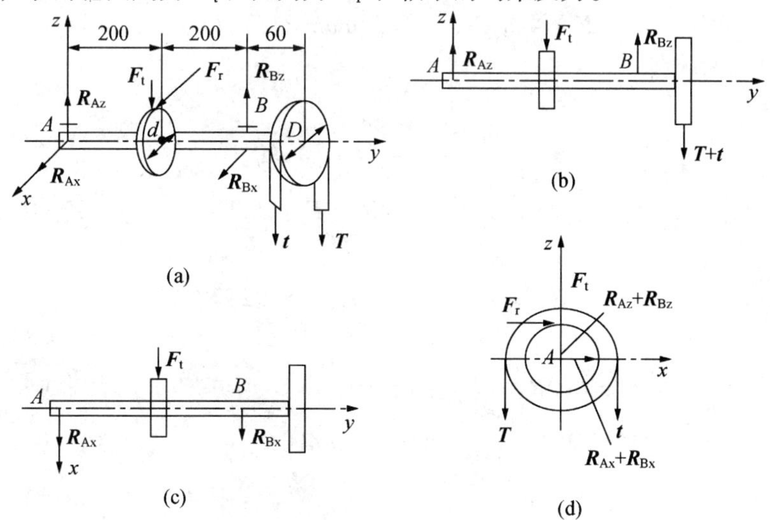

图4-10 传动轴

解：取传动轴为研究对象，画出受力图如图4-10（a）所示。由图可知，传动轴共受8个力作用，为空间任意力系。对于空间力系的解法有两种：一是直接应用空间力系的平衡方程求解；二是将空间力系转化为平面力系求解，即把空间的受力图投影到3个坐标平面，画出主视、俯视、侧视3个方向的受力图，然后按平面力系讨论，分别列出它们的平衡方程，同样可解出所求的未知量。本法特别适用于解决轮轴类构件的空间受力平衡问题。本题用两种方法分别求解。

方法一 如图4-10（a）所示，由式（4-8）可写出平衡方程。

$$\sum \boldsymbol{F}_x = 0,\ \boldsymbol{R}_{Ax} + \boldsymbol{R}_{Bx} + \boldsymbol{F}_t = 0$$

$$\sum \boldsymbol{F}_z = 0,\ \boldsymbol{R}_{Az} + \boldsymbol{R}_{Bz} - \boldsymbol{F}_r - (\boldsymbol{t} + \boldsymbol{T}) = 0$$

$$\sum M_x(\boldsymbol{F}_i) = 0,\ -\boldsymbol{F}_r \cdot 200 + \boldsymbol{R}_{Bz} \cdot 400 - (\boldsymbol{t} + \boldsymbol{T}) \cdot 460 = 0$$

$$\sum M_y(\boldsymbol{F}_i) = 0,\ -(\boldsymbol{T} - \boldsymbol{t}) \cdot \frac{D}{2} + \boldsymbol{F}_t \cdot \frac{d}{2} = 0$$

$$\sum M_z(\boldsymbol{F}_i) = 0,\ -\boldsymbol{F}_t \cdot 200 - \boldsymbol{R}_{Bx} \cdot 400 = 0$$

解得：

$$\boldsymbol{R}_{Ax} = -2.4\ \mathrm{kN},\ \boldsymbol{R}_{Az} = -0.17\ \mathrm{kN},\ \boldsymbol{F}_t = 4.8\ \mathrm{kN}$$

$$\boldsymbol{R}_{Bx} = -2.4\ \mathrm{kN},\ \boldsymbol{R}_{Bz} = 8.92\ \mathrm{kN},\ \boldsymbol{F}_r = 1.747\ \mathrm{kN}$$

方法二 （1）取传动轴为研究对象，并画出它的分离体在3个坐标平面投影的受力图，如图4-10（b）、图4-10（c）和图4-10（d）所示。

（2）按平面力系平衡问题进行计算。

①对符合可解条件的先行求解，故先从 xz 面先行求解。

对 xz 面：

$$\sum M_A(\boldsymbol{F}_i) = 0,\ (\boldsymbol{T} - \boldsymbol{t}) \cdot \frac{D}{2} - \boldsymbol{F}_t \cdot \frac{d}{2} = 0$$

得：

$$\boldsymbol{F}_t = 4.8\ \mathrm{kN},\ \boldsymbol{F}_r = \boldsymbol{F}_t \tan\alpha = 1.747\ \mathrm{kN}$$

②对其余两面求解。

对 yz 面：

$$\sum \boldsymbol{F}_z = 0,\ \boldsymbol{R}_{Az} + \boldsymbol{R}_{Bz} - \boldsymbol{F}_r - (\boldsymbol{t} + \boldsymbol{T}) = 0$$

$$\sum M_B(\boldsymbol{F}_i) = 0,\ -\boldsymbol{R}_{Az} \cdot 400 + \boldsymbol{F}_r \cdot 200 - (\boldsymbol{t} + \boldsymbol{T}) \cdot 60 = 0$$

得：

$$\boldsymbol{R}_{Az} = -0.17\ \mathrm{kN},\ \boldsymbol{R}_{Bz} = 8.92\ \mathrm{kN}$$

对 xy 面：

$$\sum \boldsymbol{F}_x = 0,\ \boldsymbol{R}_{Ax} + \boldsymbol{R}_{Bx} + \boldsymbol{F}_t = 0$$

$$\sum M_A(\boldsymbol{F}_i) = 0,\ -200 \cdot \boldsymbol{F}_r + 400\boldsymbol{R}_{Bz} - 460(\boldsymbol{t} + \boldsymbol{T}) = 0$$

得：

$$\boldsymbol{R}_{Ax} = \boldsymbol{R}_{Bx} = -\frac{\boldsymbol{F}_t}{2} = -2.4\ \mathrm{kN}$$

比较这两种方法可以看出，后一种方法把空间力系问题转化为平面力系问题，较易掌握，尤其适用于轮轴类构件的平衡问题的求解。

本 章 小 结

1. 空间力系：各力作用线不在同一平面内的力系。
2. 力在空间直角坐标轴上的投影有两种计算方法：直接投影法和二次投影法。
3. 力对轴之矩可简化为力对点之矩的计算。
4. 空间一般力系平衡的充分必要条件是：所有各力在 3 个坐标轴中每个轴上的投影的代数和等于零，以及这些力对于每一个坐标轴的力矩的代数和也等于零。
5. 空间力系的平衡方程：

$$\begin{cases} \sum F_x = 0 & \sum M_x(F_i) = 0 \\ \sum F_y = 0 & \sum M_y(F_i) = 0 \\ \sum F_z = 0 & \sum M_z(F_i) = 0 \end{cases}$$

思 考 题

1. 已知力 $\boldsymbol{F}$ 与 x 轴的夹角为 α，与 y 轴夹角为 β，以及力 $\boldsymbol{F}$ 的大小，能否求出 $\boldsymbol{F}_z$？
2. 在什么情况下力对轴之矩为零？力对轴之矩的正负如何判断？
3. 空间任意力系向一点简化的结果如何？
4. 把一个空间力系的问题转化为 3 个平面力系问题，那么能不能由此求解 9 个未知量？

习　　题

1. 在题图 4-1 所示的边长为 $a = 100$ mm、$b = 100$ mm、$c = 80$ mm 的六面体上，作用有力 $\boldsymbol{F}_1 = 3$ kN、$\boldsymbol{F}_2 = 3$ kN、$\boldsymbol{F}_3 = 5$ kN，试计算各力在坐标轴上的投影。
2. 力 $\boldsymbol{F}$ 作用于 A 点，空间位置如题图 4-2 所示，求此力在 x、y、z 轴上的投影。

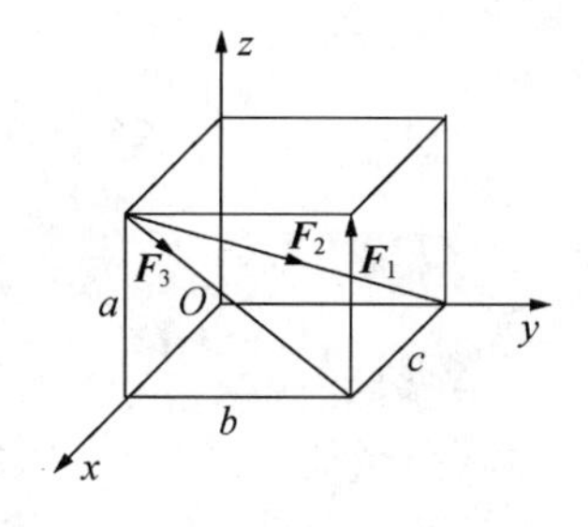

题图 4-1　计算各力在轴上的投影

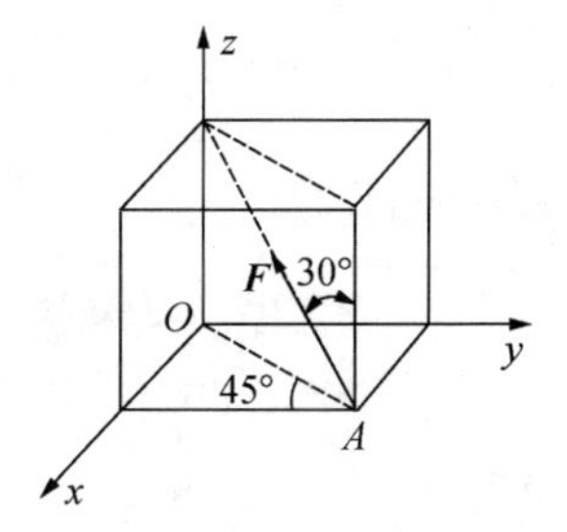

题图 4-2　计算力的投影

3. 如题图4-3所示，水平轴上装有两个凸轮，凸轮上分别作用有已知力 $\boldsymbol{F}_1=800\,\text{N}$ 和未知力 $\boldsymbol{F}_2$，若轴平衡，求 $\boldsymbol{F}_2$ 的大小和轴承反力。

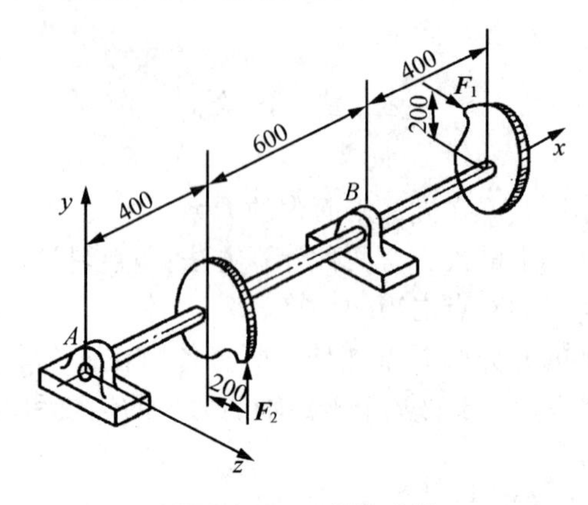

题图4-3　凸轮传动轴

4. 齿轮与轴结构如题图4-4所示。轴向距离 $AC=CB=BD=100\,\text{mm}$，直齿圆柱齿轮 C 直径 $D_1=200\,\text{mm}$，其上作用有圆周力 $\boldsymbol{F}_{t1}=7.16\,\text{kN}$，径向力 $\boldsymbol{F}_{r1}=2.6\,\text{kN}$，方向如图所示。直齿圆锥齿轮在其平均直径处（平均直径 $D_2=100\,\text{mm}$）作用有径向力 $\boldsymbol{F}_{r2}=4.52\,\text{kN}$，轴向力 $\boldsymbol{F}_{a2}=2.6\,\text{kN}$，圆周力 $\boldsymbol{F}_{t2}$。试求圆周力 $\boldsymbol{F}_{t2}$ 和轴承 A、B 的反力。

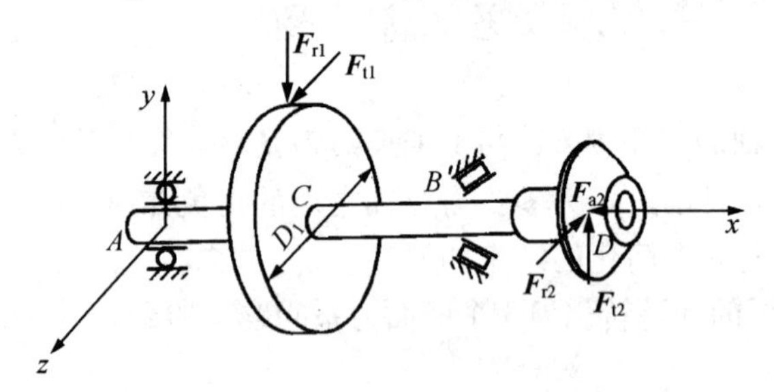

题图4-4　齿轮传动轴

第二篇
材 料 力 学

工程中有各种各样的结构或机器，如桥梁、房屋、机床等，必须保证它们在完成运动要求的同时，还能安全、可靠地工作，组成结构或机械的单个构件也是如此。例如吊车的钢丝绳在起吊重物时，不能因重物过重而使钢丝绳断裂，也不允许其受力后产生过大的变形。又如千斤顶顶起重物时，其螺杆必须保持直线形式的平衡状态，而不允许突然弯曲。因此常要求构件在载荷作用下，具有抵抗破坏的能力，称为构件的强度；要求构件在载荷作用下具有抵抗变形的能力，称为构件的刚度；要求构件在载荷作用下能在原有的几何形状下保持平衡状态的能力，称为稳定性。这是在进行工程设计时必须考虑的问题。

对于工程构件来说，只有满足了强度、刚度和稳定性的要求，才能安全可靠地工作。若仅从安全角度考虑，可选用优质材料或加大构件截面尺寸，但这样会造成浪费。由此可知，安全与经济这两方面是矛盾的。而材料力学就是研究构件的强度、刚度和稳定性问题，并提出解决安全与经济这一矛盾的方法。

在静力学中，将物体视为“刚体”，但事实上，刚体是不存在的。材料力学认为，一切物体受力后都要产生变形，即把物体视为变形体。这种观点下物体的性质是很复杂的。为了使问题的研究简化，在材料力学中，常采用如下3个基本假设，作为理论分析的基础。

1. 均匀连续性假设：将固体视为由密实的质点组成，整个固体内部充满了物质，是均匀连续的，且各处机械性能相同。

2. 各向同性假设：一切固体在各方向的机械性能相同。

3. 小变形假设：物体在外力作用下，产生的位移远远小于整个物体的原始尺寸。

材料力学研究的构件多属于杆件，而且是工程中常用的均匀连续、各向同性、小变形的直杆。这些杆件在外力作用下的变形是各种各样的，不过其基本变形形式只有以下4种，即拉伸或压缩、剪切、扭转与弯曲，如篇图2-1所示。

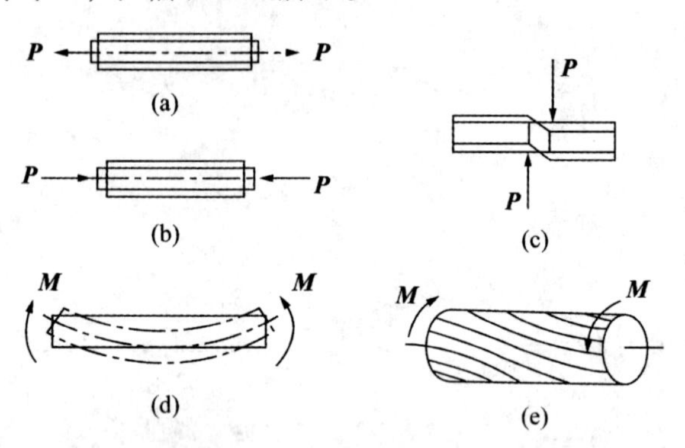

篇图2-1　杆件基本变形

（a）拉伸　（b）压缩　（c）剪切　（d）弯曲　（e）扭转

第5章 轴向拉伸与压缩

本章要点

- 强度、刚度、稳定性概念，变形固体的基本假设，杆件4种基本变形。
- 内力、截面法、轴力、轴力图、应力。
- 材料在拉伸与压缩时的力学性能。
- 轴向拉伸与压缩时的变形与胡克定律。
- 轴向拉伸与压缩时的强度计算。
- 轴向拉伸和压缩的静不定问题。

5.1 材料力学的基本概念

5.1.1 材料力学的任务

1. 几个术语

(1) 构件

机械或工程结构的各组成部分，如机床的轴、建筑物的梁和柱，统称为构件。构件一般由固体制成，在外力作用下会产生变形，因此称为变形固体。

(2) 杆件

实际构件有各种不同的形状，所以根据形状的不同将构件分为杆件、板、壳和块体。杆件是长度远大于横向尺寸的构件，其几何要素是横截面和轴线。按横截面和轴线两个因素可将杆件分为等截面直杆、变截面直杆、等截面曲杆和变截面曲杆。等截面直杆是最简单也是最常见的杆件。

(3) 载荷

当机械或工程结构工作时，构件将受到力的作用。例如，车床主轴受切削力和齿轮啮合力的作用。作用于构件上的这些力都可称为载荷。

2. 对构件的三项基本要求

固体有抵抗破坏的能力，但这种能力又是有限度的。而且，为保证机械或工程结构的正常工作，构件应有足够的能力负担起应当承受的载荷。因此，构件应该满足下述要求。

（1）强度

强度是指构件抵抗破坏的能力。称某一构件强度足够，是指该构件在一定的荷载作用下不会发生破坏。通常情况下，绝不允许构件的强度不足。例如，齿轮的轮齿不应折断，起重机的钢丝在起吊重物时不能被拉断等。

（2）刚度

刚度是指构件抵抗变形的能力。如机床主轴变形不应过大，否则影响加工精度。

（3）稳定性

稳定性是指构件保持原有平衡状态的能力。某些受压构件经常发生突然变弯，丧失了进一步承载的能力，所以构件的失稳往往会造成灾难性的后果，如千斤顶的螺杆、内燃机驱动装置的活塞杆等。

构件的强度、刚度和稳定性三方面要求统称为构件的承载能力，三方面问题是材料力学所要研究的主要内容。

3. 材料力学的任务

具体地说，材料力学的任务是研究构件受力作用后的变形和破坏规律，为设计构件的形状和尺寸、选用合适的材料提供强度、刚度和稳定性的计算依据。

构件的强度、刚度和稳定性问题均与所用材料的力学性能有关，因此实验研究和理论分析是完成材料力学的任务所必需的手段。

5.1.2 杆件变形的基本形式

杆件受力有各种情况，相应的变形就有各种形式。在工程结构中，杆件的基本变形有以下 4 种。

1. 轴向拉伸或压缩

轴向拉伸或压缩由大小相等、方向相反、作用线与杆件轴线重合的一对力所引起，表现为杆件长度的伸长或缩短，如托架的拉杆和压杆受力后的变形图，即图 5-1（a）所示。

2. 剪切

剪切由大小相等、方向相反、作用线相互平行且靠近的力引起，表现为受剪切杆件的两部分沿外力作用方向发生相对错动，如连接件中的螺栓受力后的变形图，即图 5-1（b）所示。

3. 扭转

扭转由大小相等、方向相反、作用面都垂直于杆轴的两个力偶引起，表现为杆件的任意两个横截面发生绕轴线的相对转动，如机器中的传动轴受力后的变形图，即图 5-1（c）所示。

4. 弯曲

弯曲由垂直于杆件轴线的横向力，或由作用于包含杆轴的纵向平面内的一对大小相等、方向相反的力偶引起，表现为杆件轴线由直线变为曲线，如吊车横梁受力后的变形图，即图 5-1（d）所示。

杆件同时发生两种以上基本变形的，称为组合变形。

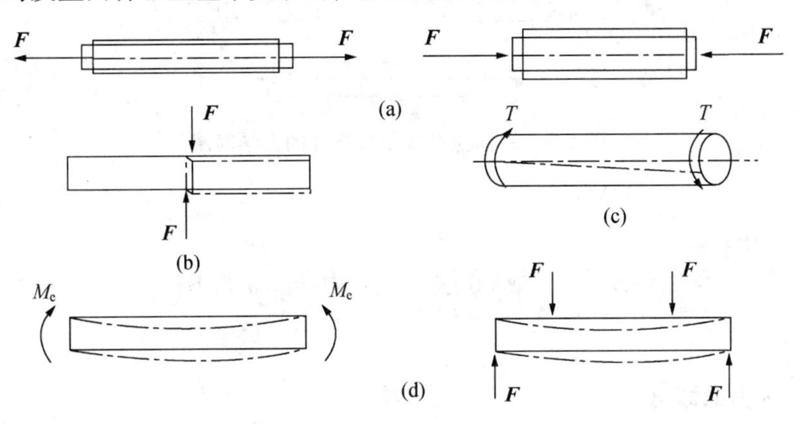

图 5-1　杆件的基本受力形式

5.2　轴向拉伸与压缩的工程实例与概念

1. 工程实例

受拉伸的杆件如旋臂式吊车中的 AB 杆（如图 5-2 所示）、紧固螺栓（如图 5-3 所示）等，而液压机传动机构中的连杆（如图 5-4 所示）、千斤顶的螺杆等，则是受压缩的杆件。

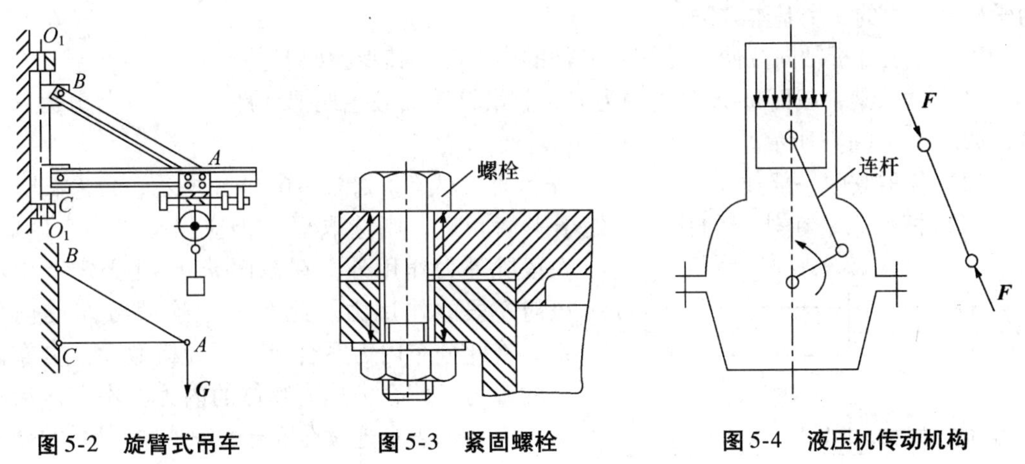

图 5-2　旋臂式吊车　　图 5-3　紧固螺栓　　图 5-4　液压机传动机构

2. 受力特征

轴向拉伸与压缩的受力特征是作用于杆上的外力或其合力的作用线沿着杆件的轴线。

3. 变形特征

杆件主要产生轴向伸长（或缩短），这种变形形式称为**轴向拉伸或压缩**，这类杆件称为拉压杆。轴向拉伸与压缩的受力简图如图 5-5 所示。

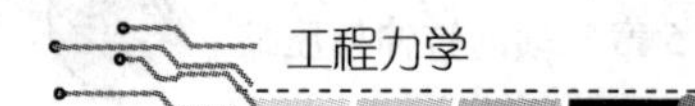

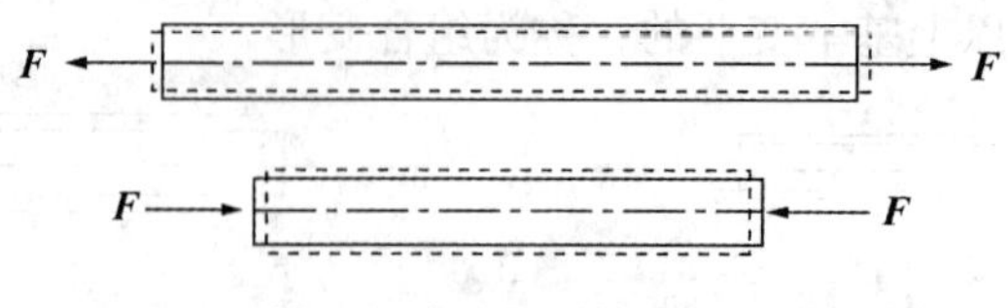

图 5-5　轴向拉伸或压缩杆件的力学简图

5.3　截面法、轴力与轴力图

5.3.1　内力的概念

由物理学可知，即使不受外力作用，构件内部各质点之间也存在着相互作用力。当受外力作用时，构件各部分间的相对位置发生变化，从而引起上述相互作用力的改变量称为**内力**。可见，内力是构件各部分之间相互作用力因外力而引起的附加值，称为**附加内力**，简称**内力**。由于物体是均匀连续的，因此在物体内部相邻部分之间相互作用的内力，实际上是一个连续分布的内力系，而内力就是这一分布内力系的合成（力或力偶）。这种内力随外力增大而增大，到达某一限度时就会引起构件破坏。所以，内力与构件的强度密切相关。

5.3.2　截面法

截面法是假想用截面把构件分成两部分，以显示并确定内力的方法。截面法是材料力学研究内力的一个基本方法。

用截面法分析轴向拉伸（压缩）杆件的内力时，其步骤如下。

(1) 欲求某一截面 *m*-*m* 处的内力时，就沿该截面假想地把杆件切开，使其分为两部分，如图 5-6（a）所示。

(2) 任取其中一部分（如取左段）作为研究对象，如图 5-6（b）所示，舍去右段。

(3) 杆件原来在外力的作用下处于平衡状态，则选取部分仍应保持平衡。因此，左段除外力作用外，在截面 *m*-*m* 处必定产生右段对左段的作用力。此为一个连续分布的内力系，将此分布内力系合成，即为横截面上分布内力的合力，此合力称为物体的内力。本书之后就用内力一词表示连续分布于截面的内力系的合力（偶）。内力的大小和方向由平衡条件确定，在轴向拉伸（压缩）的情况下，内力为一沿杆件轴线的力 $\boldsymbol{F}_{\mathrm{N}}$，如图 5-6（b）所示。

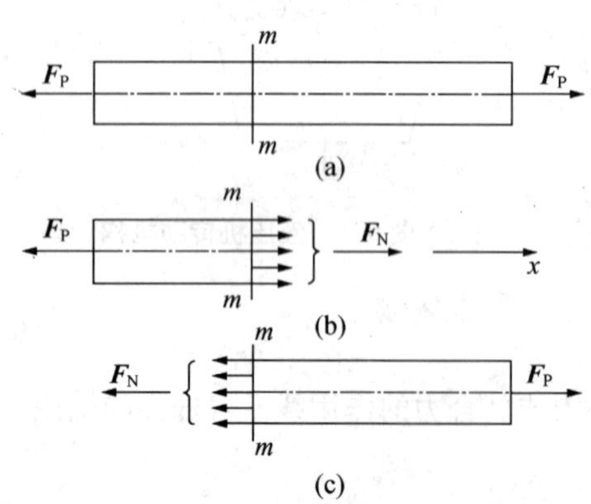

图 5-6　用截面法分析轴向拉伸（或压缩）杆件的内力

(4) 截面上内力的大小可由平衡条件求出：

$$\sum \boldsymbol{F}_x = 0，\ \boldsymbol{F}_{\mathrm{P}} - \boldsymbol{F}_{\mathrm{N}} = 0$$

故：

$$\boldsymbol{F}_{\mathrm{N}} = \boldsymbol{F}_{\mathrm{P}}$$

如果选取右段为研究对象，可得同样结果，

如图5-6（c）所示。

以上过程可归纳成以下几步或4个字。

（1）**截**：沿所求截面假想地将杆件切开。

（2）**取**：取出其中任意一部分作为研究对象。

（3）**代**：以内力代替弃去部分对选取部分的作用。

（4）**平**：建立留下部分的平衡条件，由外力确定未知的内力。

5.3.3　轴力

由5.3.2节讨论可知，对于受轴向拉伸或压缩的构件，因其内力垂直于横截面并与轴线重合，所以把轴向拉伸或压缩时横截面上的内力称为**轴力**，用 $\boldsymbol{F}_N$ 表示，如图5-6（b）和图5-6（c）所示。

轴力的正、负由构件的变形确定。当轴力的方向与横截面的外法线方向一致时（即离开截面），构件受拉伸长，轴力为正；反之，构件受压缩短，轴力为负。采用这一符号规定，上述所求轴力大小及正负号无论取左半部分还是右半部分结果都是一样。

【例5.1】　杆件在 A、B、C、D 各截面作用外力如图5-7（a）所示，求1-1，2-2，3-3截面处轴力。

解：（1）取研究对象。由截面法，沿各所求截面将杆件切开，取左段为研究对象，

（2）画受力图。应用**设正法**在相应截面分别画上轴力 $\boldsymbol{F}_{N1}$、$\boldsymbol{F}_{N2}$、$\boldsymbol{F}_{N3}$，如图5-7（b）～图5-7（d）所示。

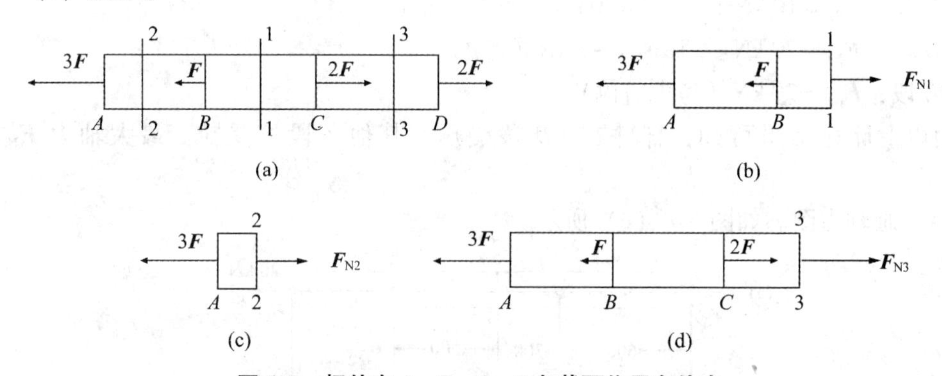

图5-7　杆件在 A、B、C、D 各截面作用有外力

（3）列平衡方程。由 $\sum \boldsymbol{F}_x=0$ 及图5-7（b）得：

$$\boldsymbol{F}_{N1}-3\boldsymbol{F}-\boldsymbol{F}=0$$

$$\boldsymbol{F}_{N1}=3\boldsymbol{F}+\boldsymbol{F}=4\boldsymbol{F} \qquad ①$$

同理，由图5-7（c）得：

$$\boldsymbol{F}_{N2}-3\boldsymbol{F}=0,$$

$$\boldsymbol{F}_{N2}=3\boldsymbol{F} \qquad ②$$

由图5-7（d）得：

$$\boldsymbol{F}_{N3}+2\boldsymbol{F}-3\boldsymbol{F}-\boldsymbol{F}=0,$$

$$\boldsymbol{F}_{N3}=3\boldsymbol{F}+\boldsymbol{F}-2\boldsymbol{F}=2\boldsymbol{F} \qquad ③$$

由例5.1不难得到以下结论：

拉（压）杆各截面上的轴力在数值上等于该截面一侧（研究段）所有外力的代数和。

外力离开该截面时取为正，指向该截面时取为负。

即：

$$F_N = \sum_{i=1}^{n} F_i \tag{5-1}$$

结果为正时，杆件受拉；结果为负时，杆件受压。

5.3.4 轴力图

为了表明横截面上的轴力沿轴线变化的情况，可按选定的比例尺，以平行于杆轴线的坐标表示横截面所在的位置，以垂直于杆轴线的坐标表示横截面上轴力的数值，正的轴力（拉力）画在横轴上方，负的轴力（压力）画在横轴下方。这样绘出的图形称为轴力图。

【例 5.2】 一等截面直杆，其受力情况如图 5-8（a）所示。试作其轴力图。

解：（1）画杆的受力图，如图 5-8（b）所示。

（2）求约束反力 F_A。

由 $\sum F_x = 0$ 得：$F_A = 10\ \text{kN}$

（3）求各横截面上的轴力。计算轴力可用截面法，亦可直接应用式（5-1）。在计算时，一般取外力较少的轴段为好。

AB 段：$F_{N1} = F_A = 10\ \text{kN}$（考虑左侧）

BC 段：$F_{N2} = 10\ \text{kN} + 40\ \text{kN} = 50\ \text{kN}$（考虑左侧）

CD 段：$F_{N3} = 20\ \text{kN} - 25\ \text{kN} = -5\ \text{kN}$（考虑右侧）

DE 段：$F_{N4} = 20\ \text{kN}$（考虑右侧）

由以上计算结果可知，杆件在 CD 段受压，其他各段均受拉。最大轴力 $F_{N\max}$ 在 BC 段。

（4）画轴力图。如图 5-8（c）所示。

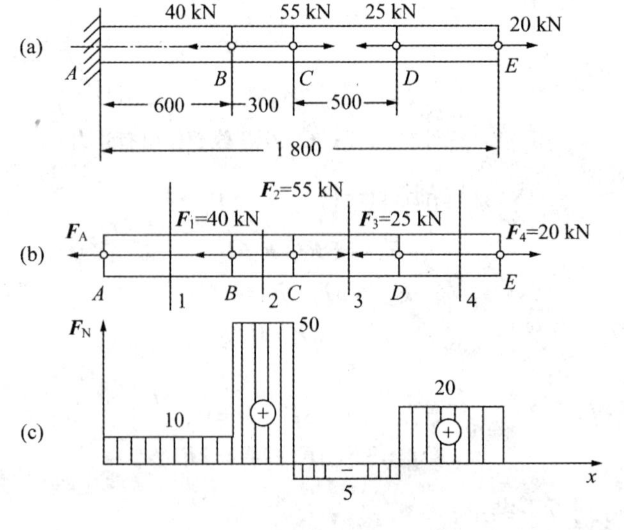

图 5-8 等截面直杆受力情况

5.4 横截面上的应力

5.4.1 应力的概念

只根据轴力并不能判断杆件是否有足够的强度。例如，用同一材料制成粗细不同的两杆件，在相同的拉力下，两杆的轴力自然是相同的。但当拉力逐渐增大时，细杆必定先被拉断。这说明拉杆的强度不仅与轴力的大小有关，而且与横截面的面积有关。所以必须用横截面上的应力来度量杆件的受力程度。本节讨论拉（压）杆横截面的应力。

为了引入应力的概念，如图5-9所示，首先围绕K点取微小面积ΔA，ΔA上分布内力的合力为$\Delta \boldsymbol{F}$，$\Delta \boldsymbol{F}$与ΔA的比值为：

$$\boldsymbol{P}_{\mathrm{m}}=\frac{\Delta \boldsymbol{F}}{\Delta A} \tag{5-2}$$

$\boldsymbol{P}_{\mathrm{m}}$是一个矢量，代表在$\Delta A$范围内单位面积上的内力的平均集度，称为平均应力。当ΔA趋于零时，$\boldsymbol{P}_{\mathrm{m}}$的大小和方向都将趋于一定极限，得到：

$$\boldsymbol{P}=\lim_{\Delta A \to 0}\boldsymbol{P}_{\mathrm{m}}=\lim_{\Delta A \to 0}\frac{\Delta \boldsymbol{F}}{\Delta A}=\frac{\mathrm{d}\boldsymbol{F}}{\mathrm{d}A} \tag{5-3}$$

$\boldsymbol{P}$称为K点处的全应力。通常把全应力$\boldsymbol{P}$分解成垂直于截面的分量σ和相切于截面的分量τ，σ称为正应力，τ称为切应力，如图5-9（b）所示。

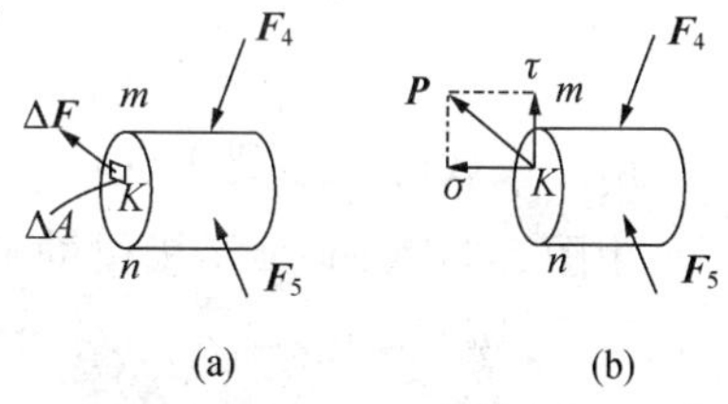

图5-9 应力的概念

应力即单位面积上的内力。国际单位制中，应力的单位为Pa或MPa，且有：

$$1\ \mathrm{Pa}=1\ \mathrm{N/m^2}$$
$$1\ \mathrm{MPa}=10^6\ \mathrm{Pa}$$
$$1\ \mathrm{GPa}=10^9\ \mathrm{Pa}$$

5.4.2 轴向拉（压）杆横截面上的应力

为了确定横截面上任一点的应力，必须研究杆的变形情况。取一等直杆如图5-10所示：施力前在等直杆的侧面上画垂直于杆轴的直线ab和cd；拉伸变形后ab和cd仍为直线，且仍然垂直于轴线，只是分别平行地移至$a'b'$和$c'd'$。根据这一现象，提出如下的假设：变形前为平面的横截面，变形后仍然保持为平面。这就是轴向拉伸或压缩时的平面假设。如果设拉（压）杆是由无数条纵向纤维所组成，材料是均匀的，各纵向纤维的性质相同，因而其受力也就相同，便可以推断：拉（压）杆所有纵向纤维的伸长（或缩短）都是相等的，亦即它们受力的大小也都是一样的。所以，等直杆受轴向拉（压）时，横截面上只有正应力σ，而且σ是均匀分布的。以A表示等直杆的横截面的面积，则轴向拉（压）杆横截面上的正应力计算式为：

$$\sigma=\frac{\boldsymbol{F}_{\mathrm{N}}}{A} \tag{5-4}$$

正应力符号由轴力的符号确定。拉力产生的拉应力取正值，压力产生的压应力取负值。

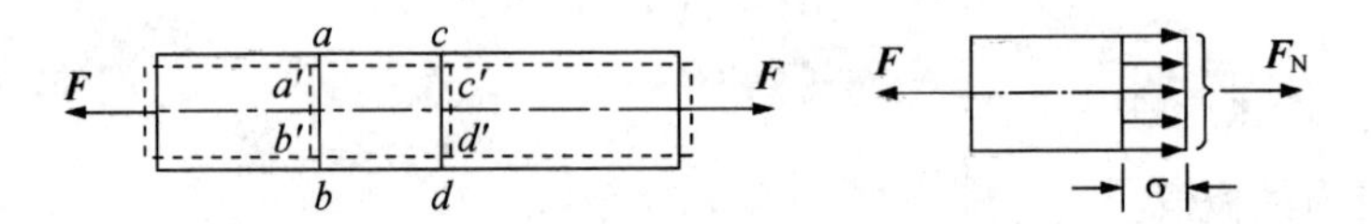

图 5-10　横截面上的正应力

【例 5.3】　如图 5-11（a）所示为一悬臂吊车的简图，斜杆直径 $d=25$ mm，为钢杆。载荷 $\boldsymbol{F}=20$ kN，当 $\boldsymbol{F}$ 移到 A 点时，求斜杆 AB 横截面上的应力。

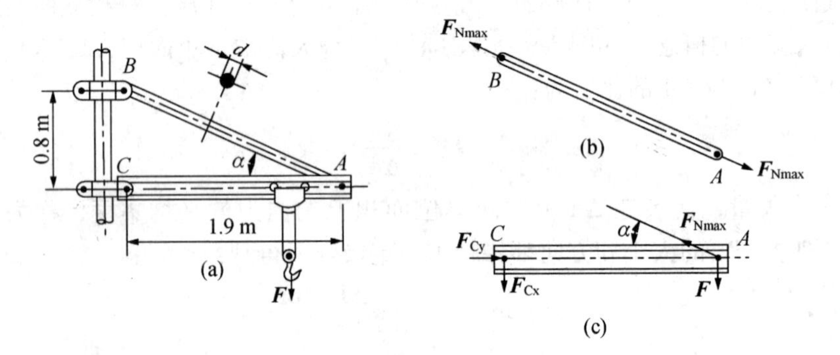

图 5-11　悬臂吊车

解：设载荷 $\boldsymbol{F}$ 移到 A 点时，其值为 $\boldsymbol{F}_{Nmax}$。

由图 5-11（c）所示横梁的平衡条件 $\sum \boldsymbol{m}_c=0$，得：

$$\boldsymbol{F}_{Nmax}\sin\alpha \cdot AC-\boldsymbol{F}\cdot AC=0$$

故：

$$\boldsymbol{F}_{Nmax}=\frac{\boldsymbol{F}}{\sin\alpha}$$

而 $\sin\alpha=\dfrac{BC}{AB}=\dfrac{0.8}{\sqrt{0.8^2+1.9^2}}=0.388$，将其代入 $\boldsymbol{F}_{Nmax}$ 的表达式，得：

$$\boldsymbol{F}_{Nmax}=\frac{\boldsymbol{F}}{\sin\alpha}=\frac{20}{0.388}\text{ kN}=51.5\text{ kN}$$

斜杆 AB 的轴力为：

$$\boldsymbol{F}_N=\boldsymbol{F}_{Nmax}=51.5\text{ kN}$$

由此求得 AB 杆横截面上的应力为：

$$\sigma=\frac{\boldsymbol{F}_N}{A}=\frac{51.5\times10^3}{\frac{\pi}{4}\times(25\times10^{-3})^2}\text{ Pa}=105\text{ MPa}$$

5.5 拉压杆的变形及胡克定律

5.5.1 绝对变形和线应变

经验表明，等直杆受轴向拉伸时，杆的纵向尺寸伸长，横向尺寸缩短；若受轴向压缩时，变形情况与上相反。如图5-12所示，设杆的原长为l、原宽为b，受轴向外力后杆长度变为l_1、宽度变为b_1。

则杆的纵向绝对变形为：　　$\Delta l = l_1 - l$

横向绝对变形为：　　$\Delta b = b_1 - b$

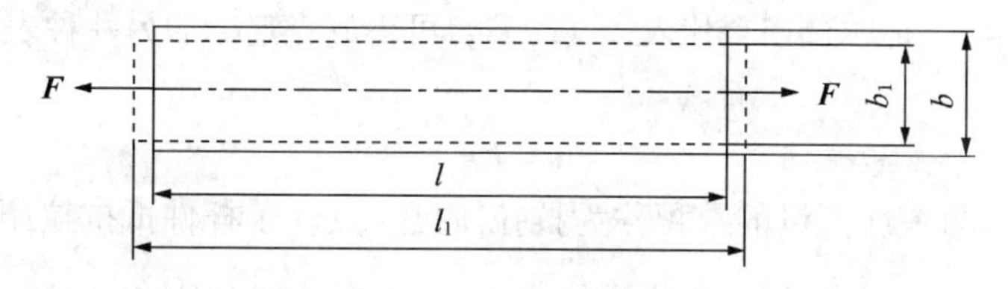

图5-12 杆的绝对变形

轴向拉伸时Δl为正值，Δb为负值；而轴向压缩时，则Δl为负值，Δb为正值。若轴向外力不变，则Δl和Δb均与杆的原始尺寸有关。

纵、横向线应变分别定义为：

$$\varepsilon = \frac{\Delta l}{l} \tag{5-5}$$

$$\varepsilon' = \frac{\Delta b}{b} \tag{5-6}$$

显然，轴向拉伸时ε为正值，ε'为负值；而轴向压缩时正好相反，ε为负值，ε'为正值。ε和ε'有时用百分数表示。

实验指出，在弹性变形范围内，横向线应变ε'与纵向线应变ε之比的绝对值为一常数。即：

$$\mu = \left|\frac{\varepsilon'}{\varepsilon}\right| \text{或} \ \varepsilon' = -\mu\varepsilon \tag{5-7}$$

式（5-7）中，μ称为泊松比，是一个无量纲的量。μ值随材料而异，可由实验测定。几种材料的μ值可参见表5-1。

表5-1 几种常见材料的E和μ的近似值

弹性常数	碳　钢	合金钢	灰铸铁	铜及合金	铝合金
E/GPa	196～216	156～206	75.5～157	72.6～125	70
μ	0.24	0.25～0.30	0.23～0.27	0.31～0.42	0.33

5.5.2 胡克定律

试验证明：在比例极限的范围，杆件的绝对变形 Δl 与轴力 $\boldsymbol{F}_{\mathrm{N}}$ 和杆件的杆长 l 成正比，与杆件的横截面积 A 和弹性模量成反比，即：

$$\Delta l=\frac{\boldsymbol{F}_{\mathrm{N}} l}{EA} \tag{5-8}$$

式（5-8）称为胡克定律。式中，E 为与材料有关的比例常数，称为弹性模量，其常用单位是吉帕，记为 GPa。

胡克定律的应用说明如下。

（1）应力不超过比例极限。

（2）应用公式计算变形时，要求该段内的轴力、横截面积、弹性模量必须是常量。

（3）将式（5-4）和式（5-5）代入式（5-6），可得胡克定律的另一种表达形式（应力应变关系）：

$$\sigma=E\varepsilon \tag{5-9}$$

（4）横截面积与弹性模量的乘积称为抗拉刚度，反映了杆件抵抗拉压变形的能力。

【例 5.4】 在如图 5-13 所示的阶梯杆中，已知 $\boldsymbol{F}_{\mathrm{A}}=10\ \mathrm{kN}$，$\boldsymbol{F}_{\mathrm{B}}=20\ \mathrm{kN}$，$l=100\ \mathrm{mm}$，$AB$ 段与 BC 段的横截面面积分别为 $A_{\mathrm{AB}}=100\ \mathrm{mm}^2$，$A_{\mathrm{BC}}=200\ \mathrm{mm}^2$，材料的弹性模量 $E=200\ \mathrm{GPa}$。试求杆的总伸长量及端面 A 与 D-D 截面间的相对位移。

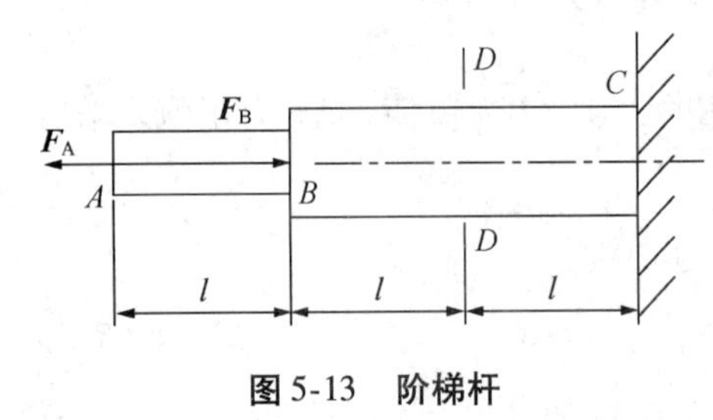

图 5-13 阶梯杆

解： AB 段及 BC 段的轴力 $\boldsymbol{F}_{\mathrm{NAB}}$ 和 $\boldsymbol{F}_{\mathrm{NBC}}$ 分别为：

$$\boldsymbol{F}_{\mathrm{NAB}}=\boldsymbol{F}_{\mathrm{A}}=10\ \mathrm{kN}$$

$$\boldsymbol{F}_{\mathrm{NBC}}=\boldsymbol{F}_{\mathrm{A}}-\boldsymbol{F}_{\mathrm{B}}=-10\ \mathrm{kN}$$

杆的总伸长量为：

$$\begin{aligned}\Delta l&=\Delta l_{\mathrm{AB}}+\Delta l_{\mathrm{BC}}=\frac{\boldsymbol{F}_{\mathrm{NAB}} l}{EA_{\mathrm{AB}}}+\frac{\boldsymbol{F}_{\mathrm{NBC}}\times 2l}{EA_{\mathrm{BC}}}\\&=\left(\frac{10\times10^3\times100\times100^{-3}}{200\times10^9\times100\times10^{-6}}+\frac{-10\times10^3\times2\times100\times10^{-3}}{200\times10^9\times200\times10^{-6}}\right)\mathrm{m}=0\end{aligned}$$

端面 A 与 D-D 截面间的相对位移 Δ_{AD} 等于端面 A 与 D-D 截面间杆的伸长量 Δl_{AD}。

$$\begin{aligned}\Delta l_{\mathrm{AD}}&=\Delta l_{\mathrm{AB}}+\Delta l_{\mathrm{BD}}=\frac{\boldsymbol{F}_{\mathrm{NAB}} l}{EA_{\mathrm{AB}}}+\frac{\boldsymbol{F}_{\mathrm{NBC}} l}{EA_{\mathrm{BC}}}\\&=\left(\frac{10\times10^3\times100\times100^{-3}}{200\times10^9\times100\times10^{-6}}+\frac{-10\times10^3\times100\times10^{-3}}{200\times10^9\times200\times10^{-6}}\right)\mathrm{m}=0.025\ \mathrm{mm}\end{aligned}$$

5.6 材料在拉压时的力学性能

材料的力学性能也称机械性能，指材料在外力作用下表现出来的变形、破坏等方面的特性。不同的材料具有不同的力学性能，同一种材料在不同的工作条件下（如加载速率和温度等）也有不同的力学性能。研究材料的力学性能的目的是确定在变形和破坏情

况下的一些重要性能指标，以作为选用材料和计算构件强度、刚度的依据。材料的力学性能可以通过试验来测定。此处介绍用常温静载试验来测定材料的力学性能。

1. 标准试件

标准试件为圆截面试件，如图 5-14 所示。标距 l 与横截面直径 d 有两种比例：$l=10d$ 和 $l=5d$。

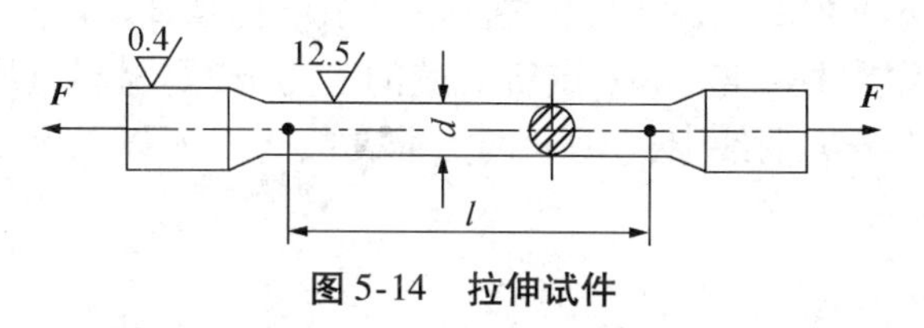

图 5-14　拉伸试件

对于矩形截面杆件，标距 l 与横截面面积 A 之间的关系规定为 $l=11.3\sqrt{A}$ 和 $l=5.65\sqrt{A}$。

2. 试验设备及布置

拉伸试验的设备主要是拉力机、压力机、万能试验机及测量试件变形的仪器，如电阻应变仪、杠杆式引伸仪、千分表等。国家标准《金属拉伸试验方法》(如 GB 228—87) 中详细规定了试验方法和各项要求。

材料品种很多，而低碳钢和铸铁是两种广泛使用的金属材料，它们的力学性能具有典型的代表性。本节主要介绍这两种材料在室温、静载条件下的轴向拉伸和压缩时的力学性能。

5.6.1　低碳钢的拉伸与压缩试验

1. 低碳钢拉伸时的力学性能

低碳钢指含碳量在 0.3% 以下的碳素钢。试验时，试件装在试验机上，受到缓慢增加的拉力作用。对应着每一个拉力 $\boldsymbol{F}$，试件标距 l 有一个伸长量 Δl。表示 $\boldsymbol{F}$ 和 Δl 关系的曲线称为拉伸图或 $\boldsymbol{F}$-Δl 曲线，如图 5-15 所示。为了消除试件尺寸的影响，将拉力 $\boldsymbol{F}$ 除以试件横截面的原始面积 A，得出试件横截面上的正应力 $\sigma=\frac{\boldsymbol{F}}{A}$；同时，将伸长量 Δl 除以标距的原始长度 l 得到试件在工作段内的应变 $\varepsilon=\frac{\Delta l}{l}$。以 σ 为纵坐标，ε 为横坐标，作图表示 σ 与 ε 的关系，称应力-应变（σ-ε）曲线，如图 5-16 所示。

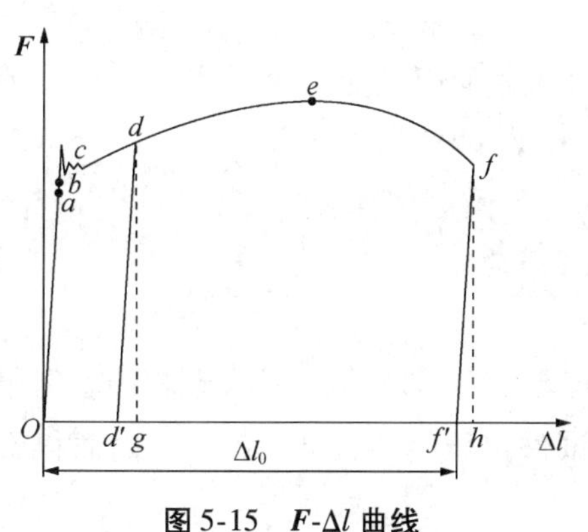

图 5-15　$\boldsymbol{F}$-Δl 曲线

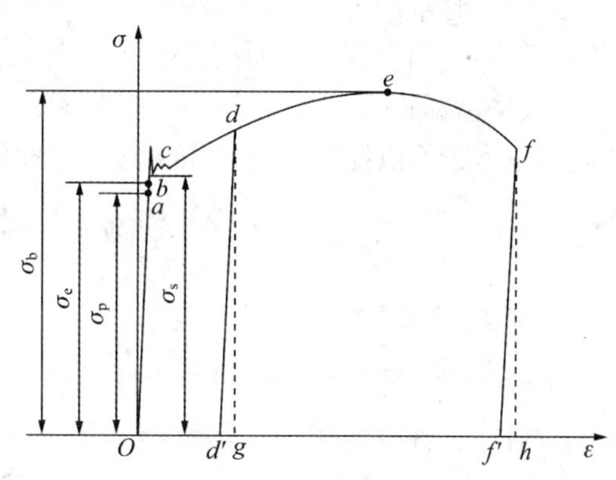

图 5-16　σ-ε 曲线

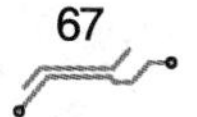

从图 5-16 可以看出，应力-应变关系大致可分为如下 4 个阶段。

（1）弹性阶段

在拉伸的初始阶段，σ 与 ε 的关系为直线 Oa，这表示在这一阶段内 σ 与 ε 成正比，即 $\sigma = E\varepsilon$，E 是直线 Oa 的斜率。直线 Oa 的 σ 最高点 a 所对应的应力用 σ_p 来表示，称为**比例极限**。可见，当应力低于比例极限时，应力与应变成正比，材料服从胡克定律。超过比例极限后，从 a 点到 b 点，σ 与 ε 之间的关系不再是直线，但解除拉力后变形仍可完全消失，这种变形称为**弹性变形**。b 点所对应的应力 σ_e 是材料只出现弹性变形的极限值，称为**弹性极限**。在 σ-ε 曲线上，a、b 两点非常接近，所以工程上对弹性极限和比例极限并不严格加以区分。

（2）屈服阶段

拉伸超过弹性极限后，σ 出现微小的波动，在 σ-ε 曲线上出现接近水平线的小锯齿形线段。这种应力基本保持不变，而应变显著增加的现象，称为**屈服**或流动。在屈服阶段内的最高应力和最低应力分别称为上屈服极限和下屈服极限。上屈服极限的数值与试件形状、加载速度等因素有关，一般是不稳定的。下屈服极限则有比较稳定的数值，能够反映材料的性能。通常把下屈服极限称为**屈服极限**，用 σ_s 来表示。

材料屈服表现为显著的塑性变形，而零件的塑性变形将影响机器的正常工作，所以屈服极限 σ_s 是衡量材料强度的重要指标。

（3）强化阶段

过屈服阶段后，材料内部晶格重新排列，材料抵抗变形的能力有所增强，要使试件继续伸长必须再增大拉力，这种现象称为材料的**强化**。强化阶段的最高点 e 对应的应力值是材料能承受的最大应力，称为材料的**强度极限**，用 σ_b 表示，它是衡量材料强度的另一个重要指标。

（4）局部变形阶段

过了强度极限，试件的变形集中在最弱的横截面附近，该区域内横截面骤然变细，出现颈缩现象，进而试件内部出现裂纹，名义应力下跌，至 f 点试件断裂。

试件拉断后，试件长度由原来的 l 变为 l_1。用百分比表示的比值称为延伸率：

$$\delta = \frac{l_1 - l}{l} \times 100\% \tag{5-10}$$

试件的塑性变形（$l_1 - l$）越大，δ 就越大。因此，延伸率是衡量材料塑性的指标。

工程上通常按延伸率的大小把材料分成两大类。把 $\delta > 5\%$ 的材料称为塑性材料，如碳钢、黄铜、铝合金等；而把 $\delta < 5\%$ 的材料称为脆性材料，如灰铸铁、玻璃、陶瓷等。

原始横截面面积为 A 的试件，拉断后颈缩处的最小截面面积变为 A_1，用百分比表示的比值称为断面收缩率，也是衡量材料塑性的指标，用 ψ 表示，即：

$$\psi = \frac{A - A_1}{A} \times 100\% \tag{5-11}$$

2. 低碳钢压缩时的力学性能

试验表明：低碳钢压缩时的弹性模量 E 和屈服极限 σ_s，都与拉伸时大致相同。屈服阶段以后，试件越压越扁，横截面面积不断增大，试件抗压能力也继续提高，因而得不

到压缩时的抗压强度极限。由于可以从拉伸试验测定低碳钢压缩时的主要性能，所以一般不做低碳钢的压缩试验。

像锰钢、青铜、退火的球墨铸铁等塑性材料与低碳钢的共同之处是断裂破坏前要经历大量塑性变形，不同之处是没有明显的屈服阶段。对于 σ-ε 曲线没有“屈服平台”的塑性材料，工程上规定取完全卸载后具有残余应变量0.2%塑性应变时的应力作为屈服极限，并称为名义屈服极限，用 $\sigma_{0.2}$ 表示。

5.6.2　铸铁拉伸与压缩时的力学性能

1. 铸铁拉伸时的力学性能

（1）如图5-17所示的灰口铸铁拉伸时的应力-应变关系，它只有一个强度指标 σ_b，且抗拉强度较低，不宜作为抗拉零件的材料。

（2）在断裂破坏前，几乎没有塑性变形，是典型的脆性材料。

（3）σ-ε 曲线关系近似服从胡克定律，并以割线的斜率作为弹性模量。

2. 铸铁压缩时的力学性能

脆性材料压缩时的力学性能与拉伸时有较大差异。在如图5-18所示的铸铁压缩时的 σ-ε 曲线中，可以观察到以下特点。

（1）铸铁的抗压强度大大高于抗拉强度极限，约为抗拉强度极限的3～4倍，适宜作为抗压零件的材料。

（2）呈现出一定程度的塑性变形特征，致使试件断裂前略成鼓形。

（3）试件仍然在较小的变形下突然破坏，破坏断面的法线与轴线大致成45°～55°的倾角，表明试件沿斜截面因剪切而破坏。

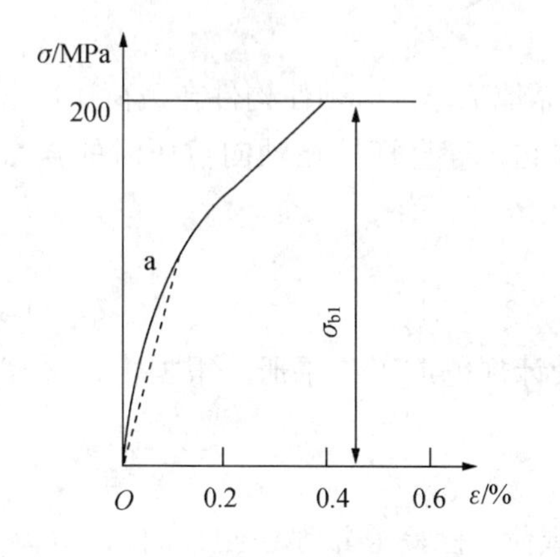

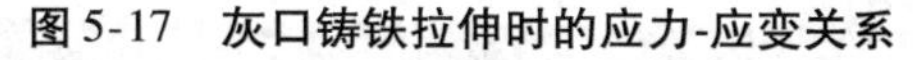
图5-17　灰口铸铁拉伸时的应力-应变关系

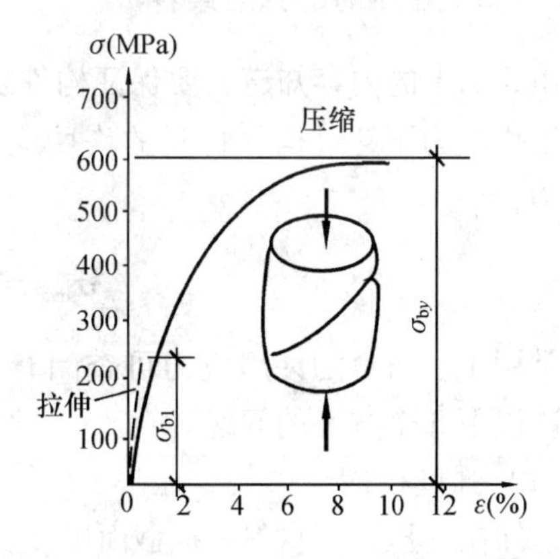

图5-18　铸铁压缩时的 σ-ε 曲线

综上所述，衡量材料力学性能的指标主要有比例极限（或弹性极限）σ_p（或 σ_e）、屈服极限 σ_s、强度极限 σ_b、弹性模量 E、延伸率 δ 和断面收缩率 ψ 等。其中，屈服极限 σ_s 和强度极限 σ_b 称为强度指标；延伸率 δ 和断面收缩率 ψ 称为塑性指标。

5.7 拉压杆的强度计算

5.7.1 许用应力、极限应力、安全系数

由5.6节的试验可知，对于脆性材料，当应力达到其强度极限 σ_b 时，构件会因断裂而破坏；对于塑性材料，当应力达到屈服极限 σ_s 时，将产生显著的塑性变形，常会使构件不能正常工作。工程中，把构件断裂或出现显著的塑性变形统称为破坏。材料破坏时的应力称为极限应力，用 σ_u 表示。为保证有足够的安全程度，工程中将极限应力除以大于1的系数 n（安全系数）作为材料的许用应力：

$$[\sigma]=\frac{\sigma_u}{n} \tag{5-12}$$

脆性材料取强度极限 σ_b 作为极限应力，塑性材料一般取屈服极限 σ_b（或 $\sigma_{0.2}$）作为极限应力。两类材料的许用应力分别为：

脆性材料
$$[\sigma]=\frac{\sigma_b}{n_b} \tag{5-13}$$

塑性材料
$$[\sigma]=\frac{\sigma_s}{n_s} \tag{5-14}$$

式中，n_b 及 n_s 分别为对应于强度极限及屈服极限的强度安全系数和屈服安全系数。一般情况下，静载时常取 $n_s=1.2\sim2.5$，$n_b=2\sim3.5$。

5.7.2 拉压时的强度条件

由5.7.1的内容知道，要保证构件安全可靠地工作，必须使构件在载荷作用下产生的最大工作应力不超过构件材料的许用应力。因此，等直杆件在轴向拉压时的强度条件可表示为：

$$\sigma_{max}=\left(\frac{F_N}{A}\right)_{max}\leqslant[\sigma] \tag{5-15}$$

常用工程材料的许用应力可查阅有关的设计规范或工程手册。根据上述强度条件可以解决以下3个方面的问题。

(1) 强度校核

已知拉（压）杆材料、横截面尺寸及所受载荷，检验能否满足强度条件，由式（5-15）可得：

$$\sigma_{max}=\frac{F_N}{A}\leqslant[\sigma] \tag{5-16}$$

(2) 截面选择

已知拉（压）杆材料及所受载荷，按强度条件求杆件横截面面积或尺寸，由式（5-15）可得：

$$A \geqslant \frac{F_N}{[\sigma]} \tag{5-17}$$

（3）计算许用载荷

已知拉（压）杆材料和横截面尺寸，按强度条件确定杆所能容许的最大轴力，进而计算许可载荷，由式（5-15）可得：

$$F_{N,max} \leqslant [\sigma] A \tag{5-18}$$

5.7.3　强度条件的应用

【例 5.5】　如图 5-19 所示起重吊钩的上端借螺母固定，若吊钩螺栓内径 $d = 60$ mm，$\boldsymbol{F} = 200$ kN，材料许用应力 $[\sigma] = 160$ MPa。试校核螺栓部分的强度。

解： 计算螺栓内径处的面积：

$$A = \frac{\pi d^2}{4} = \frac{\pi \times (60 \times 10^{-3})^2 \text{m}^2}{4} = 2\,827 \text{ mm}^2$$

$$\sigma = \frac{F_N}{A} = \frac{200 \times 10^3 \text{ N}}{2\,827 \text{ mm}^2} = 70.7 \text{ MPa} < [\sigma] = 160 \text{ MPa}$$

故该螺栓部分安全。

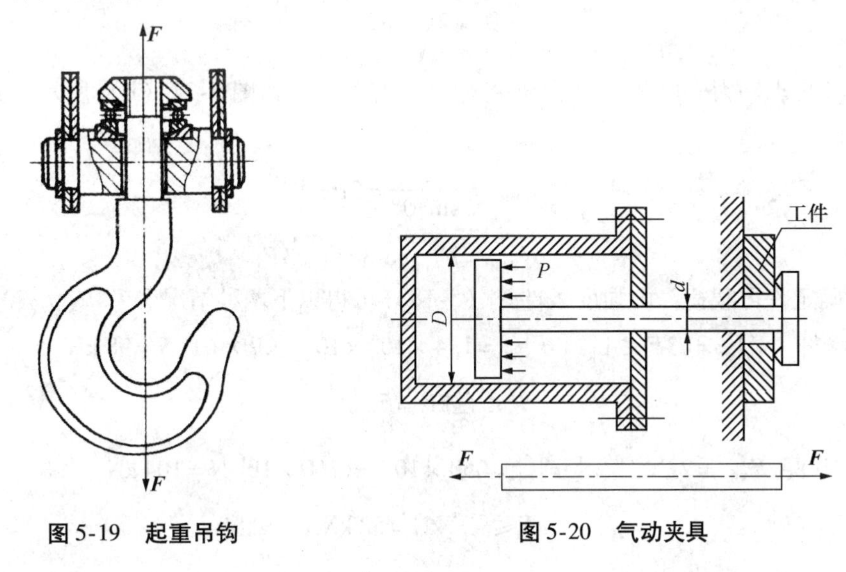

图 5-19　起重吊钩　　　图 5-20　气动夹具

【例 5.6】　气动夹具如图 5-20 所示。已知气缸内径 $D = 150$ mm，气压 $P = 1.0$ MPa，活塞杆材料的许用应力为 $[\sigma] = 80$ MPa。试设计活塞杆的直径 d。

解： 活塞杆左端承受活塞上的气体压力，右端承受工件的反作用力，故为轴向拉伸。拉力 $\boldsymbol{F}$ 可由气体压强乘以活塞的受压面积来求得，为了安全，计算活塞的受压面积时，略去活塞杆横截面面积。故有：

$$\boldsymbol{F} = P \times \frac{\pi}{4} D^2 = 1.0 \times 10^6 \times \frac{\pi}{4} \times (150 \times 10^{-3})^2 \text{ N} = 17.67 \text{ N}$$

活塞杆的轴力为：　　$F_N = \boldsymbol{F} = 17.67$ kN

根据强度条件，活塞杆横截面面积为：$A \geqslant \frac{F_N}{[\sigma]} = \frac{17.67 \times 10^3}{80 \times 10^6} \text{m}^2 = 2.21 \times 10^{-4} \text{ m}^2$

由此，求得活塞杆直径：$d \geqslant \sqrt{\frac{4 \times 2.21 \times 10^4}{\pi}}\ \mathrm{m} = 0.017\ \mathrm{m}$

最后，取活塞杆的直径为 $d = 17\ \mathrm{mm}$。

【例 5.7】 如图 5-21（a）所示为一吊架，AB 为木杆，其横截面面积 $A_{木} = 1.4 \times 10^4\ \mathrm{mm}^2$，许用应力 $[\sigma]_{木} = 7\ \mathrm{MPa}$；$BC$ 杆为钢杆，$A_{钢} = 650\ \mathrm{mm}^2$，$[\sigma]_{钢} = 160\ \mathrm{MPa}$。试求许可载荷 $[F]$。

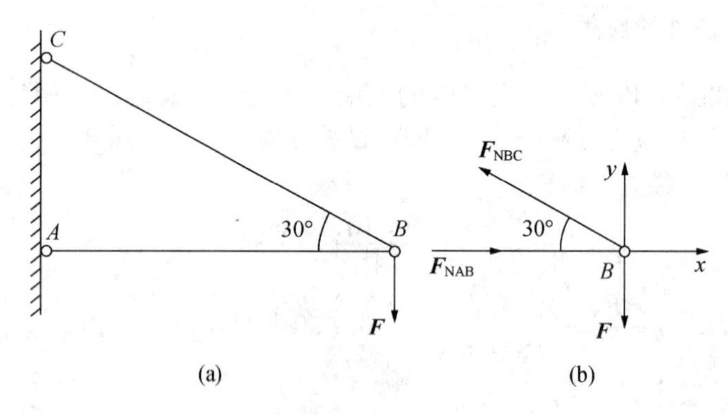

图 5-21　吊架

解：(1) 求轴力。取节点 B 为研究对象，画受力图如图 5-21（b）所示，列平衡方程，求得：

$$\boldsymbol{F}_{\mathrm{NBC}} = \frac{\boldsymbol{F}}{\sin 30^\circ} = 2\boldsymbol{F}$$

$$\boldsymbol{F}_{\mathrm{NAB}} = \boldsymbol{F}_{\mathrm{NBC}} \cos 30^\circ = \sqrt{3}\boldsymbol{F}$$

(2) 确定许可载荷。由强度条件式（5-18）可得以下两种情况。

对于木杆：$\boldsymbol{F}_{\mathrm{NAB}} = \sqrt{3}\boldsymbol{F} \leqslant A_{木}[\sigma]_{木} = 1.4 \times 10^4 \times 10^{-6} \times 7 \times 10^6\ \mathrm{N} = 98\ \mathrm{kN}$

故：
$$\boldsymbol{F} \leqslant \frac{98}{\sqrt{3}}\ \mathrm{kN} = 56\ \mathrm{kN}$$

对于钢杆：$\boldsymbol{F}_{\mathrm{NBC}} = 2\boldsymbol{F} \leqslant A_{钢}[\sigma]_{钢} = 650 \times 10^{-6} \times 160 \times 10^6\ \mathrm{N} = 104\ \mathrm{kN}$

故：
$$\boldsymbol{F} \leqslant \frac{104}{2}\ \mathrm{kN} = 52\ \mathrm{kN}$$

为保证整个构件安全，许可载荷 $[F]$ 应取为较小值 52 kN。

5.8　拉伸和压缩静不定（超静定）问题

结构未知力的个数多于静力平衡方程个数时，只用静力平衡条件将不能求解全部未知力，这类问题称为超静定问题。未知力个数与静力平衡方程数之差称为超静定的次数。

一般而言，超静定问题的解法如下所示。

(1) 列出静力平衡方程，确定超静定次数。

(2) 根据变形协调条件列出变形几何方程，方程数目应等于超静定次数。

（3）根据物理关系（如胡克定律、热膨胀规律等），将变形几何方程改写为以约束反力表示的补充方程。

（4）联立求解静力平衡方程以及补充方程，求出未知力（约束力或内力）。

需要强调的是，变形协调条件应与超静定结构的变形相一致。

【例 5.8】 如图 5-22 所示，已知等截面直杆的 AB 两端固定，计算在 C 处施加轴向力 $\boldsymbol{F}$ 后，求 A，B 处的约束反力 $\boldsymbol{R}_{\mathrm{A}}$ 和 $\boldsymbol{R}_{\mathrm{B}}$。弹性模量为 E，截面面积为 A。

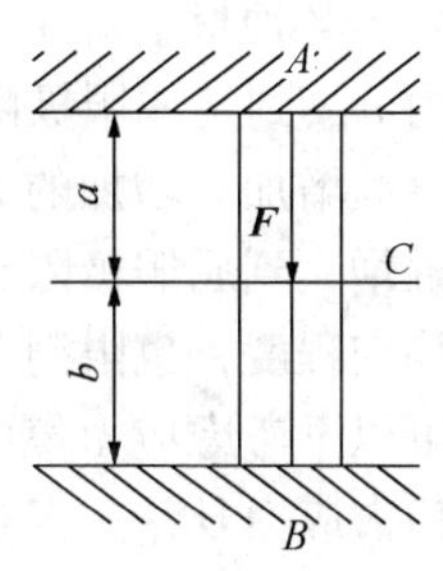

图 5-22　等截面直杆

解： 此结构的约束力个数为 2，独立平衡方程数为 1，属于一次超静定问题。

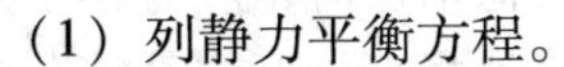

（1）列静力平衡方程。

设 $\boldsymbol{R}_{\mathrm{A}}$、$\boldsymbol{R}_{\mathrm{B}}$ 分别为 A、B 两端的约束反力且方向均向上，可列出静力平衡方程：

$$\boldsymbol{R}_{\mathrm{A}} + \boldsymbol{R}_{\mathrm{B}} = \boldsymbol{F} \qquad ①$$

（2）列变形协调方程。

$$\Delta l_{\mathrm{AB}} + \Delta l_{\mathrm{BC}} = 0 \qquad ②$$

（3）列物理方程。

根据胡克定律得物理方程：

$$\Delta l_{\mathrm{AB}} = \frac{\boldsymbol{F}_{\mathrm{NAB}} l}{EA} = \frac{\boldsymbol{R}_{\mathrm{A}} a}{EA},\ \Delta l_{\mathrm{BC}} = \frac{\boldsymbol{F}_{\mathrm{NBC}} l}{EA} = -\frac{\boldsymbol{R}_{\mathrm{B}} a}{EA} \qquad ③$$

将③式代入②式得补充方程：

$$\boldsymbol{R}_{\mathrm{A}} = \frac{\boldsymbol{R}_{\mathrm{B}} b}{a} \qquad ④$$

（4）求解①、④式得

$$\boldsymbol{R}_{\mathrm{B}} = \frac{Fa}{a+b} \qquad \boldsymbol{R}_{\mathrm{A}} = \frac{Fb}{a+b}$$

5.9　应力集中概念

等截面直杆受轴向拉伸或压缩时，横截面上的应力是均匀分布的。但由于实际需要，有些零件必须有切口、切槽、油孔、螺纹、轴肩等，以致在这些部位上截面尺寸发生突然变化。试验结果和理论分析表明，在零件尺寸突然改变处的横截面上，应力并不是均匀分布的。例如，开有圆孔和带有切口的板条（如图 5-23 所示），当其受轴向拉伸时，在圆孔和切口附近的局部区域内，应力将急剧增加，但在离开这一区域稍远处，应力就迅速降低而趋于均匀。这种因杆件外形突然变化而引起局部应力急剧增大的现象，称为**应力集中**。

设发生应力集中的截面上的最大应力为 $\sigma_{\max}$，同一截面上的平均应力为 σ_0，则比值：

$$\alpha = \frac{\sigma_{\max}}{\sigma_0} \qquad (5\text{-}19)$$

α 称为理论应力集中系数。它反映了应力集中程度，是一个大于 1 的系数。实验结果表明：截面尺寸改变得越急剧，角越尖，孔越小，应力集中的程度就越严重。因此，零件上应尽可能地避免带尖角的孔和槽，在阶梯轴的轴肩处要用圆弧过渡，而且在结构允许的范围内应尽量使圆弧半径大一些。

各种材料对应力集中的敏感程度并不相同。塑性材料有屈服阶段，当局部的最大应力 σ_{max} 到达屈服极限 σ_s 时，该处材料的变形可以继续增长，而应力却不再加大。若外力继续增加，增加的力就由截面上尚未屈服的材料来承担，从而使截面上其他点的应力相继增大到屈服极限，如图 5-24 所示。这就使截面上的应力逐渐趋于平均，降低了应力不均匀程度，也限制了最大应力 σ_{max} 的数值。因此，用塑性材料制成的零件在静载作用下，可以不考虑应力集中的影响。而脆性材料没有屈服阶段，当载荷增加时，应力集中处的最大应力 σ_{max} 一直领先，不断增长，首先到达强度极限 σ_b，该处将首先产生裂纹。所以对于脆性材料制成的零件，应力集中的危害性显得严重。这样，即使在静载下，也应考虑应力集中对零件承载能力的削弱。但是像灰铸铁这类材料，其内部的不均匀性和缺陷往往是产生应力集中的主要因素，而零件外形改变所引起的应力集中就可能成为次要因素，对零件的承载能力不一定造成明显的影响。

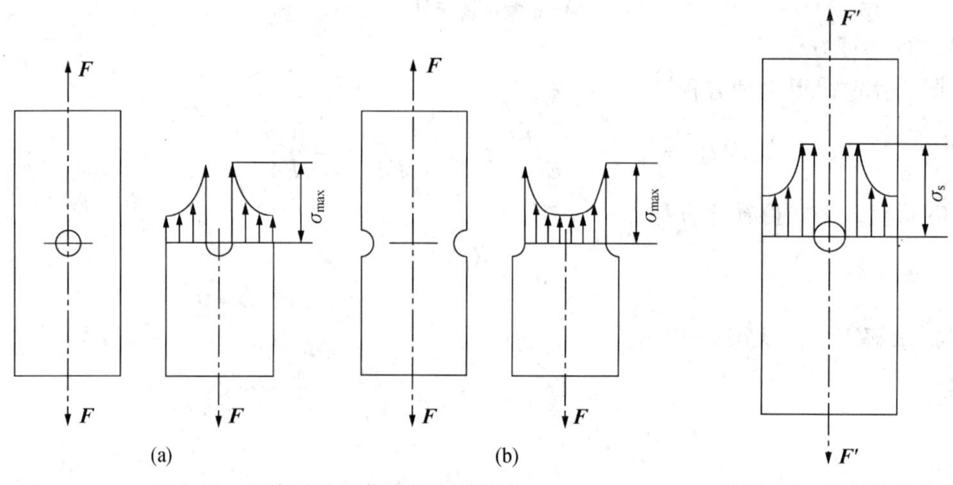

图 5-23　开有圆孔和带有切口的板条

图 5-24　局部的最大应力

当零件受周期性变化的应力或受冲击载荷作用时，不论是塑性材料还是脆性材料，应力集中对零件的强度都有严重影响，往往是零件破坏的根源。

必须指出，材料的良好塑性变形能力可以缓和应力集中峰值，因而对低碳钢之类的塑性材料，应力集中对强度的削弱作用不很明显；而对脆性材料，特别对铸铁之类内含大量显微缺陷、组织不均匀的材料则将造成严重影响。

本 章 小 结

1. 材料力学研究的问题是构件的强度、刚度和稳定性。
2. 构成构件的材料是可变形固体。

3. 对材料所作的基本假设是：均匀性假设、连续性假设及各向同性假设。

4. 材料力学研究的构件是杆件。

5. 杆件的 4 种基本变形形式是：拉伸（或压缩）、剪切、扭转和弯曲。

6. 轴向拉伸和压缩时的重要概念：内力、应力、变形等；轴向拉伸和压缩的应力、变形和应变的基本公式；胡克定律是揭示在比例极限内应力和应变的关系，它是材料力学最基本的定律之一；平面假设——变形前后横截面保持为平面，而且仍垂直于杆件的轴线。

7. 低碳钢的拉伸试验是一个典型的试验。它可得到的性能指标包括比例极限（或弹性极限）σ_p（或 σ_e）、屈服极限 σ_s、强度极限 σ_b、弹性模量 E、延伸率 δ 和断面收缩率 ψ 等。

8. 工程中一般把材料分为塑性材料和脆性材料。塑性材料的强度特征是屈服极限，而脆性材料是强度极限。

9. 强度计算是材料力学研究的重要问题。轴向拉伸和压缩时，构件的强度条件是进行强度校核、选定截面尺寸和确定许可载荷的依据：

$$\sigma_{\max} = \left(\frac{F_N}{A}\right)_{\max} \leqslant [\sigma]$$

10. 简单的拉压超静定问题的特点及解法。

11. 应力集中的概念。

思　考　题

1. 何谓构件的强度、刚度、稳定性？

2. 何谓变形固体？在材料力学中对变形固体做了哪些基本假设？

3. 杆件在外力作用下产生的基本变形形式有哪几种？各举出工程实例。

4. 试述用截面法确定拉（压）杆件内力的方法和步骤。

5. 拉（压）杆横截面上产生何种内力？轴力的正负号是怎样规定的？如何计算轴力？如何画轴力图？

6. 拉（压）杆横截面上产生何种应力？正应力 σ 在截面上如何分布？怎样计算横截面上的正应力？

7. 根据强度条件可进行哪三类强度计算？

8. 胡克定律是如何建立的？有几种表示形式？它们的应用条件是什么？

9. 设两受拉杆件的横截面面积 A、长度 l 及载荷 P 均相等，而材料不同，试问两杆的应力是否相等？变形是否相等？

10. 低碳钢在拉伸过程中表现为几个阶段？有哪几个特性点？它们各自代表的物理意义是什么？

11. 弹性模量 E、泊松比 μ 和杆的抗拉（压）刚度 EA 的物理意义是什么？单位有何不同？

12. 材料的塑性如何衡量？何谓塑性材料？何谓脆性材料？强度指标是什么？塑性指

标是什么？试比较塑性材料与脆性材料的力学性能。

13. 何谓超静定问题？与静定问题相比，超静定问题有何特点？

习　题

1. 试求题图 5-1 所示各杆 1-1、2-2、3-3 截面上的轴力。

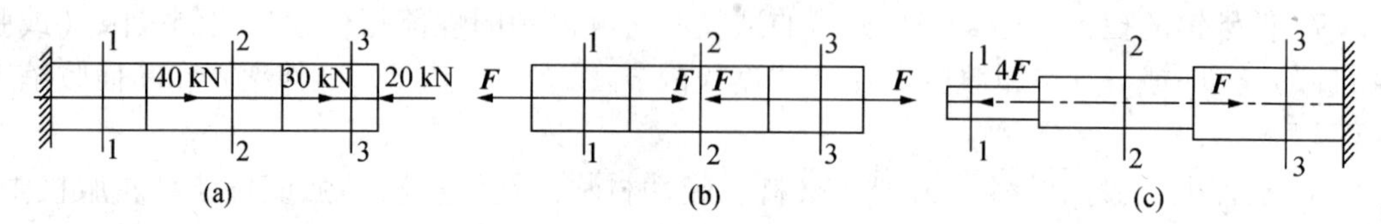

题图 5-1　求各杆截面轴力

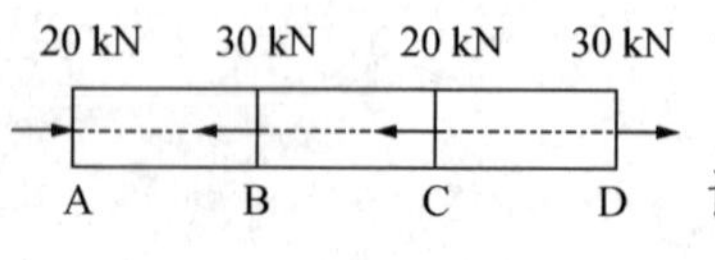

题图 5-2　直杆受力

2. 试作题图 5-1 各杆的轴力图。

3. 如题图 5-2 所示的直杆，横截面面积 $A = 300\ \text{mm}^2$，试作直杆的轴力图，并求出杆内最大正应力。

4. 桁架的尺寸及受力如题图 5-3 所示，若 $\boldsymbol{F} = 30\ \text{kN}$，$AB$ 杆的横截面面积 $A = 600\ \text{mm}^2$，试求 AB 杆的应力。

5. 如题图 5-4 所示三角架，杆 AB 为圆钢杆，$[\sigma]_1 = 120\ \text{MPa}$，直径 $d = 24\ \text{mm}$；杆 BC 为正方形截面木杆，$[\sigma]_2 = 60\ \text{MPa}$，边长 $a = 20\ \text{mm}$。求该三角架的许可载荷 $[P]$。

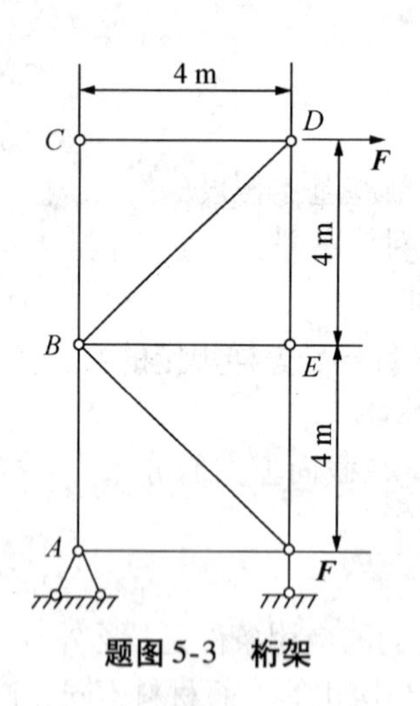

题图 5-3　桁架

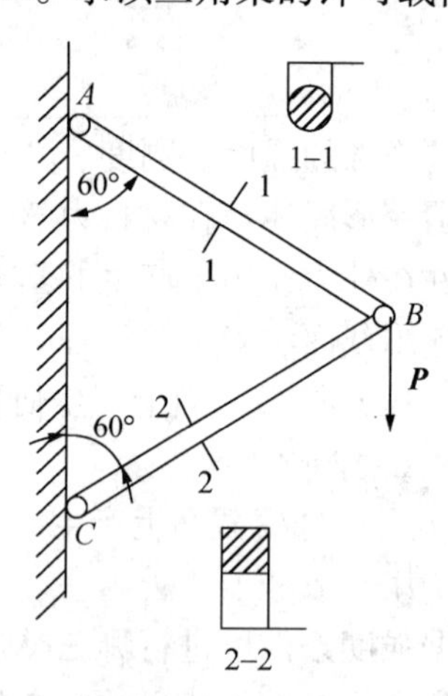

题图 5-4　三角架

6. 已知一等直杆如题图 5-5 所示，横截面面积为 $A = 400\ \text{mm}^2$，许用应力 $[\sigma] = 60\ \text{MPa}$，试校核此杆强度。

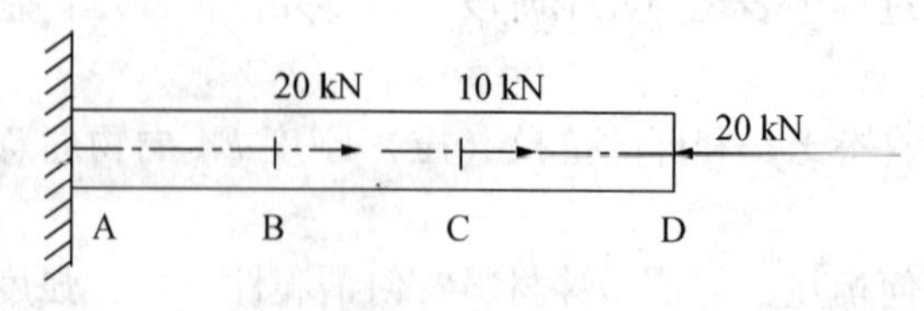

题图 5-5　等直杆

7. 液压缸盖与缸体用 6 个螺栓连接如题图 5-6 所示。已知液压缸内径 $D=350\,\text{mm}$，油压 $P=1\,\text{MPa}$，若螺栓材料的许用应力为 $[\sigma]=40\,\text{MPa}$，求螺栓内径 d。

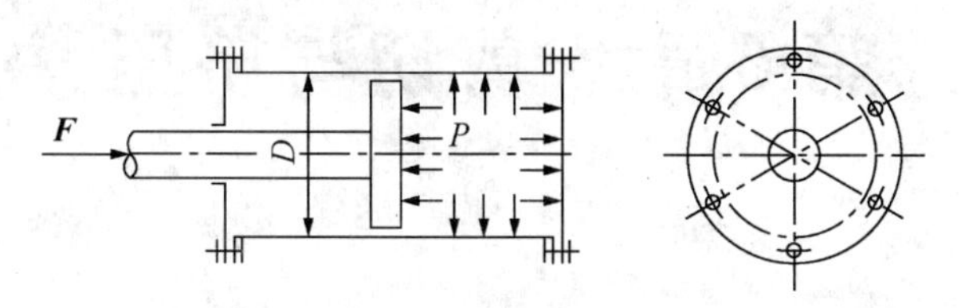

题图 5-6　液压缸盖与缸体

8. 变截面直杆如题图 5-7 所示。已知：$A_1=8\,\text{cm}^2$，$A_2=4\,\text{cm}^2$，$E=200\,\text{GPa}$。求杆的总伸长。

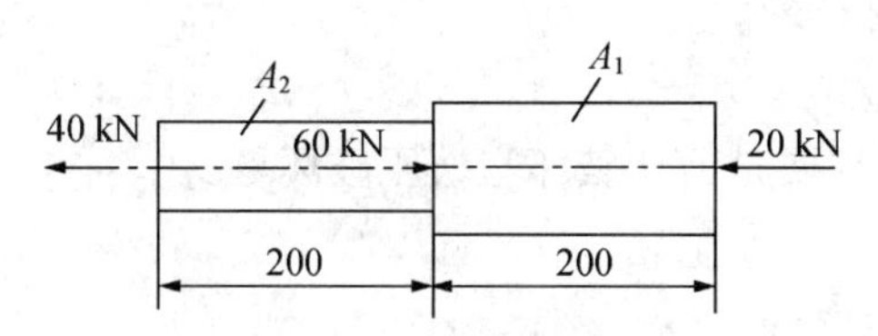

题图 5-7　变截面直杆

第 6 章　剪切与挤压

- 剪切与挤压的概念。
- 剪切与挤压的实用计算。

工程中连接件的破坏主要是剪切破坏与挤压破坏。

6.1　剪切与挤压的概念

如图 6-1（a）所示铆钉连接，在被连接的物体上作用有等值、反向的力 $\boldsymbol{F}$，此时铆钉的受力特点是：铆钉受到一对等值、反向、作用线平行且相距很近的外力作用，如图 6-1（b）所示。变形特点是：沿两个方向相反的力作用线之间的截面发生相对错动，这种变形称为剪切变形，如图 6-1（c）所示。产生相对错动的面称为剪切面，作用在剪切面上的内力称为剪力，用 $\boldsymbol{F}_{\mathrm{Q}}$ 表示；对应的剪切面上有切应力。

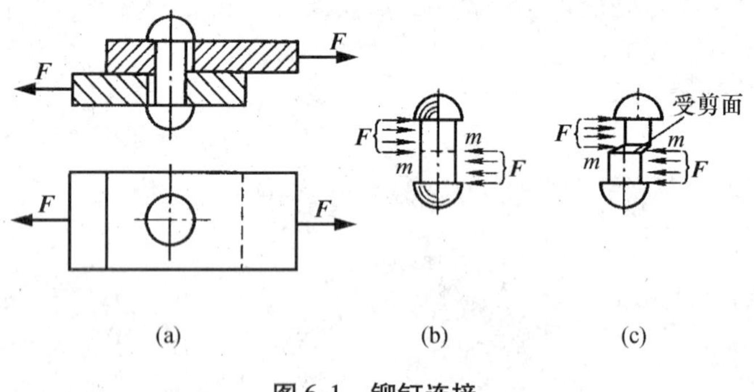

图 6-1　铆钉连接

铆钉受剪切变形的同时，伴随着另一种变形——挤压变形的发生。当两构件接触面传递压力时，相互挤压，从而使较软构件的接触表面产生塑性变形，这种现象称为挤压变形（如图 6-2 所示）。构件受压的接触面称为挤压面，对应的挤压面上有挤压应力。它与压缩变形不同，只是发生在构件的局部表面，是相互接触的两个构件之间的相互作用力。下面对连接件的强度进行计算。

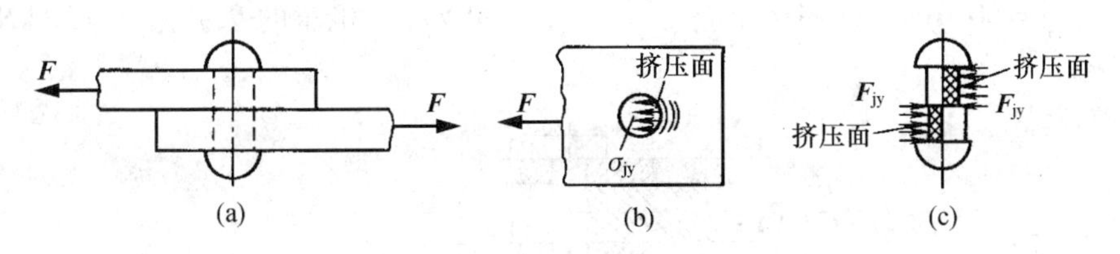

图6-2　铆钉受挤压

6.2　剪切与挤压的实用计算

1. 剪切实用计算

工程中，通常假设剪切面上的切应力是均匀分布的，故剪切面上的切应力计算公式为：

$$\tau=\frac{\boldsymbol{F}_Q}{A} \tag{6-1}$$

式中，$\boldsymbol{F}_Q$ 为剪切面上的内力，即剪力，单位为 N；A 为受剪面的面积，位于两力作用线之间，单位为 mm^2。

剪切强度条件：剪切应力不超过材料的许用切应力。即：

$$\tau=\frac{\boldsymbol{F}_Q}{A}\leqslant [\tau] \tag{6-2}$$

2. 挤压实用计算

工程中把挤压面上的挤压应力也近似地看成是均匀分布的，故挤压应力 σ_{jy} 的计算公式为：

$$\sigma_{jy}=\frac{P_{jy}}{A_{jy}} \tag{6-3}$$

式中，P_{jy} 为挤压力，A_{jy} 为受挤压面积，位于两物体的接触面上，与外力垂直。

挤压强度条件：挤压应力不超过材料的许用挤压应力。即当挤压面为圆柱面时，A_{jy} 等于通过圆柱直径的剖面面积，$A_{jy}=dh$，如图6-3所示。

$$\sigma_{jy}=\frac{P_{jy}}{A_{jy}}\leqslant [\sigma_{jy}] \tag{6-4}$$

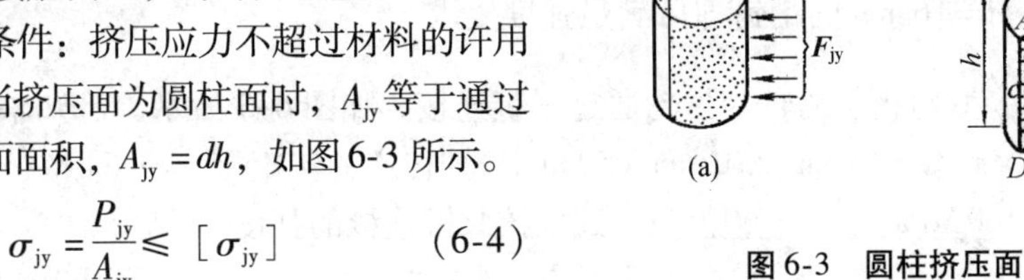

图6-3　圆柱挤压面

材料的许用挤压应力 $[\sigma_{jy}]$ 也是根据试验测定的。工程中常用材料的许用挤压应力可从有关规范中查取。一般情况下，许用挤压应力 $[\sigma_{jy}]$ 与许用拉应力 $[\sigma]$ 存在如下关系：对于塑性材料 $[\sigma_{jy}]=(1.6\sim2.6)[\sigma]$；对于脆性材料 $[\sigma_{jy}]=(0.9\sim1.6)[\sigma]$。

上述剪切和挤压强度条件可分别解决三类问题：强度校核；设计截面尺寸；确定许用外载。

【例6.1】　机车挂钩的销钉连接如图6-4所示。已知挂钩厚度 $t=8$ mm，销钉材料的

许用应力 $[\tau]=60\ \text{MPa}$，许用挤压应力 $[\sigma_{jy}]=200\ \text{MPa}$，机车的牵引力 $\boldsymbol{F}=20\ \text{kN}$，试选择销钉直径。

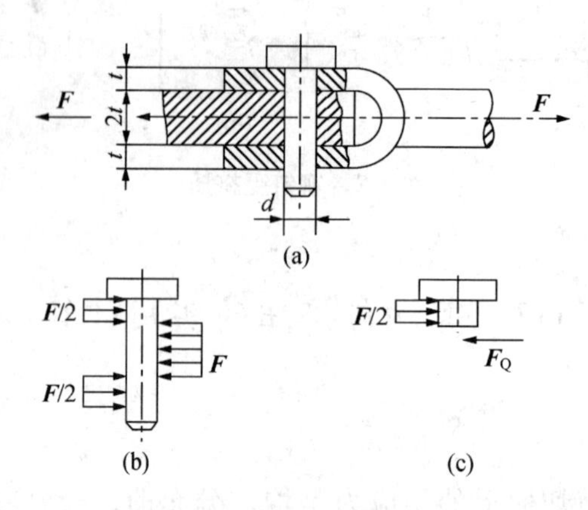

图 6-4　机车挂钩

解：(1) 选销钉为研究对象画受力图，如图 6-4 (b) 所示。由图可知销钉有两个剪切面，每个剪切面上的剪力为：

$$\sum \boldsymbol{F}_x=0 \qquad \boldsymbol{F}_Q=\frac{\boldsymbol{F}}{2}$$

(2) 根据剪切强度条件设计销钉直径：

$$\tau=\frac{\boldsymbol{F}_Q}{A}=\frac{\boldsymbol{F}/2}{\pi d^2/4}\leqslant [\tau]$$

可得：

$$d\geqslant\sqrt{\frac{2\boldsymbol{F}}{\pi [\tau]}}=\sqrt{\frac{2\times 20\,000}{3.14\times 60}}\approx 15\ (\text{mm})$$

(3) 根据挤压强度条件校核销钉的强度：

$$\sigma_{jy}=\frac{P_{jy}}{A_{jy}}=\frac{\boldsymbol{F}}{d\times 2t}=\frac{20\times 10^3}{15\times 2\times 8}=83\ (\text{MPa})<[\sigma_{jy}]$$

故选直径 $d=16\ \text{mm}$ 的销钉即可满足强度要求。

【例 6.2】　变速箱中的轴与齿轮通过平键连接，如图 6-5 所示。已知轴径 $d=50\ \text{mm}$，键的尺寸为 $b\times h\times l=16\ \text{mm}\times 10\ \text{mm}\times 50\ \text{mm}$，轴传递的转矩 $M_n=0.5\ \text{kN}\cdot\text{mm}$，键的许用应力 $[\sigma_{jy}]=100\ \text{MPa}$，$[\tau]=60\ \text{MPa}$，试校核此键连接的强度。

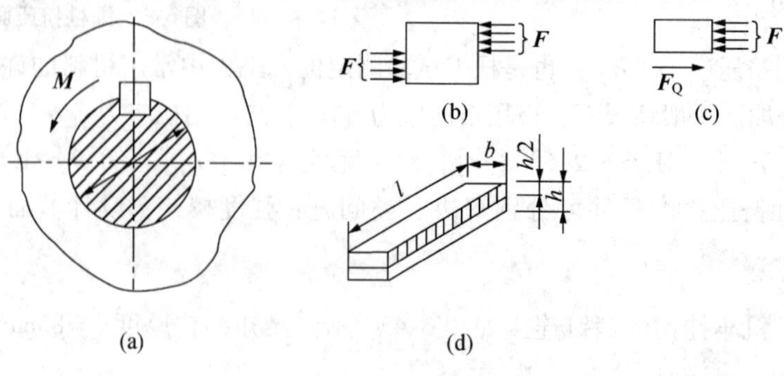

图 6-5　平键连接

解：（1）取键为研究对象，画出受力图，如图6-5（b）所示，并求作用在键上的力 $\boldsymbol{P}$：

$$\boldsymbol{P}=\frac{M_{\mathrm{n}}}{d/2}=\frac{500}{50/2}=20\ (\mathrm{kN})$$

如图6-5（c）所示，剪切面上的剪力 $\boldsymbol{F}_{\mathrm{Q}}$、挤压内力 $\boldsymbol{P}_{\mathrm{jy}}$ 为：

$$\sum \boldsymbol{F}_{\mathrm{x}}=0,\ \boldsymbol{F}_{\mathrm{Q}}=\boldsymbol{P},\ \boldsymbol{P}_{\mathrm{jy}}=\boldsymbol{P}$$

（2）校核键的剪切强度。

$$\tau=\frac{\boldsymbol{F}_{\mathrm{Q}}}{A}=\frac{\boldsymbol{P}}{bl}=\frac{20\times10^{3}}{16\times50}=25\ (\mathrm{MPa})\ <\ [\tau]$$

（3）校核键的挤压强度。

$$\sigma_{\mathrm{jy}}=\frac{\boldsymbol{P}_{\mathrm{jy}}}{A_{\mathrm{jy}}}=\frac{\boldsymbol{P}}{l\times h/2}=\frac{20\times10^{3}}{50\times5}=80\ (\mathrm{MPa})\ <\ [\sigma_{\mathrm{jy}}]$$

故键的挤压强度足够，所以此键安全可用。

本章小结

剪切与挤压的实用计算，即：

剪切强度条件

$$\tau=\frac{\boldsymbol{F}_{\mathrm{Q}}}{A}\leqslant[\tau]$$

挤压强度条件

$$\sigma_{\mathrm{jy}}=\frac{\boldsymbol{F}_{\mathrm{jy}}}{A_{\mathrm{jy}}}\leqslant[\sigma_{\mathrm{jy}}]$$

思考题

1. 挤压与轴向压缩有什么区别？
2. 两块厚度相同的钢板，用4个相同的铆钉进行连接，若采用思考题图6-1（a）和思考题图6-1（b）两种不同的布置方式，试指出哪种布置方式较为合理。

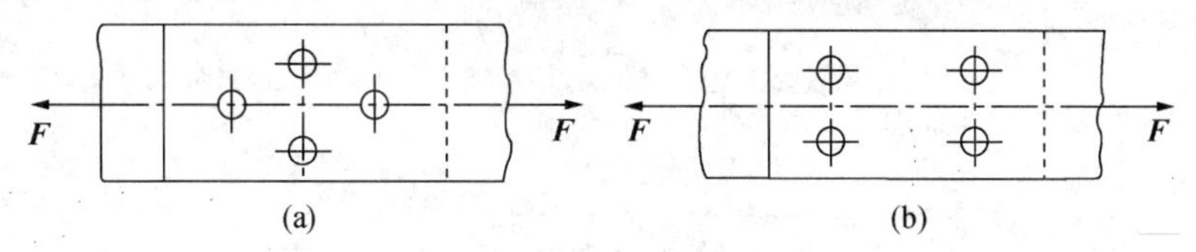

思考题图6-1　铆钉连接钢板

习　题

1. 指出题图6-1所示构件的剪切面和挤压面。
2. 如题图6-1（a）所示，拉杆头部直径 $D=32$ mm，高 $h=12$ mm，拉杆直径 $d=$

20 mm，材料的许用切应力 ［τ］=100 MPa，许用挤压应力 ［σ_{jy}］=240 MPa，$\boldsymbol{F}$ =60 kN，试校核拉杆头部的强度。

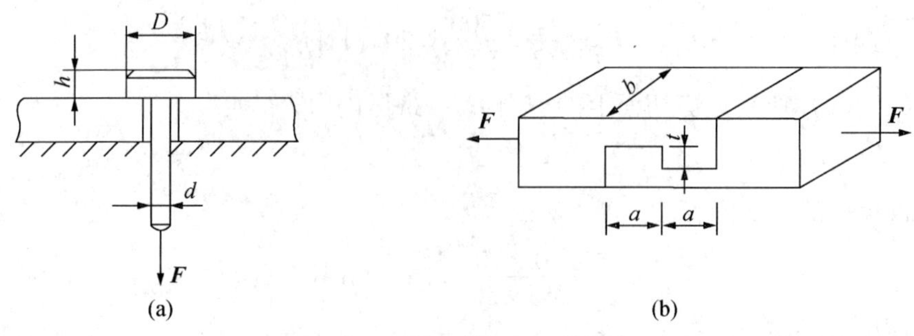

题图 6-1　判定剪切面和挤压面

3. 如题图 6-2 所示的铆钉连接中，已知拉力 $\boldsymbol{F}$ =20 kN，板厚 t =20 mm，铆钉直径 d = 12 mm。铆钉的许用切应力 ［τ］=80 MPa，许用挤压应力 ［σ_{jy}］=200 MPa。试校核此铆钉连接的强度。

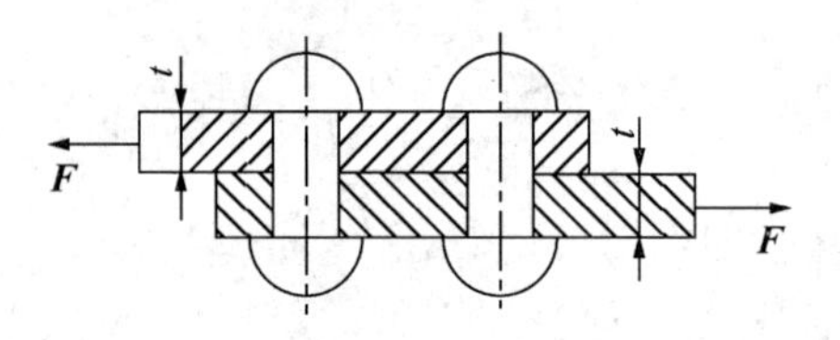

题图 6-2　铆钉连接

第 7 章　圆轴的扭转

- 圆轴扭转的概念，扭矩的计算。
- 圆轴扭转的应力及强度计算。
- 圆轴扭转的变形及刚度计算。

7.1　扭转的概念与实例

工程中常遇到受扭转的构件，如图 7-1 所示轧钢机中带动轧辊转动的传动轴。通过对这类杆件的受力和变形分析，可知它们的共同特点是：在杆件的两端垂直于杆件轴线的平面内，作用有大小相等、转向相反的两个力偶；各横截面都绕杆的轴线产生相对转动，但杆的轴线位置和形状保持不变，这种变形称为扭转。以扭转为主要变形的杆件称为轴。

本章主要研究在单纯扭转变形下圆轴的强度和刚度问题。

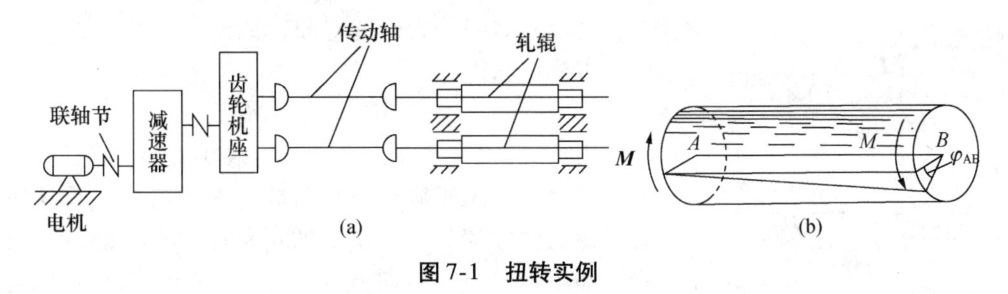

图 7-1　扭转实例

7.2　圆轴扭转时横截面上的内力

7.2.1　外力偶矩的计算

在工程中，作用于圆轴上的外力偶矩一般不是直接给出的，通常给出的是圆轴所需传递的功率和转速。因此，需要了解功率、转速和外力偶矩三者之间的关系，即：

$$\boldsymbol{M}=9\,550\,\frac{P}{n} \tag{7-1}$$

式中，$\boldsymbol{M}$ 为作用于轴上的外力偶矩，单位为 N · m；P 为轴所传递的功率，单位为

kW；n 为轴的转速，单位为 r/min。

7.2.2 圆轴扭转时横截面上的内力——扭矩

圆轴横截面上的内力可采用截面法求得。如图 7-2（a）所示，轴上装有 4 个轮子，所传递的力偶矩分别为 $\boldsymbol{M}_{\mathrm{A}}=3\ \mathrm{kN\cdot m}$，$\boldsymbol{M}_{\mathrm{B}}=10\ \mathrm{kN\cdot m}$，$\boldsymbol{M}_{\mathrm{C}}=4\ \mathrm{kN\cdot m}$，$\boldsymbol{M}_{\mathrm{D}}=3\ \mathrm{kN\cdot m}$。若计算 BC 段任意截面上的内力，可假想在该段内沿Ⅱ-Ⅱ截面截开，将轴分成两部分，任取一部分为研究对象。如取左端，如图 7-2（b）所示，由于整个轴是平衡的，该部分也必须处于平衡状态，故截面上必然存在一个内力偶矩 $\boldsymbol{M}_{\mathrm{n}}$ 与外力偶矩平衡，方向如图所示。该内力偶矩 $\boldsymbol{M}_{\mathrm{n}}$ 称为扭矩，其大小由平衡条件求得：

$$\sum \boldsymbol{M}=0,\ \boldsymbol{M}_{\mathrm{A}}-\boldsymbol{M}_{\mathrm{B}}+\boldsymbol{M}_{\mathrm{n}}=0 \tag{7-2}$$

故：

$$\boldsymbol{M}_{\mathrm{n}}=\boldsymbol{M}_{\mathrm{B}}-\boldsymbol{M}_{\mathrm{A}}$$

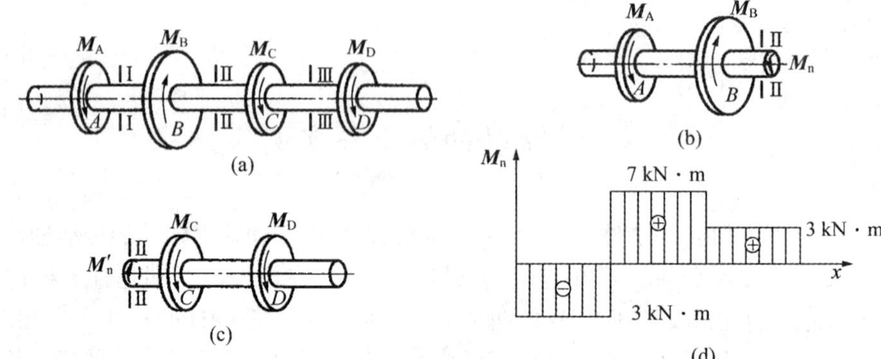

图 7-2 扭矩的计算

图 7-3 扭矩的符号规定

若取右边部分为研究对象，如图 7-2（c）所示，用同样方法可求得：

$$\boldsymbol{M}'_{\mathrm{n}}=\boldsymbol{M}_{\mathrm{C}}+\boldsymbol{M}_{\mathrm{D}} \tag{7-3}$$

由式（7-2）和式（7-3）可确定计算扭矩的规律：**任意截面上的扭矩等于研究对象（左或右）一侧所有外力偶矩的代数和。**外力偶矩的正负可由右手螺旋法则确定，即用右手拇指指向截面外法线方向，四指转向与外力偶矩相反者为正，相同者为负。如图 7-3 所示，表示扭矩转向与正负关系。

7.2.3 扭矩图

为了直观地表示圆轴上扭矩的变化情况，以便确定最大扭矩及其所在截面的位置，通常把圆轴的轴线作为 x 轴（横坐标轴），以纵坐标轴表示扭矩 $\boldsymbol{M}_{\mathrm{n}}$，这种用来表示圆轴横截面上扭矩沿轴线方向变化情况的图形称为扭矩图。如图 7-2（d）所示即为图 7-2（a）轴的扭矩图，其中最大扭矩在 BC 段，其值 $M_{\mathrm{nmax}}=7\ \mathrm{kN\cdot m}$。

【例 7.1】 传动轴如图 7-4（a）所示。已知 A 轮输入的功率 $P_{\mathrm{A}}=15\ \mathrm{kW}$，$B$ 轮、C 轮输出功率分别为 $P_{\mathrm{B}}=9\ \mathrm{kW}$、$P_{\mathrm{C}}=6\ \mathrm{kW}$，轴的转速 $n=200\ \mathrm{r/min}$，试绘制该轴的扭矩图。

解：（1）计算各轮上的外力偶矩。

$$M_A = 9\,550\frac{P_A}{n} = 9\,550\frac{15}{200} = 716.2\ (\text{N}\cdot\text{m})$$

$$M_B = 9\,550\frac{P_B}{n} = 9\,550\frac{9}{200} = 429.7\ (\text{N}\cdot\text{m})$$

$$M_C = 9\,550\frac{P_C}{n} = 9\,550\frac{6}{200} = 286.5\ (\text{N}\cdot\text{m})$$

（2）计算各段扭矩值。

BA 段：　$M_{n1}^{左} = -M_B = -429.7\ \text{N}\cdot\text{m}$

AC 段：　$M_{n2}^{右} = M_C = 286.5\ \text{N}\cdot\text{m}$

（3）绘制扭矩图如图7-4（b）所示。

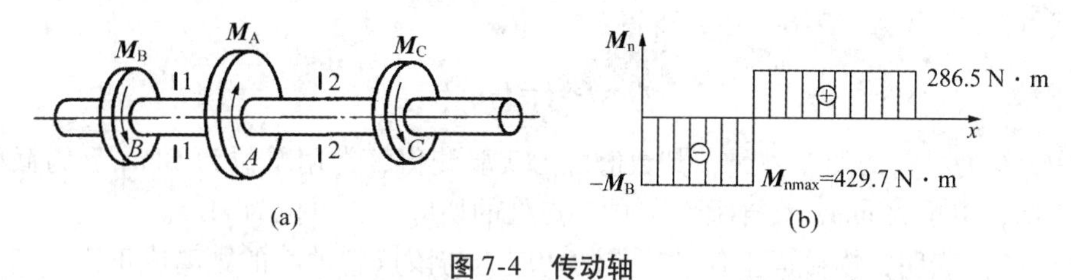

图7-4　传动轴

7.3　圆轴扭转的切应力

7.3.1　变形几何关系

取一等截面圆轴，在其表面上作出两条平行于轴线的纵向线和两条圆周线，如图7-5所示。再在圆轴的两端分别作用一个外力偶 M，使杆件发生扭转变形。由图7-5可以看到以下变形现象：各圆周线的形状、大小、间距保持不变，只绕轴线作相对转动；各纵向线倾斜了一个相同的角度 γ，由圆周线与纵向线组成的原矩形变成了平行四边形。

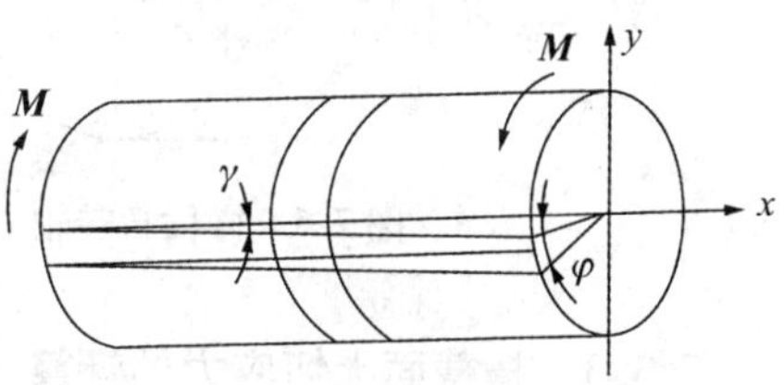

图7-5　圆轴扭转变形

由上述表面现象可以推断出：圆轴扭转前，各横截面为平面，扭转后仍保持为平面，且相互平行，只是相对转过了一个角度，这就是圆轴扭转时的平面假设。

根据平面假设，可得如下结论：（1）由于相邻横截面的间距不变，杆件无纵向伸长和缩短，因此横截面上无正应力作用；（2）由于相邻横截面发生绕轴线的相对转动，所以横截面上必有垂直于半径方向的切应力。切应力用符号τ表示。

在圆轴上取一微段 dx，如图7-6所示，右截面相对于左截面转过了一个角度 $d\varphi$，半径由 O_2C 转至 O_2C_1。在图中任取一距圆心为 ρ 的内层圆柱面，该面上的纵向线 EF 倾斜到了 EF_1，倾斜角为 γ_ρ，此倾斜角度称为切应变。在弹性范围内，切应变 γ_ρ 是很小的，故由图中几何关系知：

$$tg\gamma_\rho = \frac{FF_1}{EF} \approx \frac{d\varphi}{dx} \cdot \rho \approx \gamma_\rho \tag{7-4}$$

即：

$$\gamma_\rho = \rho \frac{d\varphi}{dx} \tag{7-5}$$

对于给定的横截面，$d\varphi/dx$ 为常量，叫做单位长度扭转角。故由式（7-5）可知，横截面上任意一点的切应变与该点到圆心的距离 ρ 成正比。

7.3.2　横截面上切应力的分布

根据剪切胡克定律，当材料所受剪应力不超过材料的剪切弹性极限时，则有：

$$\tau = G\gamma \tag{7-6}$$

将式（7-5）代入（7-6）中，可得：

$$\tau_\rho = G\gamma_\rho = G\rho \frac{d\varphi}{dx} \tag{7-7}$$

式中，G 为材料的切变模量，其数值可由实验测得，常用单位为 GPa；ρ 为截面上离轴心的距离，单位为 mm；τ_ρ 半径为 ρ 的各点处的切应力，单位为 MPa。

式（7-7）表明：横截面上任意一点的切应力与该点到轴心的距离成正比，其方向与半径垂直，并指向扭矩转向一方，如图 7-7 所示。轴心上的切应力为零，周边上的切应力最大，而所有距圆心等距离的点处，切应力相等。

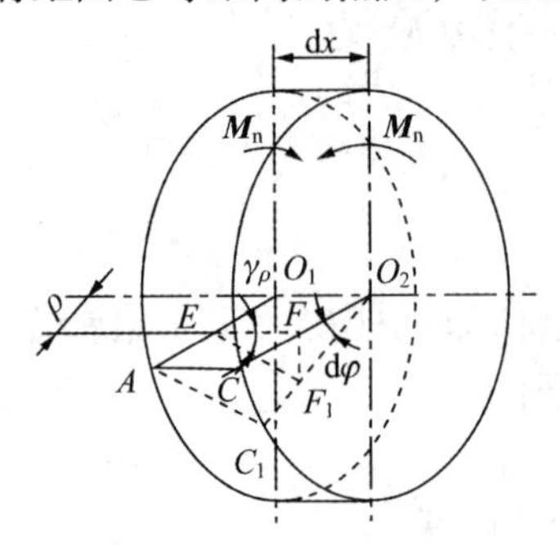

图 7-6　微段扭转轴

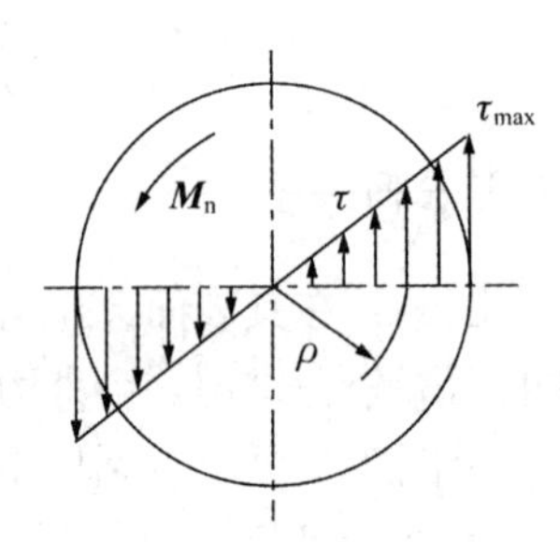

图 7-7　扭转切应力分布

7.3.3　横截面上切应力的计算

由于横截面上任意点处的切应力均垂直半径，故截面内每一微面积上内力的合力对圆心产生的微力矩为 $dM_n = \tau_\rho dA \cdot \rho$，如图 7-8 所示。而截面上所有微力矩的合成结果应等于截面上的扭矩 M_n，即：

$$M_n = \int_A dM_n = \int_A \rho \tau_\rho dA \tag{7-8}$$

式中，A 为整个横截面面积。

将式（7-7）代入式（7-8）中得：

$$M_n = \int_A G\rho^2 \frac{d\varphi}{dx} dA = G \frac{d\varphi}{dx} \int_A \rho^2 dA \tag{7-9}$$

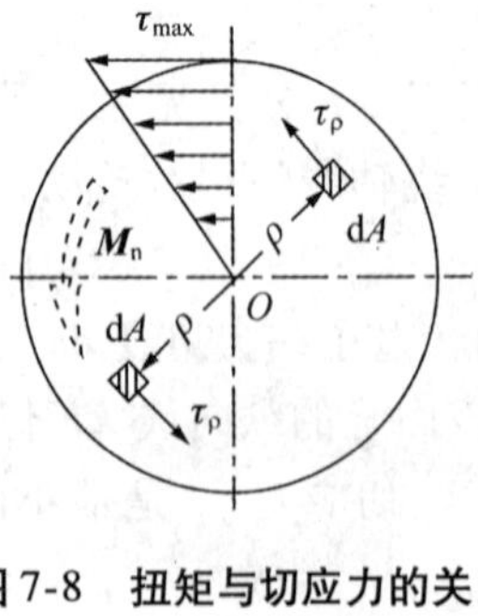

图 7-8　扭矩与切应力的关系

$\int_A \rho^2 \mathrm{d}A$ 只与截面的尺寸有关，它表示截面的一种几何性质，称为截面的极惯性矩，用 I_ρ 表示，即：

$$I_\rho = \int_A \rho^2 \mathrm{d}A \tag{7-10}$$

式中，I_ρ 的单位为长度单位的四次方，即 mm^4。故式（7-9）可写成：

$$M_n = GI_\rho \frac{\mathrm{d}\varphi}{\mathrm{d}x} \tag{7-11}$$

或：

$$\frac{\mathrm{d}\varphi}{\mathrm{d}x} = \frac{M_n}{GI_\rho} \tag{7-12}$$

将式（7-12）代入式（7-7）中，即得圆轴扭转时横截面上任意点的切应力计算公式：

$$\tau_\rho = \frac{M_n}{I_\rho}\rho \tag{7-13}$$

对于同一截面而言，M_n 和 I_ρ 均为常量，因此式（7-13）也表明：圆轴扭转时，横截面上任意点的切应力与该点半径成正比。

当 $\rho_{max} = \frac{d}{2}$ 时，切应力最大，于是得到横截面上最大切应力计算公式为：

$$\tau_{max} = \frac{M_n}{I_\rho}\frac{d}{2} \tag{7-14}$$

因 I_ρ 与 $d/2$ 均与截面的尺寸有关，若令：$W_n = \dfrac{I_\rho}{\frac{d}{2}}$，则式（7-13）又可写成：

$$\tau_{max} = \frac{M_n}{W_n} \tag{7-15}$$

其中，W_n 称为抗扭截面模量，其常用单位为 mm^3。

关于 I_ρ 和 W_n 的计算如下。

（1）实心圆截面。直径为 d，则有：

$$\left.\begin{aligned} I_\rho &= \frac{\pi d^4}{32} = 0.1d^4 \\ W_n &= \frac{I_\rho}{\frac{d}{2}} = \frac{\pi d^3}{16} \approx 0.2d^3 \end{aligned}\right\} \tag{7-16}$$

（2）空心圆截面。外径为 D，内径为 d，令 $\alpha = \frac{d}{D}$，则有：

$$\left.\begin{aligned} I_\rho &= \frac{\pi D^4}{32}(1-\alpha^4) \approx 0.1D^4(1-\alpha^4) \\ W_n &= \frac{I_\rho}{\frac{D}{2}} = \frac{\pi D^3}{16}(1-\alpha^4) \approx 0.2D^3(1-\alpha^4) \end{aligned}\right\} \tag{7-17}$$

【例 7.2】 若已知图 7-4（a）所示轴的直径 $d = 30$ mm，扭矩图为图 7-4（b）所示，

试求1-1截面和2-2截面上的最大切应力。

解：（1）计算抗扭截面模量。

$$W_n=\frac{\pi d^3}{16}=\frac{3.14\times 30^3}{16}=5\,298.75\ (\text{mm}^3)$$

（2）计算Ⅰ-Ⅰ截面上的最大切应力。

$$\tau_{max}=\frac{M_{n1}}{W_n}=\frac{429.7\times 10^3}{5\,298.75}=81\ (\text{MPa})$$

（3）计算Ⅱ-Ⅱ截面上的最大切应力。

$$\tau_{max}=\frac{M_{n2}}{W_n}=\frac{286.5\times 10^3}{5\,298.75}=54\ (\text{MPa})$$

7.4 圆轴扭转变形计算

圆轴扭转时的变形采用两个横截面之间的相对转角 φ 来表示。对于长度为 L，扭矩为 M_n，且截面大小不变的等截面圆轴，其变形计算公式为：

$$\varphi=\frac{M_n L}{GI_\rho} \tag{7-18}$$

式中，M_n 为扭矩，单位为 N·m；L 为两横截面间的距离，单位为 m；G 为轴材料的剪切弹性模量，单位为 GPa；I_ρ 为横截面对圆心的极惯性矩，单位为 m^4；φ 为相对扭转角，单位为 rad，其转向与扭矩转向相同。

式（7-18）说明，在长度和扭矩一定的情况下，GI_ρ 越大，相对扭转角越小，即变形越小。可见，GI_ρ 反映了圆轴抵抗扭转变形的能力，称为抗扭刚度。

对于直径变化的圆轴（阶梯轴），或者扭矩分段变化的等截面圆轴，必须分段计算相对转角，然后计算代数和。

单位长度上的扭转角称为单位扭转角，用 θ 表示，单位为 rad/m。显然：

$$\theta=\frac{\varphi}{L}=\frac{M_n}{GI_\rho} \tag{7-19}$$

在工程上常用度/米（°/m）来表示单位扭转角，则：

$$\theta_{max}=\frac{T_{max}}{GI_\rho}\cdot\frac{180}{\pi} \tag{7-20}$$

【例 7.3】 传动轴如图 7-9（a）所示，已知其扭矩图如图 7-9（b）所示，轴材料的切变模量 $G=80$ GPa。试求该轴上截面 A 相对截面 C 的扭转角 φ_{AC}。

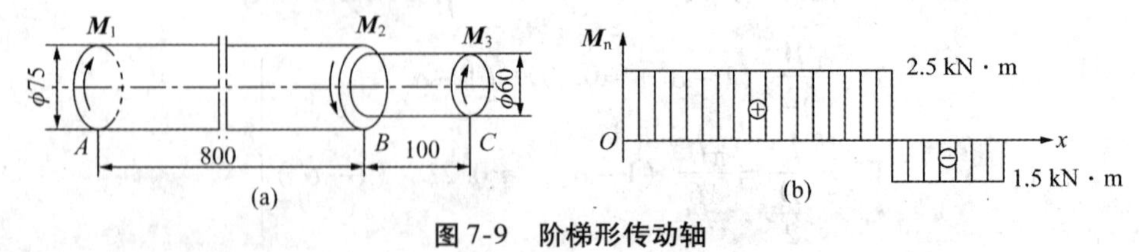

图 7-9 阶梯形传动轴

解：因该轴上各界面扭矩不等、直径不同，故应分段计算，然后叠加。

$$\varphi_{AC}=\varphi_{AB}+\varphi_{BC}=\frac{M_{nAB}\cdot l_{AB}}{GI_{\rho AB}}+\frac{M_{nBC}\cdot l_{BC}}{GI_{\rho BC}}$$

$$=\frac{2.5\times10^{3}\times800\times10^{-3}}{80\times10^{9}\times\frac{3.14}{32}\times(75\times10^{-3})^{4}}-\frac{1.5\times10^{3}\times100\times10^{-3}}{80\times10^{9}\times\frac{3.14}{32}\times(60\times10^{-3})^{4}}=6.58\times10^{-3}\ (\text{rad})$$

7.5 圆周扭转时的强度和刚度计算

7.5.1 强度计算

为了使受扭圆轴能安全可靠地工作，首先必须保证它在工作时危险截面上的最大切应力不超过材料的许用切应力，即：

$$\tau_{max}=\frac{T_{max}}{W_p}\leqslant[\tau] \tag{7-21}$$

式（7-21）即为圆轴扭转时的强度条件。式中［τ］为材料的许用切应力，它是根据试验得出抗剪切强度极限τ_b，并考虑安全系数得出的。常用材料的许用切应力可从有关规范中查得。一般情况下，材料的许用切应力［τ］与许用拉应力［σ］之间有以下近似关系。

对于塑性材料：$[\tau]=(0.7\sim0.8)[\sigma]$；

对于脆性材料：$[\tau]=(0.8\sim1.0)[\sigma]$。

必须注意，危险截面是切应力最大的截面，而不一定是扭矩最大的截面，因此需经分析或计算后确定。

7.5.2 刚度计算

对于轴类零件，为避免在扭转时产生过大变形而影响精度或产生振动，因此工程上有时要求轴的最大单位长度扭转角 θ_{max}不超过许用单位扭转角［θ］。即：

$$\theta_{max}=\frac{M_n}{GI_\rho}\times\frac{180}{\pi}\leqslant[\theta] \tag{7-22}$$

式（7-22）即为圆轴扭转时的刚度条件。

最大单位长度扭转角 θ_{max}，当扭矩或直径不同时，需分段计算确定。

圆轴扭转的强度条件和刚度条件均能解决 3 类问题：（1）强度或刚度校核；（2）设计截面尺寸；（3）确定许用外力偶矩。

【例 7.4】 传动轴受力情况如图 7-10（a）所示。已知 $M_1=1500\ \text{kN}\cdot\text{m}$，$M_2=500\ \text{kN}\cdot\text{m}$，$M_3=1000\ \text{kN}\cdot\text{m}$，材料的许用切应力［$\tau$］=60 MPa，许用单位扭转角［$\theta$］=0.5°/m，材料的切变模量 $G=80$ GPa，试设计轴的直径。

解：（1）计算各段扭矩，画出扭矩图。

$$M_{nBC}=500\ \text{N}\cdot\text{m}$$

$$M_{nCD}=500-1500=-1000\ (\text{N}\cdot\text{m})$$

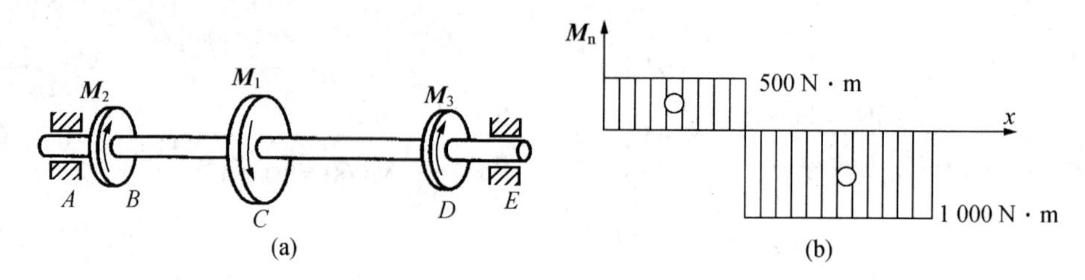

图 7-10　传动轴

根据计算结果，画出扭矩图如图 7-10（b）所示。

（2）按强度条件设计轴的直径。

$$\tau_{max}=\frac{M_{nmax}}{W_n}=\frac{1\,000\times10^3}{0.2d^3}\leqslant[\tau]=60$$

所以：

$$d\geqslant\sqrt[3]{\frac{1\,000\,000}{0.2\times60}}=43.7\ (\mathrm{mm})$$

（3）按刚度条件设计轴的直径。

$$\theta_{max}=\frac{M_n}{GI_\rho}\times\frac{180}{\pi}=\frac{1\,000\times180}{80\times10^9\times0.1d^4\pi}\leqslant0.5$$

$$d\geqslant\sqrt[4]{\frac{1\,000\times180}{80\times10^9\times0.1\pi\times0.5}}=0.062\ (\mathrm{m})=62\ (\mathrm{mm})$$

要使轴同时满足强度条件和刚度条件，取轴的直径 $d=62$ mm。

【例 7.5】 某机器减速箱中的一实心轴，直径 $D=45$ mm，材料的许用切应力 $[\tau]=60$ MPa，转速 $n=1\,200$ r/min，试求轴所传递的最大功率。

解：根据扭转强度条件，确定许用扭矩：

$$M_{nmax}\leqslant W_n[\tau]=\frac{\pi D^3}{16}[\tau]=\frac{\pi45^3}{16}\times60=1\,072\,997\ (\mathrm{N\cdot mm})\approx1\,073\ (\mathrm{N\cdot m})$$

由式（7-1）可得：

$$P=\frac{M\cdot n}{9\,550}=\frac{1\,073\times1\,200}{9\,550}=135\ (\mathrm{kW})$$

【例 7.6】 某空心传动轴，其外径 $D=90$ mm，壁厚 $t=2.5$ mm，轴材料为 45 号钢，其许用切应力 $[\tau]=60$ MPa，许用单位扭转角 $[\theta]=1°/\mathrm{m}$。传递的最大力偶矩 $M=1\,700$ N · m，材料的切变模量 $G=8\times10^4$ MPa。试校核空心轴的强度和刚度。若将空心轴变成实心轴时，按强度设计轴的直径，并比较两者的材料消耗。

解：（1）校核强度。

因传动轴所受外力偶矩 $M=1\,700$ N · m，故各截面上的扭矩相等，均为 $M_n=1\,700$ N · m，最大切应力为：

$$\tau_{max}=\frac{M_n}{W_n}=\frac{M_n}{0.2D^3(1-\alpha^4)}$$

其中：

$$\alpha=\frac{90-2\times2.5}{90}=0.944$$

所以：

$$\tau_{\max}=\frac{M_n}{0.2D^3\ (1-\alpha^4)}=\frac{1\,700\times10^3}{0.2\times90^3\times\ (1-0.944^4)}=56.6\ (\text{MPa})<\ [\tau]=60\ (\text{MPa})$$

可见，传动轴的强度足够。

（2）校核刚度。

$$\theta_{\max}=\frac{M_n}{GI_\rho}\times\frac{180}{\pi}=\frac{M_n\times180}{G\times0.1D^4\ (1-\alpha^4)\ \pi}$$

$$=\frac{1\,700\times180}{8\times10^4\times10^6\times0.1\times90^4\times10^{-12}\ (1-0.944^4)\times3.14}=0.902\ (°/\text{m})<[\theta]=1\ (°/\text{m})$$

可见，传动轴的刚度足够，故此轴安全可用。

（3）改为实心轴，按强度条件设计轴的直径 d_1。

$$\tau_{\max}=\frac{M_n}{W_n}\leqslant\ [\tau]=60$$

式中 $W_n=0.2d_1^3$，故：

$$\frac{1\,700\times10^3}{0.2d_1^3}\leqslant60$$

所以：

$$d_1\geqslant\sqrt[3]{\frac{1\,700\times10^3}{0.2\times60}}=52\ (\text{mm})$$

（4）比较两者材料消耗

$$\frac{A_{空}}{A_{实}}=\frac{\frac{\pi}{4}\ (D^2-d^2)}{\frac{\pi}{4}d_1^2}=\frac{D^2-d^2}{d_1^2}=\frac{90^2-85^2}{52^2}=0.32$$

该比值说明空心轴材料消耗量仅为实心轴的32%，可节约材料2/3。因空心轴材料分布离轴线较远，故相同界面的极惯性矩较大，所以空心轴是比较经济的。在工程实际中，以钢管代替实心轴，不仅节约材料，还可以减轻机器自重。但应注意，当采用焊接管做抗扭构件时，必须保证焊缝的质量。

本章小结

1. 外力：

$$M=9\,550\,\frac{P}{n}$$

2. 内力：

圆轴扭转变形时，截面上的内力为一力偶，其力偶矩称为扭矩，用 M_n 表示。截面上的扭矩等于该截面一侧（左或右）轴上所有外力偶矩的代数和。扭矩的正负，按右手螺旋法则确定。

3. 应力：

圆轴扭转时，横截面上的切应力垂直半径；在同一半径的圆周上各点的切应力相等；轴心上的切应力为零；周边处的切应力最大。

（1）截面上任意点的切应力为：

$$\tau_\rho = \frac{M_n}{I_\rho}\rho$$

（2）截面上的最大切应力为：

$$\tau_{max} = \frac{M_n}{W_n}$$

式中，I_ρ 为横截面对圆心 O 点的极惯性矩，单位为 m^4 或 mm^4；W_n 为抗扭截面系数，单位为 m^3 或 mm^3。

实心圆截面：

$$I_\rho = \frac{\pi d^4}{32} \approx 0.1d^4$$

$$W_n = \frac{\pi d^3}{16} \approx 0.2d^3$$

空心圆截面：

$$I_\rho = \frac{\pi D^4}{32}(1-\alpha^4) \approx 0.1D^4(1-\alpha^4)\text{（其中 }\alpha = \frac{d}{D}\text{）}$$

$$W_n = \frac{\pi D^3}{16}(1-\alpha^4) \approx 0.2D^3(1-\alpha^4)$$

4. 扭转时的变形：

相对扭转角

$$\varphi = \frac{M_n L}{GI_p}$$

单位扭转角

$$\theta_{max} = \frac{\varphi}{L} = \frac{M_{nmax}}{GI_p}$$

5. 圆轴扭转时的强度条件和刚度条件：

$$\tau_{max} = \frac{M_{nmax}}{W_n} \leqslant [\tau] \qquad \theta_{max} = \frac{\varphi}{L} = \frac{M_{nmax}}{GI_p} \cdot \frac{180}{\pi} \leqslant [\theta]$$

思　考　题

1. 杆件在什么情况下发生扭转变形？试举例说明。
2. 在减速箱中，高速轴直径大还是低速轴直径大？为什么？
3. 若将圆轴的直径增大一倍，其他条件不变，则τ_{max}和 φ_{max}各有何变化？
4. 在强度条件相同的情况下，空心轴为什么比实心轴省料？
5. 试分析思考题图 7-1 中所示的扭转切应力分布是否正确？为什么？

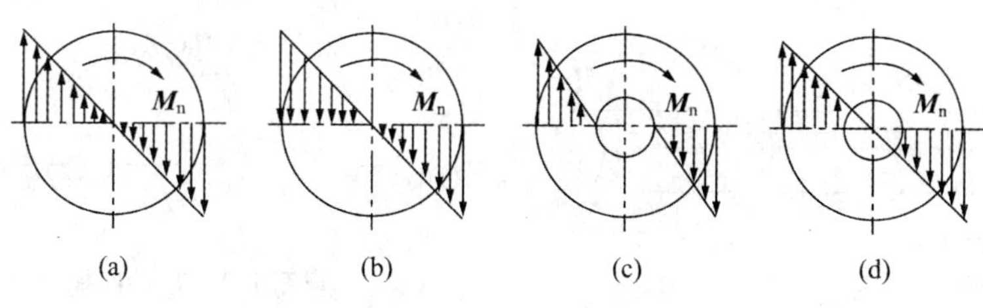

思考题图 7-1 扭转切应力

6. 若直径 d 和长度 l 均相同而材料不同的两根轴，在相同的扭矩 M_n 作用下，它们的最大切应力是否相同？扭转角是否相同？为什么？

7. 如思考题图 7-2 所示两个传动轴中，哪一种轮的布置对提高轴的承载能力有利？

8. 如思考题图 7-3 所示空心轴的极惯性矩和抗扭截面模量是否可按下式计算？为什么？

$$I_\rho = I_{\rho外} - I_{\rho内} = \frac{\pi D^4}{32} - \frac{\pi d^4}{32}$$

$$W_n = W_{n外} - W_{n内} = \frac{\pi D^3}{16} - \frac{\pi d^3}{16}$$

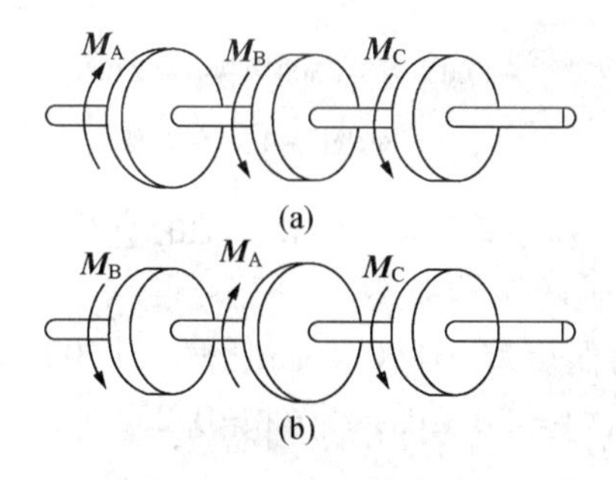

思考题图 7-2 两个传动轴

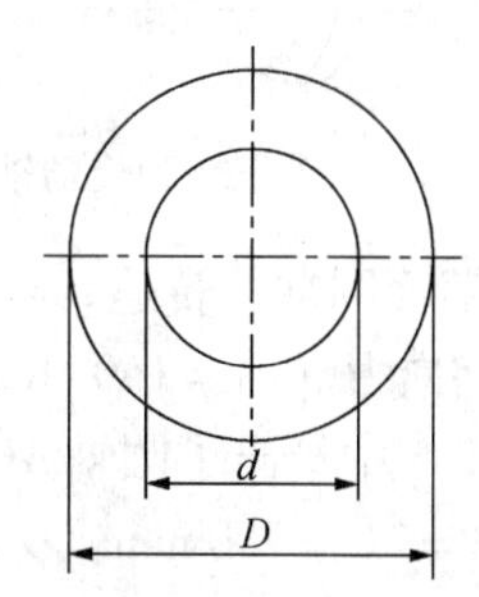

思考题图 7-3 空心轴

习 题

1. 如题图 7-1 所示的圆轴上作用 4 个外力偶，其矩为 $M_1 = 1\,200\ \text{N}\cdot\text{m}$，$M_2 = 700\ \text{N}\cdot\text{m}$，$M_3 = 800\ \text{N}\cdot\text{m}$，$M_4 = 200\ \text{N}\cdot\text{m}$。

（1）求指定截面上的扭矩。

（2）绘轴的扭矩图。

2. 题图 7-2 的传动轴转速 $n = 300\ \text{r/min}$，主动轮输入功率 $P_B = 10\ \text{kW}$，从动轮 A、C、D 分别输出功率 $P_A = 5\ \text{kW}$、$P_C = 3\ \text{kW}$、$P_D = 2\ \text{kW}$，试画该轴的扭矩图。若将 A、B 对调，扭矩图如何？

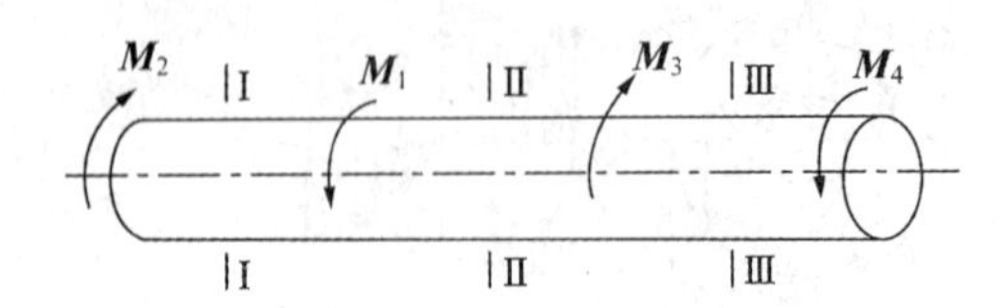

题图 7-1　圆轴受力偶作用图

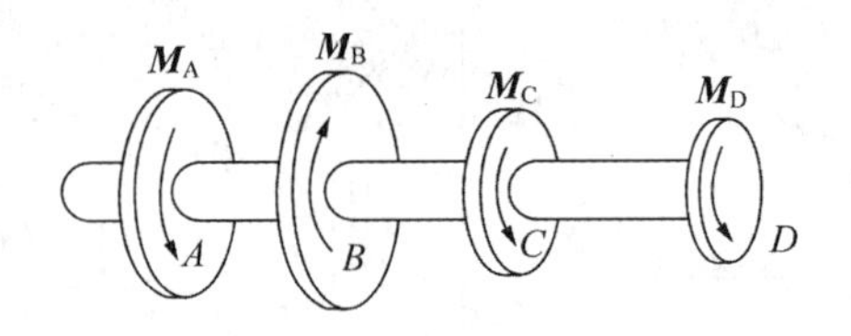

题图 7-2　带动四轮的传动轴

3. 传动轴如题图 7-3 所示，已知轴的直径 $d=50\,\text{mm}$，$M_1=1.5\,\text{kN}\cdot\text{m}$，$M_2=1\,\text{kN}\cdot\text{m}$，$M_3=0.5\,\text{kN}\cdot\text{m}$，试计算：（1）轴上I-I和II-II截面上的最大切应力；（2）截面I-I上半径为20 mm圆周处的切应力。从强度观点看 3 个轮子如何布置比较合理？为什么？

4. 传动轴如题图 7-4 所示，已知轴的直径 $d=75\,\text{mm}$，力偶矩 $M_1=1\,100\,\text{N}\cdot\text{m}$，$M_2=700\,\text{N}\cdot\text{m}$，$M_3=300\,\text{N}\cdot\text{m}$，$M_4=100\,\text{N}\cdot\text{m}$。轴材料的切变模量 $G=80\,\text{GPa}$。（1）绘轴的扭矩图；（2）求各段内的最大切应力；（3）求 B、C 两截面的相对扭转。

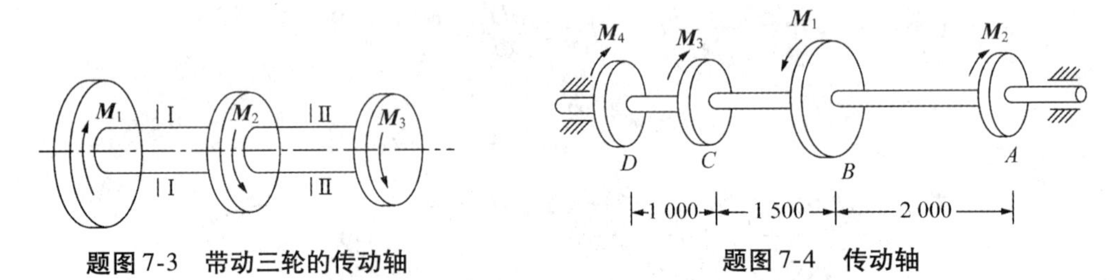

题图 7-3　带动三轮的传动轴

题图 7-4　传动轴

5. 一等截面圆轴，转速 $n=320\,\text{r/min}$，传递功率 $P=7.5\,\text{kW}$，轴的直径 $d=50\,\text{mm}$，轴材料的许用切应力 $[\tau]=140\,\text{MPa}$，试校核该轴的扭转强度。

6. 题图 7-5 中给出了圆轴 AB 所受的外力偶矩 $M_1=800\,\text{N}\cdot\text{m}$，$M_2=1\,200\,\text{N}\cdot\text{m}$，$M_3=400\,\text{N}\cdot\text{m}$，$l_2=2l_1=700\,\text{mm}$，$G=80\,\text{GPa}$，$[\tau]=50\,\text{MPa}$，$[\theta]=0.25°/\text{m}$。试设计轴的直径。

7. 圆轴的直径 $d=50\,\text{mm}$，转速 $n=200\,\text{r/min}$，轴材料的许用切应力 $[\tau]=70\,\text{MPa}$，试按强度条件求该轴所传递的功率。

8. 题图 7-6 所示阶梯轴 ABC，BC 为实心轴，直径 $d_1=100\,\text{mm}$，AE 为空心轴，外径 $D=141\,\text{mm}$，$d=100\,\text{mm}$，轴上装有 3 个带轮，已知作用在 3 个带轮上的外力偶矩分别为 $M_A=18\,\text{kN}\cdot\text{m}$，$M_B=32\,\text{kN}\cdot\text{m}$，$M_C=14\,\text{kN}\cdot\text{m}$。材料的剪切弹性模量 $G=80\,\text{GPa}$，许用切应力 $[\tau]=80\,\text{MPa}$，单位扭转角 $[\theta]=1.2\,°/\text{m}$，校核轴的强度和刚度。

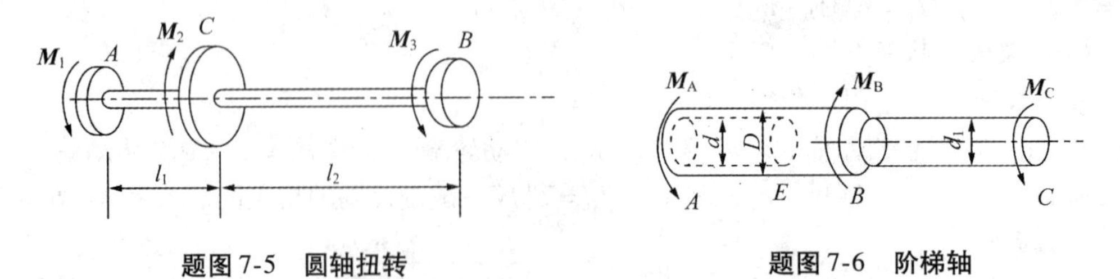

题图 7-5　圆轴扭转

题图 7-6　阶梯轴

9. 等截面轴如题图 7-7 所示，轴上装有 3 个带轮，若已知输入功率 $P_A=15\,\text{kW}$，输出功率 $P_B=7.5\,\text{kW}$，$P_C=7.5\,\text{kW}$，轴的转速 $n=900\,\text{r/min}$；许用切应力 $[\tau]=40\,\text{MPa}$，剪切

弹性模量 $G=80$ GPa，单位长度扭转角 $[\theta]=0.3\,°/\mathrm{m}$，试设计轴的直径。

10. 如题图 7-8 所示实心轴通过牙嵌离合器把功率传递给空心轴。已知轴的转速 $n=100$ r/min，传递的功率 $P=7.5$ kW，内径与外径之比为 0.5，许用切应力 $[\tau]=40$ MPa，试计算实心轴的直径 d 和空心轴的外径 d_2。

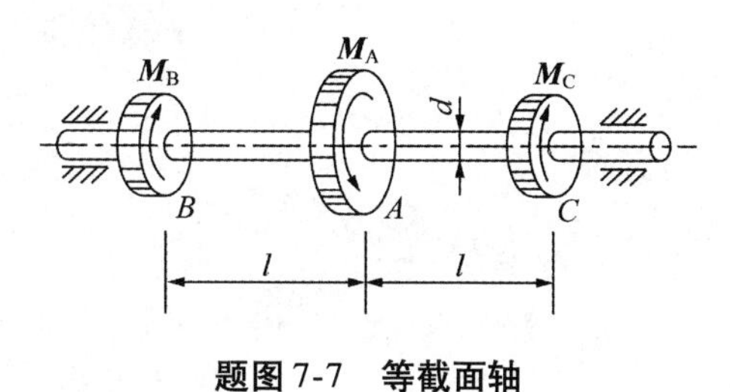

题图 7-7　等截面轴

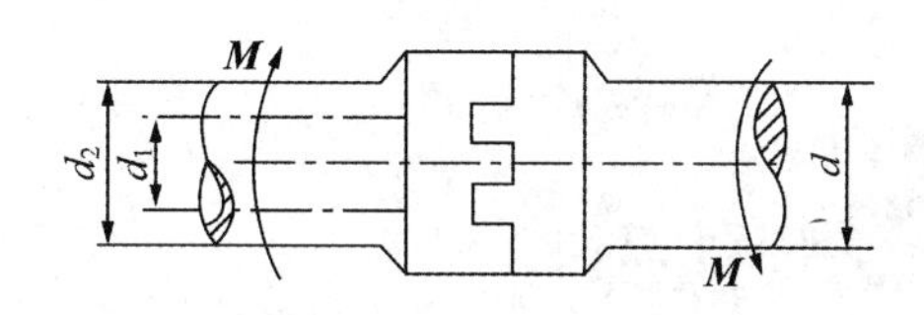

题图 7-8　牙嵌式离合器

第8章　直梁弯曲

- 平面弯曲、剪力和弯矩的基本概念。
- 截面法求梁的弯曲内力，列出剪力方程和弯矩方程并绘制剪力图和弯矩图。
- 利用载荷集度、剪力和弯矩间的特征绘制剪力图和弯矩图。
- 梁纯弯曲时的正应力公式。
- 弯曲正应力的强度计算。
- 提高梁承载能力的措施。
- 梁的变形及刚度计算。

8.1　概　　述

8.1.1　平面弯曲

在工程中经常会遇到这样一类构件，它们所承受的荷载的作用线垂直于杆件轴线，或者是通过杆轴平面内的外力偶，如图8-1所示。在这些外力的作用下，杆件的相邻横截面要发生相对的转动，杆件的轴线将弯成曲线，这种形式的变形称为弯曲变形。若所有外力都作用在梁的纵向对称面内，如图8-2所示，由对称性知道，梁变形后轴线形成的曲线也在该平面内，这样的弯曲称为平面弯曲。凡是以弯曲变形为主要变形的杆件，通常称为梁。轴线是直线的称为直梁，轴线是曲线的称为曲梁。本章仅讨论直梁的平面弯曲问题。

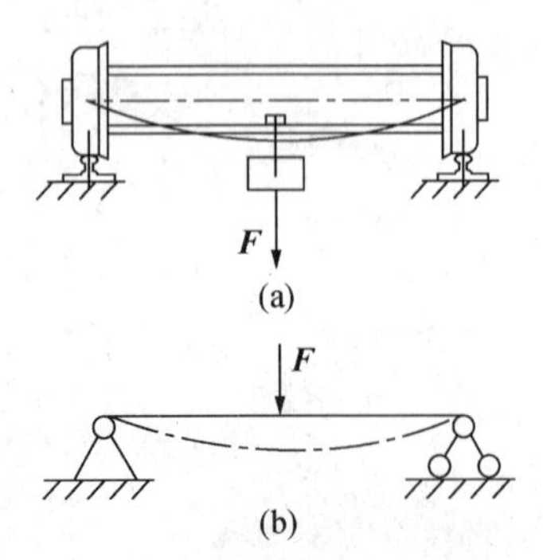

图8-1　工程中常用的梁

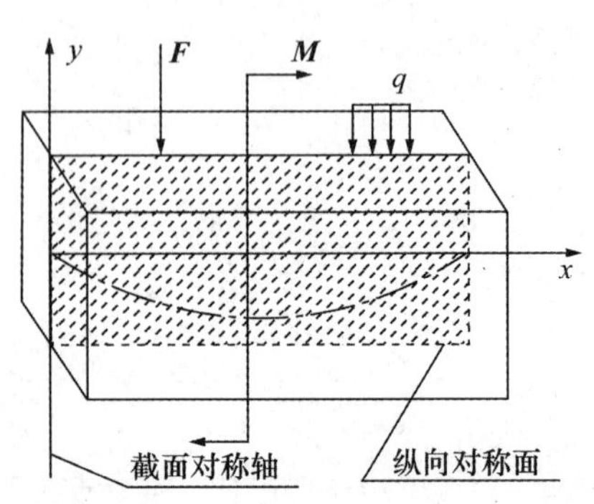

图8-2　梁的平面弯曲

8.1.2　梁的类型

由于所研究的主要是等截面的直梁，且外力为作用在梁纵向对称面内的平面力系，因此，在梁的计算简图中以梁的轴线来表示。根据约束情况的不同，静定梁可分为以下 3 种常见形式。

（1）简支梁：梁的一端为固定铰支座，另一端为可动铰支座，如图 8-3（a）所示。

（2）外伸梁：简支梁的一端或两端伸出支座之外，如图 8-3（b）所示。

（3）悬臂梁：梁的一端为固定，另一端为自由，如图 8-3（c）所示。

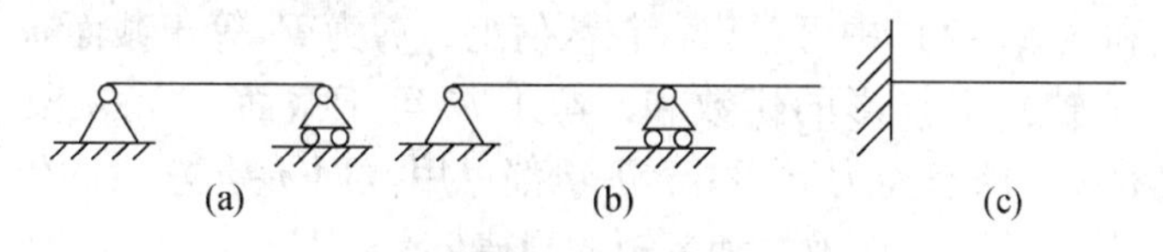

图 8-3　梁的类型

8.1.3　载荷的分类

作用在梁上的载荷通常可以简化为以下 3 种类型。

1. 集中荷载

当载荷的作用范围和梁的长度相比很小时，可以简化为作用于一点的力，称为集中荷载或集中力。如图 8-1 所示的力 $\boldsymbol{F}$。

2. 集中力偶

当梁的某一小段内（其长度远远小于梁的长度）受到力偶的作用，可简化为作用在某一截面上的力偶，称为集中力偶。如图 8-2 所示，对称面内受到矩为 M 的集中力偶的作用。

3. 分布载荷

梁的全长或部分长度上连续分布的载荷，如梁的自重、水坝受水的侧向压力等，均可视为分布载荷。分布载荷的大小用载荷集度 q 表示。沿梁的长度均匀分布的载荷，称为均布载荷，其均布集度 q 为常数。

8.2　梁的内力计算

为了对梁进行强度和刚度计算，必须首先确定梁在荷载作用下任一横截面上的内力。弯曲梁指定截面的内力可采用截面法求解。

如图 8-4（a）所示的简支梁，其两端的支座反力 $\boldsymbol{F}_{Ay}$、$\boldsymbol{F}_{By}$ 可由梁的静力平衡方程求得。用假想截面将梁分为两部分，并以左段为研究对象，如图 8-4（b）所示。由于原来的梁处于平衡状态，所以梁的左段仍应处于平衡状态。由图 8-4（b）可见，为使左段梁平衡，在截面 m-m 上必然存在一个沿截面方向的内力。由平衡方程 $\sum \boldsymbol{F}_y = 0$，$\boldsymbol{F}_{Ay}$ −

$F_1 - F_s = 0$ 得：

$$F_s = F_{Ay} - F_1 \tag{8-1}$$

F_s 称为截面 m-m 上的**剪力（或切力）**。它是与截面相切的分布内力系的合力。

若把左段上的所有外力和内力对 A 端取矩，则力矩总和应等于零。这要求在截面 m-m 上有一个内力偶矩 M，由 $\sum M_A = 0$，$M - F_1 a - F_{Ay}x = 0$ 得：

$$M = F_1 a + F_{Ay}x \tag{8-2}$$

M 称为截面 m-m 上的弯矩。它是与截面垂直的分布内力系的合力偶矩。剪力和弯矩同为梁截面上的内力。

从式（8-1）和式（8-2）中可看出，在数值上，剪力 F_s 等于截面 m-m 左段所有外力在梁轴线的垂线（y 轴）上投影的代数和；弯矩 M 等于截面 m-m 左段所有外力对左端（A 端）的力矩代数和。所有剪力 F_s 和弯矩 M 都可用截面 m-m 左段的外力来计算。这也是应用截面法计算某一截面上的剪力和弯矩的规律。

如果取右段梁为研究对象，如图 8-4（c）所示，用同样的方法可求得截面 m-m 上的剪力 F_s 和弯矩 M。因为剪力和弯矩是左段和右段在截面 m-m 上相互作用的内力，根据作用与反作用定律，取左段梁和取右段梁作为研究对象求得的剪刀力 F_s 和弯矩 M 虽然大小相等但方向相反。为了使无论取左段梁还是取右段梁得到的同一横截面上的剪力 F_s 和弯矩 M 不仅大小相等，而且正负号一致，可在截面 m-m 处从梁中取出微段，根据变形来规定剪力 F_s、弯矩 M 的正负号，如图 8-5 所示。

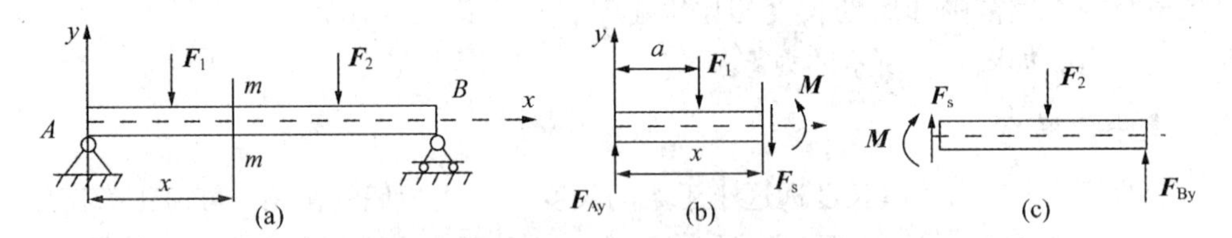

图 8-4 简支梁

剪力正负号：梁截面上的剪力对所取梁段内任一点的矩为顺时针方向转动时为正；反之为负，如图 8-5（a）所示。

弯矩正负号：梁截面上的弯矩使梁段产生上部受压、下部受拉时为正；反之为负，如图 8-5（b）所示。

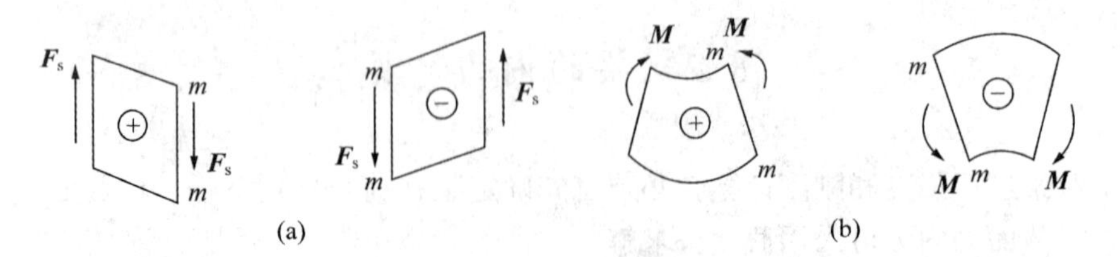

图 8-5 梁内力方向

【例 8.1】 简支梁如图 8-6（a）所示。求横截面 D 上的剪力和弯矩。

解法一：（1）求支座反力。

由梁的平衡方程求得支座 A、B 处的反力为：

$$\boldsymbol{F}_{Ay}=\frac{b}{l}\boldsymbol{F}$$

$$\boldsymbol{F}_{By}=\frac{a}{l}\boldsymbol{F}$$

（2）求横截面 D 上的剪力和弯矩。

假想地沿截面 D 把梁截成两段，取左段为研究对象，并设截面上的剪力 $\boldsymbol{F}_{sD}$ 和弯矩 M_D 均为正，如图8-6（b）所示。

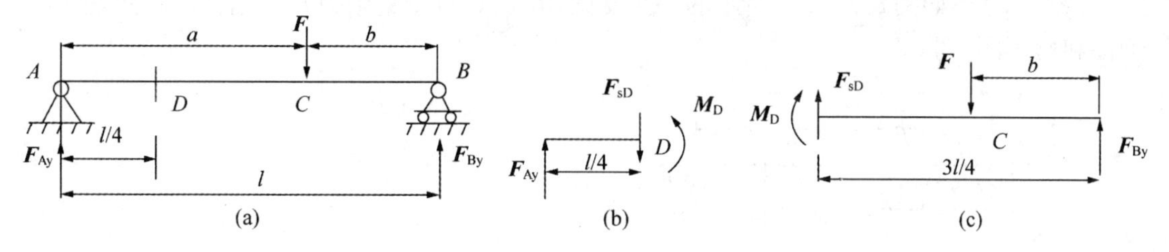

图8-6　简支梁

由平衡方程：$\sum \boldsymbol{F}_y=0$，$\boldsymbol{F}_{Ay}-\boldsymbol{F}_{sD}=0$ 得：

$$\boldsymbol{F}_{Ay}=\boldsymbol{F}_{sD}$$

又由 $\sum M_D=0$，$M_D-\boldsymbol{F}_{sD}\frac{l}{4}=0$ 得：

$$M_D=\boldsymbol{F}_{sD}\frac{l}{4}=\frac{b}{4}\boldsymbol{F}$$

可以验证，无论取截面 D 的左段还是右段计算，结果都是一样的。

解法二： 利用规律，可以直接根据横截面左边或右边梁上的外力来求该截面上的剪力和弯矩，而不必列出平衡方程。请自行写出结果。

8.3　剪力图和弯矩图

8.3.1　剪力方程和弯矩方程

在一般情况下，梁横截面上的剪力和弯矩随横截面的位置而变化。若沿梁的轴线建立 x 轴，以坐标 x 表示梁的横截面的位置，则梁横截面上的剪力和弯矩都可表示为坐标 x 的函数，即：

$$\left.\begin{aligned}\boldsymbol{F}_s&=\boldsymbol{F}_s(x)\\ M&=M(x)\end{aligned}\right\}\tag{8-3}$$

通常把以上两个函数表达式分别称为梁的剪力方程和弯矩方程。在写这两个方程时，一般是以梁的左端为 x 坐标的原点，有时为了方便，也可以把坐标原点取在梁的右端。

8.3.2 剪力图和弯矩图

为了直观地表明剪力和弯矩沿梁轴线的变化情况，常用剪力图和弯矩图来表示梁各横截面上的剪力和弯矩沿梁轴线的变化情况。用与梁轴线平行的 x 轴表示横截面的位置，以横截面上的剪力值或弯矩值为纵坐标，按适当的比例绘出剪力方程和弯矩方程的图线，这种图线称为剪力图或弯矩图。绘图时，将正剪力绘在 x 轴上方，负剪力绘在 x 轴下方，并标明正负号；正弯矩绘在 x 轴上方，负弯矩绘在 x 轴下方。

【例 8.2】 如图 8-7（a）所示的一简支梁 AB 在 C 点受集中力 $\boldsymbol{P}$ 作用，画出此梁的剪力图和弯矩图。

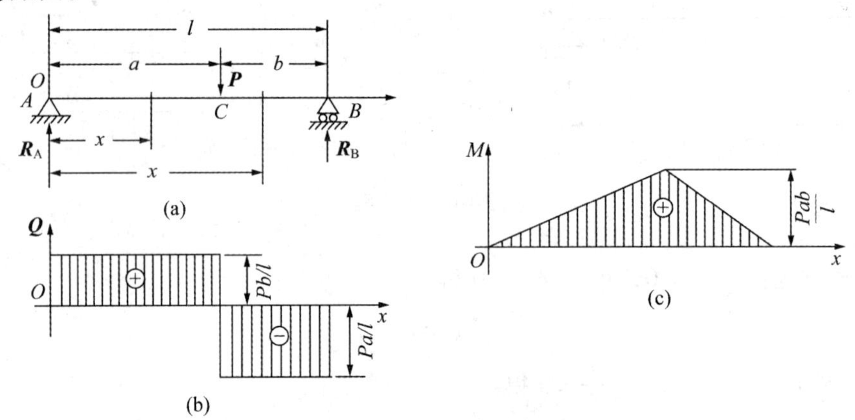

图 8-7 受集中力作用的简支梁

解：（1）求支座反力。

以整个梁为研究对象，由平衡方程 $\begin{cases}\sum \boldsymbol{F}_y = 0\\ \sum M_A(\boldsymbol{F}) = 0\end{cases}$ 求得：

$$\boldsymbol{R}_A = \frac{Pb}{l} \qquad \boldsymbol{R}_B = \frac{Pa}{l}$$

（2）列剪力方程和弯矩方程。

因 A、C、B 处受集中力作用，故共有 3 个界点，即 A、C、B 三点。因此可将梁分为两段（AC 和 CB）列出剪力方程和弯矩方程。

AC 段：距 A 端 x 处任取一横截面，取左侧为研究对象，剪力方程和弯矩方程分别为：

$$\boldsymbol{F}_{s1} = \boldsymbol{R}_A = Pb/l \qquad (0 < x < a) \qquad ①$$

$$M_1 = \boldsymbol{R}_A x = Pbx/l \qquad (0 \leqslant x \leqslant a) \qquad ②$$

CB 段：在 CB 段内距 A 端 x 处取横截面，取右侧为研究对象，列出该段的剪力方程和弯矩方程：

$$\boldsymbol{F}_{s2} = -\boldsymbol{R}_B = -Pa/l \qquad (a < x < l) \qquad ③$$

$$M_2 = \boldsymbol{R}_B(l - x) = \frac{Pa(l - x)}{l} \qquad (a \leqslant x \leqslant l) \qquad ④$$

（3）按方程分段绘图。

由式①和式③可知，AC 段和 CB 段剪力均为常数，所以剪力图是平行于 x 轴的直线。

AC 段的剪力为正，画在 *x* 轴之上；*CB* 段剪力为负，画在 *x* 轴之下，如图8-7（b）所示。

由式②和式④可知，弯矩都是 *x* 的一次方程，所以弯矩图是两段倾斜直线。根据式②和式④确定界点处的弯矩值：

$$x_1=0,\ M_1=0;\ x_1=a,\ M_1=\frac{Pab}{l};\ x_2=l,\ M_2=0$$

由这三点分别绘出 AC 段和 CB 段的弯矩图，如图8-7（c）所示。

（4）讨论。

由剪力图，即图8-7（b），可以看出，当 $x=a$ 时，剪力图上有两个值，即 Pb/l 和 $-Pa/l$，此种情况称为剪力突变。可理解为当截面从左向右无限趋近截面 *C* 时，即在 *C* 点左侧时，剪力为 Pb/l，一旦越过截面 *C*，即在 *C* 点右侧时，则剪力变为 $-Pa/l$。图8-7（b）中集中力作用点 *A*、*B*、*C* 都是突变点。

由弯矩图8-7（c）可知，集中力 $\boldsymbol{P}$ 作用点 *C*，弯矩图发生转折，且该截面上的弯矩值最大为 Pab/l。

分析此例，可得出如下规律。

（1）集中力作用时，两力之间的剪力图为一平行于梁轴的直线；集中力作用点处，剪力发生突变，突变方向与外力方向相同，突变幅度等于外力大小。

（2）剪力图为直线时，其对应区间的弯矩图为一倾斜直线，斜线的斜率等于对应的剪力图的值。剪力图为 *x* 轴的上平行线时，弯矩图向上倾斜；弯矩图为 *x* 轴的下平行线时，弯矩图向下倾斜。

【例8.3】　如图8-8（a）所示的一简支梁，受集中力偶 $\boldsymbol{m}$ 作用，试绘此梁的剪力图和弯矩图。

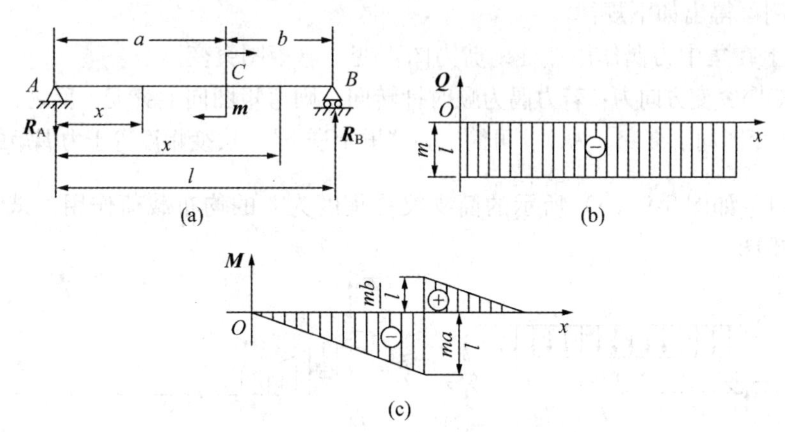

图8-8　受集中力偶作用的简支梁

解：（1）求支座反力。

由平衡方程：

$$\sum M_A(\boldsymbol{F})=0$$

$$\sum M_B(\boldsymbol{F})=0$$

可求得：

$$\boldsymbol{R}_A=\boldsymbol{R}_B=m/l$$

（2）分段列出剪力方程和弯矩方程。

本题中有3个界点，将梁分为 AC 和 CB 两段，分别在两段内取截面，列出各段的剪力和弯矩方程。

AC 段：

$$\boldsymbol{F}_{s1}=-\boldsymbol{R}_A=-m/l \qquad (0<x\leqslant a) \qquad ①$$

$$M_1=-\boldsymbol{R}_A x=-\frac{m}{l}x \qquad (0\leqslant x<a) \qquad ②$$

CB 段：

$$\boldsymbol{F}_{s2}=-\boldsymbol{R}_B=-m/l \qquad (a\leqslant x<l) \qquad ③$$

$$M_2=\boldsymbol{R}_B(l-x)=\frac{m}{l}(l-x) \qquad (a<x\leqslant l) \qquad ④$$

（3）按方程分段绘图。

式①和式③表明剪力图为一直线，如图8-8（b）所示。

由式②得：

$$x=0,\ M_1=0;\ x=a,\ M_1=-ma/l$$

根据这两点作 AC 段的弯矩图，如图8-8（c）所示。

由式④得：

$$x=a,\ M_2=mb/l;\ x=l,\ M_2=0$$

根据这两点作 CB 段弯矩图，如图8-8（c）所示。

分析此例可得出如下规律。

（1）梁上在集中力偶作用点处，剪力图不变，弯矩图突变。

（2）弯矩图突变方向为：若力偶为顺时针转向，则弯矩图向上突变；反之，力偶逆时针转向时，则弯矩图向下突变。为此，可简记为“顺上逆下”。突变幅度等于力偶矩的大小。

【例8.4】 如图8-9（a）所示的简支梁受集度为 q 的均布载荷作用，试绘出此梁的剪力图和弯矩图。

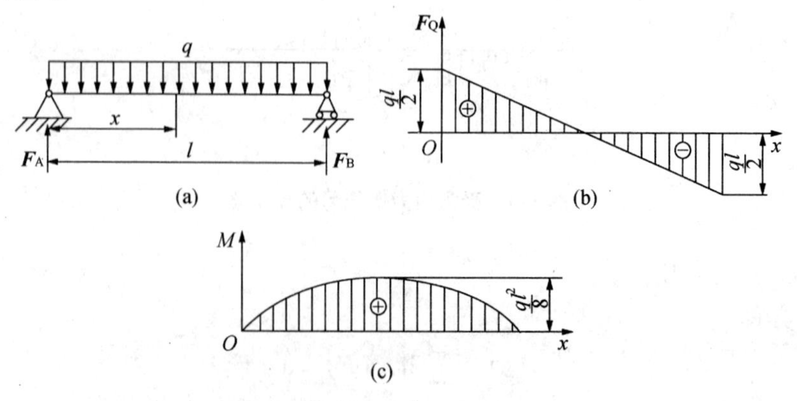

图8-9 受均布载荷作用的简支梁

解：(1) 求支座反力。

由于 q 是单位长度上的载荷，所以梁上的总载荷为 ql；又因梁左右对称，可知两个支座反力相等，即：

$$\boldsymbol{R}_A = \boldsymbol{R}_B = ql/2$$

(2) 列剪力方程和弯矩方程。

本题中有两个界点，故将梁分为一段，距梁左端为 x 的任意截面上的剪力和弯矩方程分别为：

$$\boldsymbol{F}_s = \boldsymbol{R}_A - qx = \frac{ql}{2} - qx \qquad (0 < x < l) \qquad ①$$

$$M = \boldsymbol{R}_A x - \frac{qx^2}{2} = \frac{qlx}{2} - \frac{qx^2}{2} \qquad (0 \leqslant x \leqslant l) \qquad ②$$

(3) 按方程分段绘图。

式①表明剪力图为斜直线，且：

$$x = 0,\ \boldsymbol{F}_s = ql/2;\ x = l,\ \boldsymbol{F}_s = -ql/2$$

得两点的剪力值，绘出剪力图，如图 8-9 (b) 所示。

式②表明弯矩图为二次抛物线，选取几个点（参见表 8-1），即可作出弯矩图，如图 8-9 (c) 所示。

表 8-1　弯矩图选点值

x	M
0	0
$l/4$	$3ql^2/32$
$l/2$	$ql^2/8$
$3l/4$	$3ql^2/32$
l	0

分析此例即可得出下列规律。

(1) 梁上有均布载荷作用时，其对应区间的剪力图为直线，均布载荷向下时，直线由左上向右下倾斜（\），斜线的斜率等于均布载荷的载荷集度 q。

(2) 剪力图为斜线时，对应的弯矩图为抛物线，剪力图下斜（\），弯矩图上弯（⌒），反之则相反。

(3) 剪力图 $\boldsymbol{F}_s = 0$ 点的弯矩值最大。抛物线部分的最大值等于抛物线起点至最大值点对应的剪力图形的面积。

总结以上实例及绘制剪力图、弯矩图的规律，可归纳绘制剪力图、弯矩图的步骤如下。

(1) 画受力图，求约束反力。

(2) 分段列剪力方程及弯矩方程（在集中力、集中力偶及均布载荷不连续处分段）。

(3) 分段绘制弯矩图。

如果用载荷、剪力、弯矩在图中的特征绘制剪力图、弯矩图，则步骤如下。

(1) 画受力图，求约束反力。

(2) 分段绘制剪力图。

(3) 分段绘制弯矩图。

绘制剪力图、弯矩图时，载荷、剪力、弯矩在图中的特征参见表 8-2。

表 8-2　在几种荷载下剪力图与弯矩图的特征

	向下的均布荷载	无荷载	集中力	集中力偶
一段梁上的外力	q		P C	M C
剪力图上的特征	向下方倾斜的直线 ⊕ 或 ⊖	水平直线，一般为 ⊕ 或 ⊖	在 C 处有突变 C P	在 C 处无变化 C
弯矩图上的特征	上凸的二次抛物线	一般为斜直线 或	在 C 处有尖角 或	在 C 处有突变 C M
最大弯矩所在截面的可能位置	在 $V=0$ 的截面	—	在剪力变号的截面	在紧靠 C 点的某一侧的截面
剪力图上剪力值的变化	右端的剪力为原值减去本段载荷图的面积	无变化	向下突变 **P** 值	无变化
弯矩图上弯矩值的变化	右端的弯矩为原值加减剪力图的面积	右端的弯矩为原值加减剪力图的面积	有转折点	有突变。逆时针时向下突变，顺时针时向上突变

8.3.3　利用特征绘制剪力图和弯矩图

前面总结了集中力、集中力偶和均布载荷作用时剪力图和弯矩图的作图规律，下面根据这些规律快速而准确地作出梁的剪力图和弯矩图。

【例 8.5】　如图 8-10（a）所示的简支梁受集中力 $\boldsymbol{P}_1=3\text{ kN}$，$\boldsymbol{P}_2=1\text{ kN}$ 的作用。已知约束反力 $\boldsymbol{R}_\text{A}=2.5\text{ kN}$，$\boldsymbol{R}_\text{B}=1.5\text{ kN}$，其他尺寸如图所示。试绘出该梁的剪力图和弯矩图。

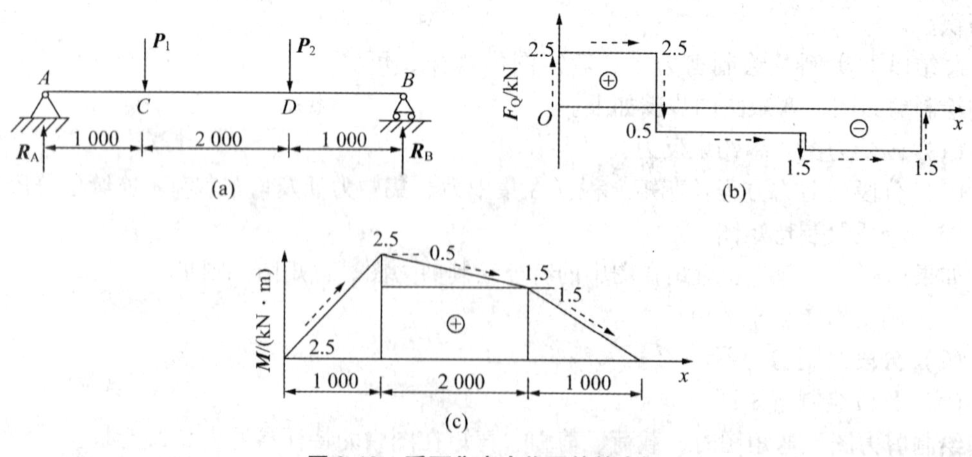

图 8-10　受两集中力作用的简支梁

解：（1）绘剪力图。

剪力图从零开始，一般自左向右，逐段画出。根据规律可知，因 A 点有集中力 $\boldsymbol{R}_{\mathrm{A}}$，故在 A 点剪力图突变，由零向上突变 2.5 kN，从 A 点右侧到 C 点左侧，两点之间无力作用，故剪力图为平行于 x 轴的直线。因 C 点有集中力 $\boldsymbol{P}_1$，故在 C 点剪力图由 2.5 kN 向下突变 3 kN，C 点左侧的剪力值为 2.5 kN，C 点右侧的剪力值为 −0.5 kN。同样的道理，以此类推，可完成其剪力图，如图 8-10（b）所示。需要说明的是，剪力图最后应回到零。图中虚线箭头只表示画图走向和突变方向。

（2）绘弯矩图。

弯矩图也是从零开始，自左向右，逐段画出。A 点因无力偶作用，故无突变。因 AC 段剪力图为 x 轴的上平行线，故其弯矩图为一条从零开始的上斜线，其斜率为 2.5［图 8-10（c）中斜率仅为绘图方便而标注］，C 点的弯矩值为 $2.5\times1=2.5\ \mathrm{kN\cdot m}$。$CD$ 段的弯矩图为一条从 2.5 kN · m 开始的下斜线，斜率为 0.5，故 D 点的弯矩值为 $2.5-0.5\times2=1.5$（kN · m）。同样的道理可画出 DB 段弯矩图，最后回到零，如图 8-10（c）所示。

【例 8.6】 外伸梁受力如图 8-11（a）所示，$\boldsymbol{M}=4\ \mathrm{kN\cdot m}$，$\boldsymbol{P}=10\ \mathrm{kN}$，$\boldsymbol{R}_{\mathrm{A}}=-6\ \mathrm{kN}$，$\boldsymbol{R}_{\mathrm{B}}=16\ \mathrm{kN}$，其他尺寸如图所示。试绘出梁的剪力图和弯矩图。

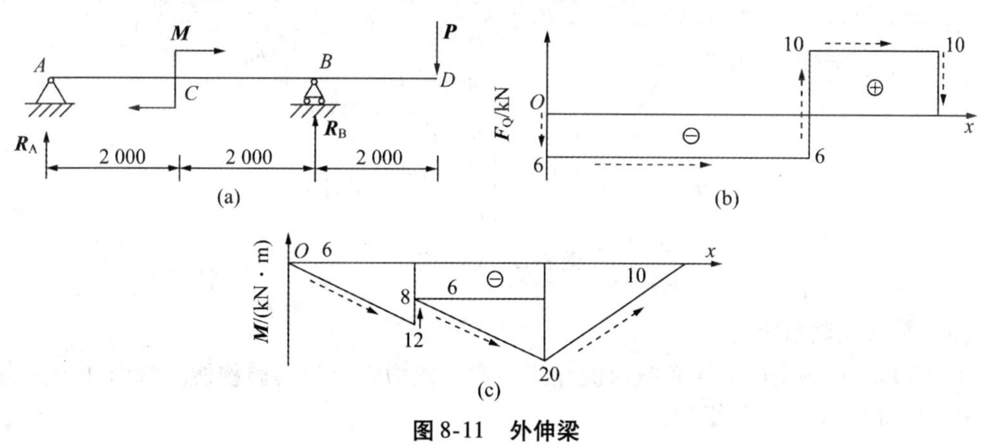

图 8-11　外伸梁

解：（1）绘剪力图。

根据规律画剪力图时可不考虑力偶的影响。因此，绘其剪力图时，从 A 点零开始，向下突变 6，从 6 开始画 x 轴平行线至 B 点；再向上突变 16，再画 x 轴平行线；最后在 D 点向下突变 10 而回到零，如图 8-11（b）所示。

（2）绘弯矩图。

从 A 点零开始，画斜率为 6 的下斜线至 C 点，因 C 点有力偶作用，故弯矩图有突变，根据“顺上逆下”，故弯矩向上突变 4，再画斜率为 6 的下斜线至 B 点，在 B 点转折，作斜率为 10 的上斜线至 D 点而回到零，如图 8-11（c）所示。

【例 8.7】 绘制图 8-12（a）所示简支梁的剪力图和弯矩图。

解：（1）利用整体的平衡条件求约束反力。

$$\boldsymbol{F}_{\mathrm{A}}=16\ \mathrm{kN},\ \boldsymbol{F}_{\mathrm{B}}=24\ \mathrm{kN}$$

（2）分段绘制剪力图。

梁上的外力将梁分成 AC、CD、DE 和 EB 四段。

① AC 段：该段内，剪力图为向右倾的斜直线在支座反力 $\boldsymbol{F}_A$ 作用的截面 A 上，剪力图向上突变，突变值等于 $\boldsymbol{F}_A = 16\ \text{kN}$；截面 C 上的剪力为 $\boldsymbol{F}_{sC} = \boldsymbol{F}_A - 10\times2 = -4$ (kN)，由几何关系得到剪力为零的截面 G 的位置 $x = 1.6\ \text{m}$。

② CD 段：CD 段上无载荷作用，剪力图为水平线。

③ DE 段：截面 E 受向下的集中力作用，剪力图向下突变，突变值等于集中力的大小 20 kN。

④ EB 段：EB 段上无载荷作用，剪力图为水平线。截面 B 上受支座反力 $\boldsymbol{F}_B$ 作用，剪力图向上突变。突变值等于 $\boldsymbol{F}_B$ 的大小 24 kN。

全梁的剪力图如图 8-12（b）所示。

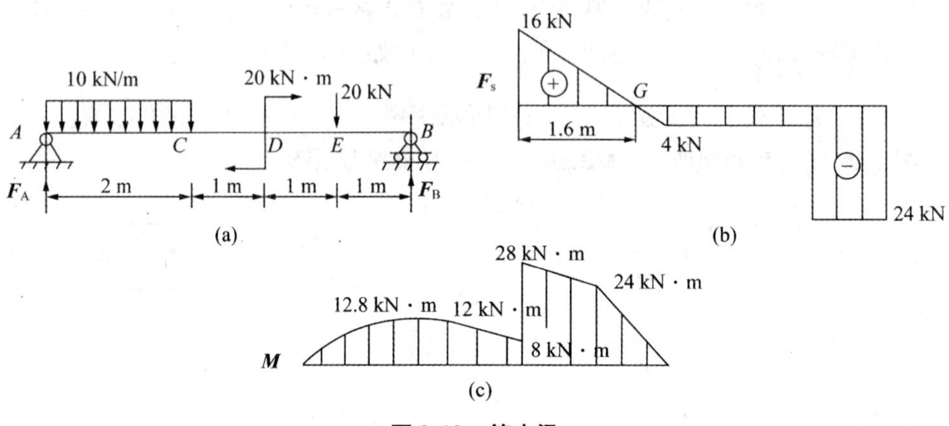

图 8-12　简支梁

（3）分段绘制弯矩图。

① AC 段。段内受向下均布载荷的作用，弯矩图为向上凸的抛物线。截面 A 上的弯矩 $M_A = 0$。截面 G、C 上的弯矩为：

$$M_G = \boldsymbol{F}_A \times 1.6 - \frac{10\times1.6^2}{2} = 12.8\ (\text{kN}\cdot\text{m})$$

$$M_C = \boldsymbol{F}_A \times 2 - \frac{10\times2^2}{2} = 12\ (\text{kN}\cdot\text{m})$$

② CD 段。段内无载荷作用，且剪力为负，故弯矩图为向下倾斜的直线。D 点左、右截面上的弯矩为：

$$M_D^L = \boldsymbol{F}_A \times 3 - 10\times2\times(1+1) = 8\ (\text{kN}\cdot\text{m})$$

$$M_D^R = 20 + 8 = 28\ \text{kN}\cdot\text{m}$$

③ DE 段。段内无荷载作用，剪力为负，故弯矩图为向下倾斜的直线。截面 E 上的弯矩为 $M_E = -\boldsymbol{F}_B \times 1 = -24\ \text{kN}\cdot\text{m}$。

④ EB 段。段内无载荷作用，剪力为负，故弯矩图为向下倾斜的直线。截面 B 上的弯矩为零。

全梁的弯矩图如图 8-12（c）所示。由图知梁的最大弯矩发生在 D 点，其值为：

$$M_{D\max}^R = M_D^R = 28\ \text{kN}\cdot\text{m}$$

8.4　梁弯曲时的强度计算

平面弯曲情况下，一般梁横截面上既有弯矩又有剪力，如图 8-13 所示梁的 *AC*、*DB* 段。而在 *CD* 段内，梁横截面上剪力等于零而只有弯矩，这种情况称为**纯弯曲**。其余部分则为平面弯曲。梁纯弯曲时横截面上的正应力计算公式应综合考虑变形几何关系、物理关系和静力学关系 3 个方面。

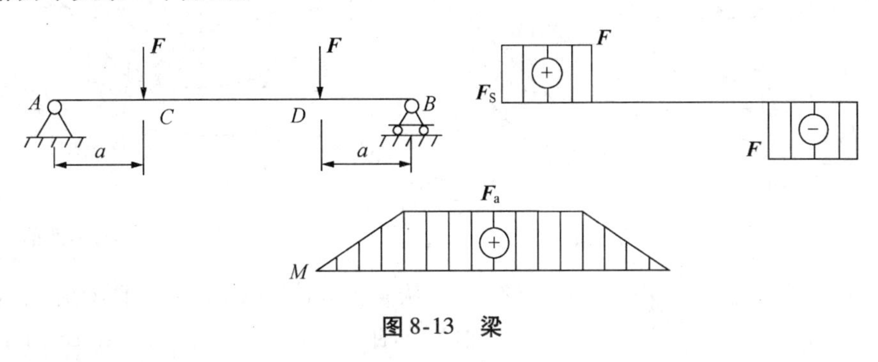

图 8-13　梁

8.4.1　梁纯弯曲时横截面上的正应力

1. 变形几何关系

考察等截面直梁。加载前在梁表面上画与轴线垂直的横线和与轴线平行的纵线，然后在梁的两端纵向对称面内施加一对力偶，使梁发生弯曲变形，如图 8-14 所示。可以发现梁表面变形具有如下特征：

（1）横线（*m-m*，*n-n*）仍是直线，只是发生相对转动，但仍与纵线（*a-a*，*b-b*）正交；

（2）纵线（*a-a*，*c-c*）弯曲成曲线，而且靠近梁顶面的纵线缩短，靠近梁底面的纵线伸长；

（3）在纵线伸长区，梁的宽度减小，而在纵线缩短区，梁的宽度则增加，情况与轴向拉压时的变形相似。

根据上述现象，对梁内变形与受力作如下假设：变形后，横截面仍保持平面，且仍与纵线正交；同时，梁内各纵向纤维仅承受轴向拉应力或压应力。前者称为**弯曲平面假设**，后者称为**单向受力假设**。此外，还假设：梁的各纵向层互不挤压，即梁的纵截面上无正应力作用。

根据上述假设，梁弯曲后，其纵向层一部分产生伸长变形，另一部分则产生缩短变形，两者交界处存在既不伸长也不缩短的一层，这一层称为**中性层**。中性层与横截面的交线为截面的**中性轴**。如图 8-15 所示，根据平面假设，横截面上各点处均无剪切变形，因此，纯弯时梁的横截面上不存在剪应力。

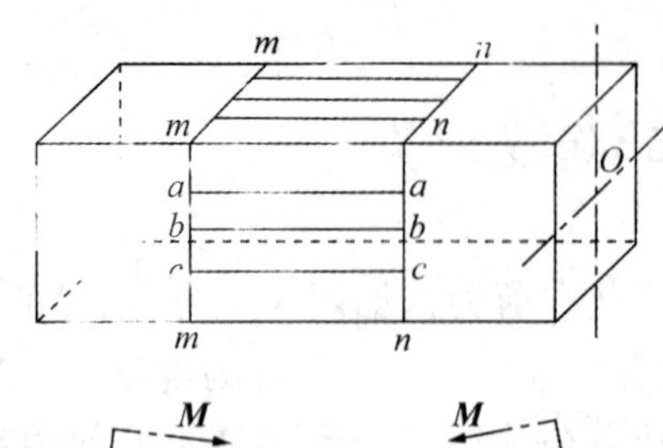

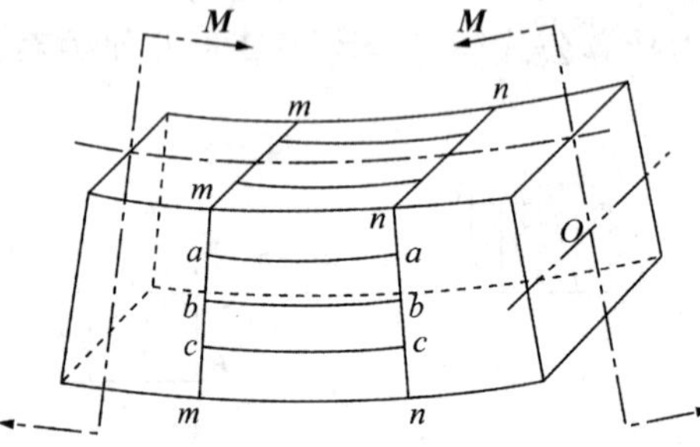

图 8-14　梁纯弯曲

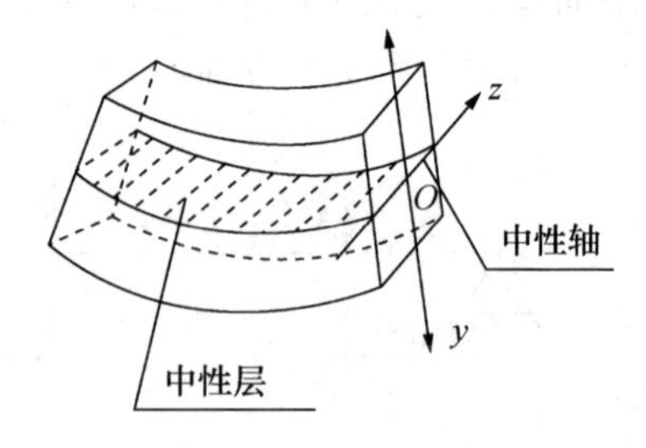

图 8-15　中性层与中性轴

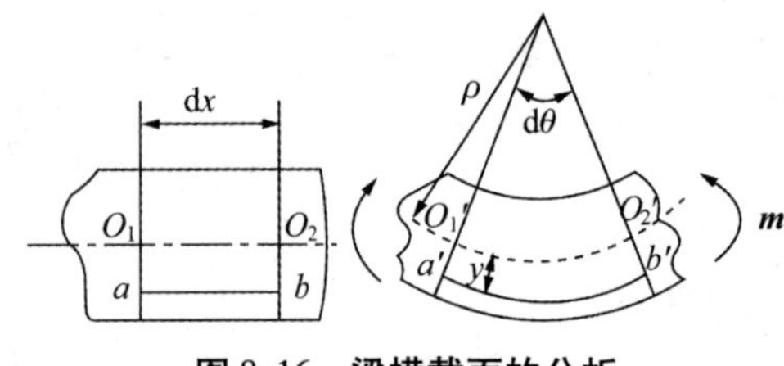

图 8-16　梁横截面的分析

从梁中截取一微段 dx，取梁横截面的对称轴为 y 轴，且向下为正，如图 8-16 所示。对于具有对称截面的梁，在平面弯曲的情况下，由于荷载及梁的变形都对称于纵向对称为横截面的对称轴，故 z 轴为中性轴。从图中可以看到，横截面间相对转过的角度为 dθ，并仍保持为平面。中性层的曲率半径为 ρ，因中性层在梁弯曲后的长度不变，所以：

$$O_1O_2 = O_1'O_2' = \rho \mathrm{d}\varphi = \mathrm{d}x \tag{8-4}$$

又因为坐标为 y 的纵向纤维 ab 变形前的长度为：

$$ab = \mathrm{d}x = \rho \mathrm{d}\varphi \tag{8-5}$$

变形后为：

$$a'b' = (\rho + y)\ \mathrm{d}\varphi \tag{8-6}$$

故其纵向线应变为：

$$\varepsilon = \frac{(\rho + y)\ \mathrm{d}\varphi - \rho \mathrm{d}\varphi}{\rho \mathrm{d}\varphi} = \frac{y}{\rho} \tag{8-7}$$

可见，纵向纤维的线应变与纤维的坐标 y 成正比。

2. 物理关系

因为纵向纤维之间无正应力，每一纤维都处于单向受力状态，故当应力小于比例极限时，由胡克定律知：

$$\sigma = E\varepsilon \tag{8-8}$$

将式（8-7）代入式（8-8），得：

$$\sigma = E\frac{y}{\rho} \tag{8-9}$$

这就是横截面上正应力变化规律的表达式。由此可知，横截面上任一点处的正应力与点到中性轴的距离成正比，而在距中性轴为 y 的同一横线上各点处的正应力均相等，对于正弯矩这一变化规律可由图 8-17 来表示。

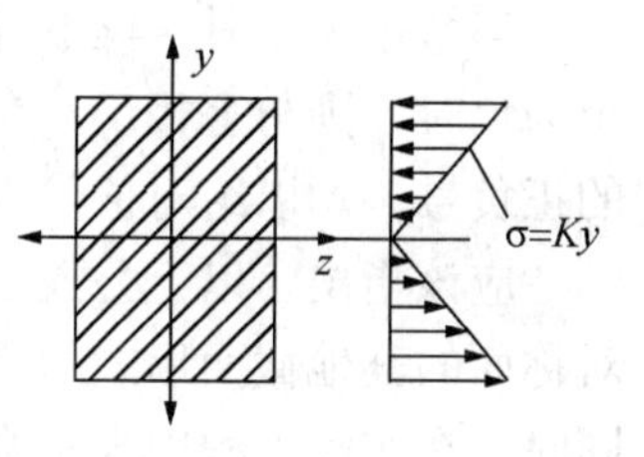

图 8-17　正弯矩变化规律

3. 静力学关系

如图 8-18 所示，横截面上各点处的法向微内力 $\sigma\mathrm{d}A$ 组成一空间平行力系，而且由于横截面上没有轴力，仅存在位于 x-y 平面的弯矩 M，因此：

$$\boldsymbol{F}_{\mathrm{N}} = \int_A \sigma \mathrm{d}A = 0 \tag{8-10}$$

$$M_{\mathrm{y}} = \int_A z\sigma \mathrm{d}A = 0 \tag{8-11}$$

$$M_{\mathrm{z}} = \int_A y\sigma \mathrm{d}A = 0 \tag{8-12}$$

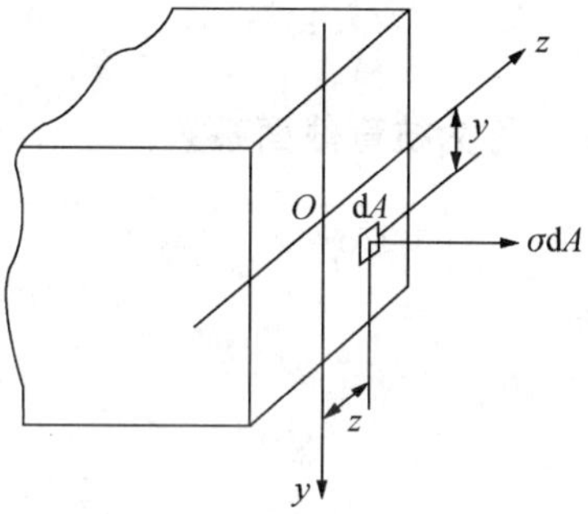

图 8-18　空间平行力系示意图

以式（8-9）代入式（8-10），得：

$$\int_A \sigma \mathrm{d}A = \frac{E}{\rho}\int_A y \mathrm{d}A = 0 \tag{8-13}$$

式（8-13）中的积分代表截面对 z 轴的**静矩** S_z，静矩等于零意味着 z 轴必须通过截面的形心。

以式（8-9）代入式（8-11），得：

$$\int_A \sigma \mathrm{d}A = \frac{E}{\rho}\int_A yz \mathrm{d}A = 0 \tag{8-14}$$

式（8-14）中的积分是横截面对 y 轴和 z 轴的惯性矩。由于 y 轴是截面的对称轴，必然有 $I_{yz}=0$，所以式（8-14）是自然满足的。

以式（8-9）代入式（8-12），得：

$$M = \int_A y\sigma \mathrm{d}A = \frac{E}{\rho}\int_A y^2 \mathrm{d}A \tag{8-15}$$

式（8-15）中积分：

$$\int_A y^2 \mathrm{d}A = I_z \tag{8-16}$$

这是横截面对 z 轴（中性轴）的**惯性矩**。于是，式（8-15）可以写成：

$$\frac{1}{\rho} = \frac{M}{EI_z} \tag{8-17}$$

式（8-17）表明，在指定的横截面处，中性层的曲率与该截面上的弯矩 M 成正比，与 EI_z 成反比。在同样的弯矩作用下，EI_z 越大，曲率越小，即梁越不易变形，故 EI_z 称为梁的**抗弯刚度**。

再将式（8-17）代入式（8-9），于是得横截面上 y 处的正应力为：

$$\sigma = \frac{M}{I_z}y \tag{8-18}$$

式（8-18）即为纯弯曲正应力的计算公式。式中，M 为横截面上的弯矩；I_z 为截面对中性轴的惯性矩；y 为所求应力点至中性轴的距离。

当弯矩为正时，梁下部纤维伸长，故产生拉应力，上部纤维缩短而产生压应力；弯矩为负时，则与上相反。在利用式（8-18）计算正应力时，可以不考虑式中弯矩 M 和 y 的正负号，均以绝对值代入，正应力是拉应力还是压应力可以由梁的变形来判断。

应该指出，以上公式虽然是纯弯曲的情况下以矩形梁为例建立的，但对于具有纵向对称面的其他截面形式的梁，如工字形、T 字形和圆形截面梁等仍然可以使用这些公式。同时，在实际工程中大多数受横向力作用的梁，横截面上都存在剪力和弯矩，但对一般细长梁来说，剪力的存在对正应力分布规律的影响很小。因此，式（8-18）也适用于非纯弯曲情况。

对于最大弯曲正应力，由式（8-18）可知，在 $y = y_{max}$ 即横截面上离中性轴最远的各点处，弯曲正应力最大，其值为：

$$\sigma_{max} = \frac{M}{I_z} y_{max} = \frac{M}{\dfrac{I_z}{y_{max}}} \tag{8-19}$$

式（8-19）中，比值 I_z/y_{max} 仅与截面的形状与尺寸有关，称为**抗弯截面系数**，也叫抗弯截面模量，用 W_z 表示。即为：

$$W_z = \frac{I_z}{y_{max}} \tag{8-20}$$

因此，最大弯曲正应力即为：

$$\sigma_{max} = \frac{M}{W_z} \tag{8-21}$$

可见，最大弯曲正应力与弯矩成正比，与抗弯截面系数成反比。抗弯截面系数综合反映了横截面的形状与尺寸对弯曲正应力的影响。

常见截面的抗弯截面系数参见表 8-3。至于各种型钢截面的抗弯截面系数，可从型钢规格表中查得（见附录）。

表 8-3　常见截面的抗弯截面系数

图　形	形心位置	惯性矩
h, C, z, e, y, b	$e = \dfrac{h}{2}$	$I_z = \dfrac{bh^3}{12}$ $I_y = \dfrac{hb^3}{12}$
b, H, h, C, z, e, y, B	$e = \dfrac{H}{2}$	$I_z = \dfrac{BH^3 - bh^3}{12}$ $I_y = \dfrac{HB^3 - hb^3}{12}$

续表

图　形	形心位置	惯性矩
	$e=\dfrac{H}{2}$	$I_z=\dfrac{BH^3-bh^3}{12}$ $I_y=\dfrac{(H-h)\ B^3+h\ (B-b)^3}{12}$
	$e=\dfrac{d}{2}$	$I_z=I_y=\dfrac{\pi d^4}{64}$
	$e=\dfrac{D}{2}$	$I_z=I_y=\dfrac{\pi\ (D^4-d^4)}{64}$

【例 8.8】　如图 8-19 所示悬臂梁，自由端承受集中荷载 F 作用。已知 $h=18$ cm，$b=12$ cm，$y=6$ cm，$a=2$m，$\boldsymbol{F}=1.5$ kN。计算 A 截面上 K 点的弯曲正应力。

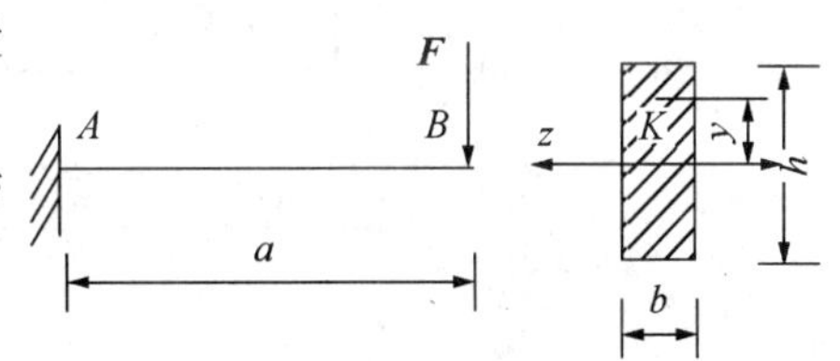

图 8-19　悬臂梁

解： 先计算截面上的弯矩：

$$M_A=-\boldsymbol{F}a=-1.5\times 2=-3\ (\text{kN}\cdot\text{m})$$

截面对中性轴的惯性矩：

$$I_z=\frac{bh^3}{12}=\frac{120\times 180^3}{12}=5.832\times 10^7\ (\text{mm}^4)$$

则：

$$\sigma_k=\frac{M_A}{I_z}y=\frac{3\times 10^6}{5.832\times 10^7}\times 60=3.09\ (\text{MPa})$$

由于 A 截面上的弯矩为负，K 点在中性轴的上边，所以为拉应力。

8.4.2　梁弯曲时的正应力强度条件

根据 8.4.1 节的分析，对细长梁进行强度计算时，主要考虑弯矩的影响，横截面上最大的正应力位于横截面边缘线上，一般来说，该处切应力为零。有些情况下，该处即使有切应力，其数值也较小，可以忽略不计。所以，梁弯曲时，最大正应力作用点可视为处于单向应力状态。因此，梁的弯曲正应力强度条件为：

$$\sigma_{\max}=\left(\frac{M}{W_z}\right)_{\max}\leqslant[\sigma] \tag{8-22}$$

对常见的等截面梁，最大弯曲正应力发生在最大弯矩所在截面上，这时弯曲正应力强度条件为：

$$\sigma_{\max}=\frac{M_{\max}}{W}\leqslant[\sigma] \tag{8-23}$$

式中，$[\sigma]$ 为**许用弯曲正应力**，具体数值可从有关设计规范或手册中查得。对于抗拉、抗压性能不同的材料，如铸铁等脆性材料，则要求最大拉应力和最大压应力都不超过各自的许用值。其强度条件为：

$$\sigma_{\mathrm{tmax}}\leqslant[\sigma_{\mathrm{t}}],\ \sigma_{\mathrm{cmax}}\leqslant[\sigma_{\mathrm{c}}] \tag{8-24}$$

梁弯曲时的强度条件，可用来解决强度校核、设计截面尺寸和确定许可载荷这三类问题。

【例 8.9】 T 字形截面的铸铁梁如图 8-20（a）和图 8-20（b）所示。已知截面形心 C 点的坐标 $y_1=80\ \mathrm{mm}$，$y_2=160\ \mathrm{mm}$，截面对中性轴 z 的惯性矩 $I_z=8\,533\ \mathrm{cm}^4$，铸铁的许用拉应力为 $[\sigma_{\mathrm{t}}]=30\ \mathrm{MPa}$，许用压应力为 $[\sigma_{\mathrm{c}}]=80\ \mathrm{MPa}$。试校核梁的正应力强度。

解：（1）危险截面判断。

作梁的弯矩图如图 8-20（c）所示。最大正弯矩在截面 C 上，$M_{\mathrm{c}}=18.85\ \mathrm{kN\cdot m}$。最大负弯矩在截面 B 上，$M_{\mathrm{b}}=-30\ \mathrm{kN\cdot m}$。

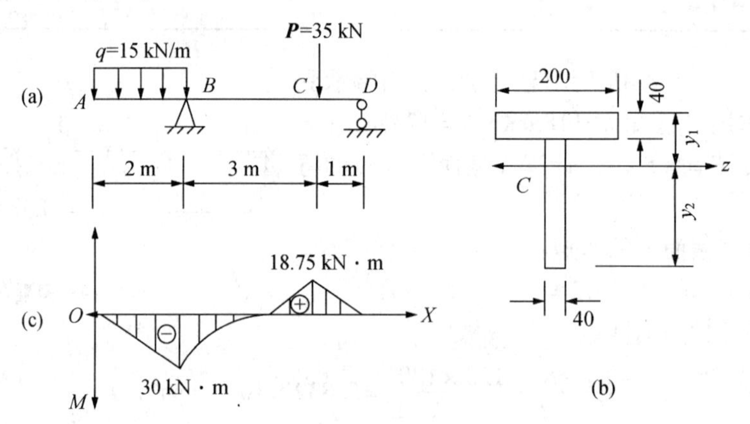

图 8-20 铸铁梁

（2）校核。

因铸铁材料的抗拉与抗压性能不同，且截面关于中性轴不对称，所以需对最大拉应力与最大压应力分别进行校核。

校核拉应力：首先分析最大拉应力 σ_{tmax} 所在的位置。σ_{tmax} 可能在最大正弯矩的截面 C 上的下边缘，也可能在最大负弯矩的截面 B 上的上边缘，其值分别为：

$$\sigma_{\mathrm{tmax}}^{\mathrm{C}}=\frac{M_{\mathrm{C}}y_2}{I_z}=\frac{18.75\times10^3\times160\times10^{-3}}{I_z}=\frac{3\,000}{I_z}\ (\mathrm{N/m^2})$$

$$\sigma_{\mathrm{tmax}}^{\mathrm{B}}=\frac{M_{\mathrm{B}}y_1}{I_z}=\frac{30\times10^3\times80\times10^{-3}}{I_z}=\frac{2\,400}{I_z}\ (\mathrm{N/m^2})$$

可见，最大拉应力发生在截面 C 上，其值为：

$$\sigma_{\mathrm{tmax}}^{\mathrm{C}}=\frac{M_{\mathrm{C}}y_2}{I_z}=\frac{3\,000}{8\,533\times10^{-8}}\ \mathrm{N/m^2}=35.16\ \mathrm{MPa}>[\sigma_{\mathrm{t}}]=30\ \mathrm{MPa}$$

校核压应力：先分析最大压应力 σ_{ctmax}所在截面位置。可能在最大正弯矩截面 C 的上边缘，也可能在最大负弯矩的截面 B 上的下边缘，其值分别为：

$$\sigma_{cmax}^{B}=\frac{M_By_2}{I_z},\ \sigma_{cmax}^{C}=\frac{M_Cy_1}{I_z}$$

而 M_By_2 之积大于 M_Cy_1，所以，梁中的最大压应力一定发生在截面 B 上，其值为：

$$\sigma_{cmax}^{B}=\frac{M_By_2}{I_z}=\frac{30\times10^3\times160\times10^{-3}}{8\,533\times10^{-8}}\text{ MPa}=55.25\text{ MPa}<[\sigma_c]=80\text{ MPa}$$

可见，该梁满足压应力强度条件，但不满足拉应力强度条件。

【例 8.10】 简易吊车梁如图 8-21（a）所示，已知起吊最大载荷 $Q=50$ kN，跨度 $l=10$ m。若梁材料的许用应力 $[\sigma]=182$ MPa，不计梁的自重，试求：（1）选择工字钢的型号；（2）若选用矩形截面，其高宽比为$\frac{h}{b}=2$ 时，确定截面尺寸；（3）比较两种梁的重量。

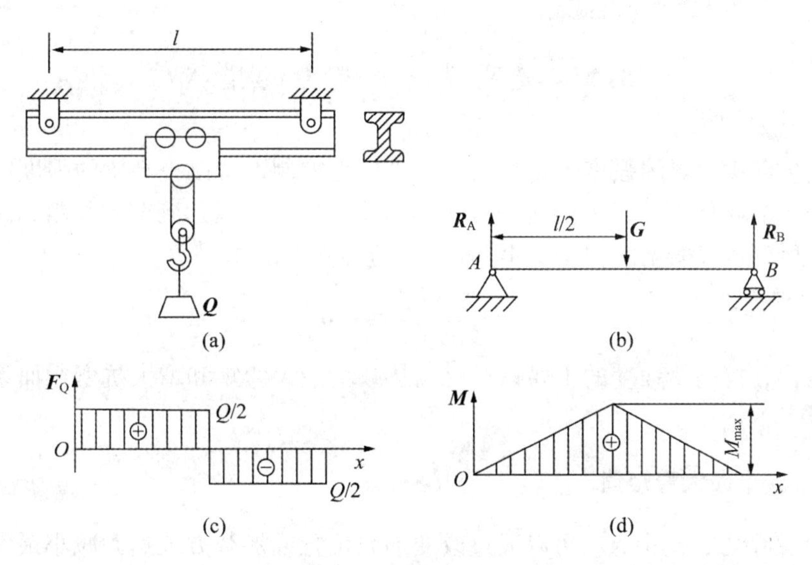

图 8-21 简易吊车梁

解：（1）画梁的受力图，如图 8-21（b）所示，求约束反力：

$$\boldsymbol{R}_A=\boldsymbol{R}_B=\frac{\boldsymbol{Q}}{2}$$

（2）绘梁的剪力图，如图 8-21（c）所示。

（3）绘梁的弯矩图，如图 8-21（d）所示，并求最大弯矩：

$$\boldsymbol{M}_{max}=\frac{\boldsymbol{Q}l}{4}=\frac{50\times10}{4}=125\ (\text{kN}\cdot\text{m})$$

（4）选择工字钢型号：

$$W_z\geqslant\frac{M_{max}}{[\sigma]}=\frac{125\times10^6}{182}\text{ mm}^3=686\,813\text{ mm}^3\approx687\text{ cm}^3$$

从附录“型钢规格表”中查得 32a 号工字钢 $W_z=692\text{ cm}^3>687\text{ cm}^3$，故可选用 32a 号

工字钢，查得其截面面积为67.05 cm²。

（5）若采用矩形截面，则：

$$W_z = \frac{bh^2}{6} = \frac{2b^3}{3} = 687\ \text{cm}^3$$

$$b = \sqrt[3]{\frac{687 \times 3}{2}}\ \text{cm} = 10\ \text{cm}$$

$$h = 2b = 20\ \text{cm}$$

$$A = bh = 200\ \text{cm}^2$$

（6）比较两梁的重量。

在材料和长度相同的条件下，梁的重量之比等于截面面积之比。

$$\frac{A_{矩}}{A_{工}} = \frac{200}{67.05} = 2.98$$

即矩形截面梁的重量是工字钢截面梁的2.98倍。

8.5 提高梁抗弯能力的措施

在工程实际中，梁的强度主要是由弯曲正应力控制，所以提高梁的强度应该在满足梁的承载能力的前提下，尽可能地降低梁的弯曲正应力，以达到节省材料、减轻自重的目的，实现既经济又安全的合理设计。根据正应力强度条件：

$$\sigma_{\max} = \frac{M_{\max}}{W_z} \leqslant [\sigma] \tag{8-25}$$

可以看出，提高梁强度的主要途径，应从减小最大弯矩和增大抗弯截面系数这两个方面考虑。

8.5.1 减小最大弯矩值

（1）使集中力远离中点，可以通过改变加载位置或加载方式达到减小最大弯矩的目的。例如，对于图8-22（a），当集中力作用在简支梁跨度中间处（即$a = b = l/2$）时，其最大弯矩为$Fl/4$；当载荷的作用点移到梁的一侧，如距左侧$l/6$处，则最大弯矩变为$5Fl/36$，是原最大弯矩的0.65倍。由此可见，作用力离中点越远，最大弯矩越小，应使集中力靠近支座或远离中点。

（2）当载荷的位置不能改变时，可以把集中力分散成较小的力，或者改变成分布载荷，从而减小最大弯矩。利用辅助梁来达到分散载荷、减小最大弯矩的目的是工程中经常采用的方法。如图8-22（a）所示简支梁AB，在跨度中点承受集中荷载F作用，如果在梁的中部设置一长为$l/2$的辅助梁CD，如图8-22（b）所示，则梁AB内的最大弯矩将减小一半。将集中力改变成分布载荷，由弯矩图可知，梁最大弯矩为$Fl/8$，从而有效降低了最大弯矩。

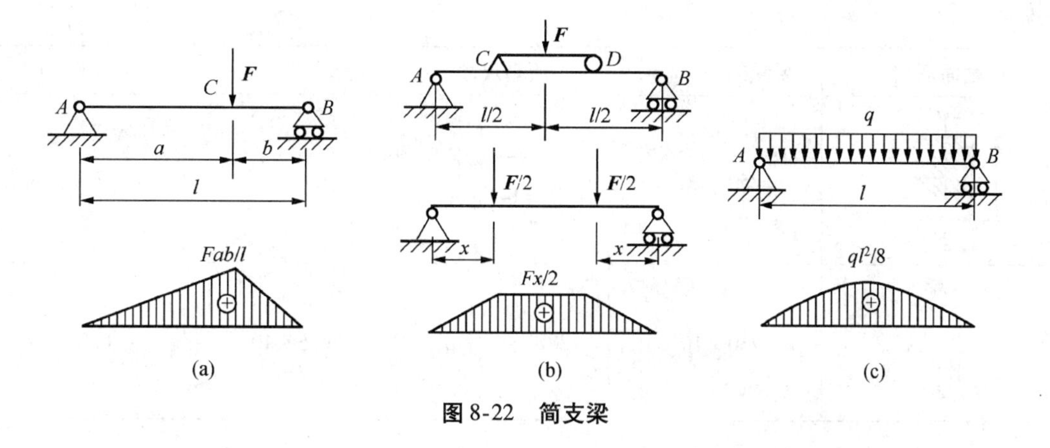

图 8-22　简支梁

（3）合理地设置支座的位置，也可以降低梁内的最大弯矩值。如图 8-23 所示的梁，若将其支座各向内移动 0. $2l$，如图 8-23（b）所示，则后者的最大弯矩值仅为前者的 $l/5$，所以，后者支座安置较为合理。

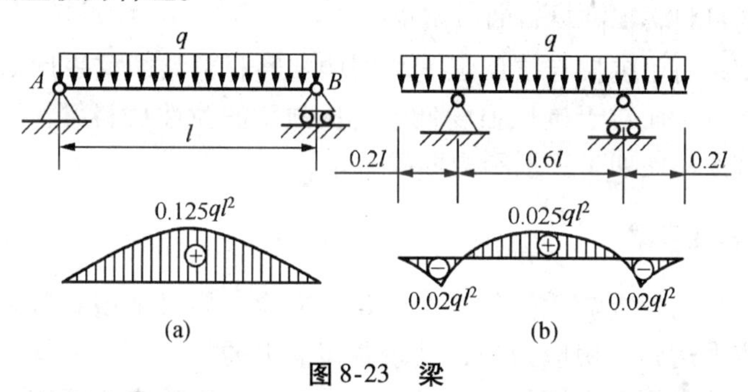

图 8-23　梁

8. 5. 2　选用合理的截面形状

从弯曲强度考虑，比较合理的截面形状是使用较小的截面面积却能获得较大抗弯截面系数的截面。截面形状和放置位置不同，W_z/A 的比值也不同，因此，可用比值 W_z/A 来衡量截面的合理性和经济性。比值愈大，所采用的截面就愈经济合理。

现以跨中受集中力作用的简支梁为例，将其截面形状分别为圆形、矩形和工字形 3 种情况作一粗略比较。设 3 种梁的面积 A、跨度和材料都相同，容许正应力为 180 MPa，其抗弯截面系数 W_z 和最大承载力比较参见表 8-4。

表 8-4　常见截面 $\frac{W_z}{A}$ 的值

截面形状	要求的 W_z/mm^3	所需尺寸	截面面积/mm^2	比值 W_z/A
圆形（y, z, d）	250×10^3	$d=137$ mm	148×10^2	1. 69

续表

截面形状	要求的 W_z/mm^3	所需尺寸	截面面积$/\mathrm{mm}^2$	比值 W_z/A
矩形（y，z，h，b）	250×10^3	$b=72\ \mathrm{mm}$ $h=144\ \mathrm{mm}$	104×10^2	2.4
工字形（y，z）	250×10^3	20b 号工字钢	39.5×10^2	6.33

从表 8-4 中可以看出，矩形截面比圆形截面好，工字形截面比矩形截面好得多。

从正应力分布规律分析，正应力沿截面高度线性分布，当离中性轴最远各点处的正应力达到许用应力值时，中性轴附近各点处的正应力仍很小。因此，在离中性轴较远的位置，配置较多的材料将提高材料的应用率。

根据上述原则，对于抗拉与抗压强度相同的塑性材料梁，宜采用对中性轴对称的截面，如工字形截面等；而对于抗拉强度低于抗压强度的脆性材料梁，则最好采用中性轴偏于受拉一侧的截面，便如 T 字形和槽形截面等。

8.5.3 采用等强度梁

一般情况下，梁的弯矩随截面位置的变化而变化。如果采用等截面梁，则除了危险截面上的最大正应力达到许用应力外，其余各截面上的最大正应力均小于许用应力，因此，材料得不到充分利用，不够经济。工程中常根据弯矩的变化规律，相应地使梁截面沿轴线变化，制成变截面梁。最理想的变截面梁是各截面上的最大正应力都相等，且都等于材料的许用正应力。这样的梁称为等强度梁。即：

$$\sigma_{\max}=\frac{M_{\max}}{W_{\max}}=\frac{M(x)}{W(x)}\leqslant[\sigma] \tag{8-26}$$

当然，理论上的等强度梁在实用上是有一定困难的，不仅结构上不适用，而且加工工艺也过于复杂。但根据等强度梁的设计思想，通常可做成接近于等强度梁的形式，如图8-24所示的齿轮的轮齿、汽车的阶梯轴、汽车的板簧和钢筋混凝土电杆等。

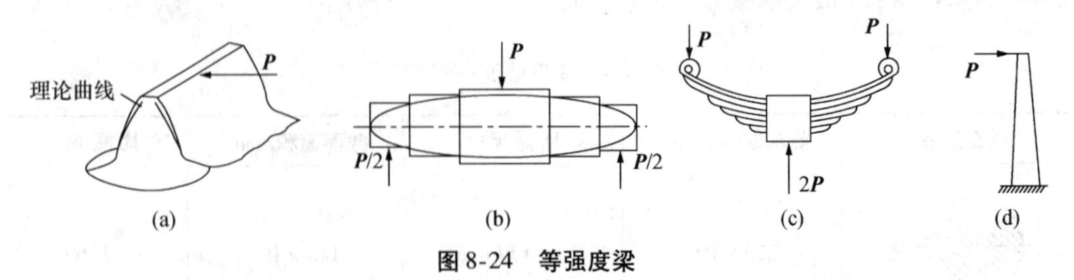

图 8-24 等强度梁

8.6　梁的弯曲变形

梁在外力作用下，产生弯曲变形。如果弯曲变形过大，就会影响结构的正常工作。以车床为例，若其弯曲变形过大，则将使齿轮不能很好地啮合，造成磨损不均匀，降低使用寿命，影响加工零件的精度。因此，必须研究梁的变形问题，以便把梁的变形限制在规定的范围之内，保证梁的正常工作。

8.6.1　挠度和转角

梁受外力作用后，它的轴线由原来的直线变成了一条连续而光滑的曲线，如图 8-25 所示，称为挠曲线。因为梁的变形是弹性变形，所以梁的挠曲线也称为弹性曲线。挠曲线可用$y=f(x)$表示，称为挠曲线方程。

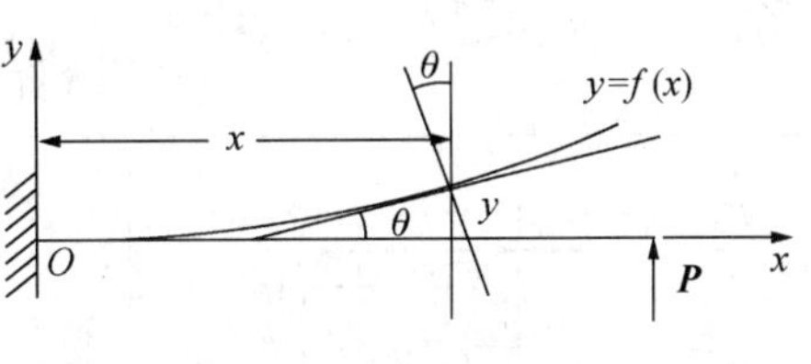

图 8-25　梁的变形

梁的变形可以用挠度和转角两个基本量来度量。

1. 挠度

梁任意横截面的形心沿 y 轴方向的线位移，称为该截面的挠度，通常用 y 表示，并规定：向上的挠度为正；向下的挠度为负。挠度的单位与长度的单位一致，用 m 或 mm。由于弯曲变形属于小变形，故梁横截面形心沿 x 轴方向的位移很小，可忽略不计。

2. 转角

在弯曲过程中，梁任一横截面相对于原来位置所转过的角度，称为该截面的转角，用 θ 表示。因为变形前后横截面始终垂直于梁的轴线，因此，截面转角 θ 就等于挠曲线在该处的切线与 x 轴的夹角（或法线与 y 向的夹角）。转角的单位是弧度（rad）。一般规定，逆时针方向的转角为正，顺时针方向的转角为负。

求变形的基本方法是积分法。由于该方法计算过程较繁，本书中不作介绍。为了应用方便，表 8-5 中列出了常见梁在单载荷作用下的挠度和转角公式，以供查用。

表 8-5　单一载荷作用下梁的变形

梁的形式及其载荷	弹性曲线方程	挠度和转角
y, l, M, A, B, x, y_{max}	$y=-\dfrac{Mx^2}{2EI_z}$	$\theta_B=-\dfrac{Ml}{EI_z}$ $y_{max}=-\dfrac{Ml^2}{2EI_z}$
y, l, F, A, B, x, y_{max}	$y=-\dfrac{\boldsymbol{F}x^2}{6EI_z}(3l-x)$	$\theta_B=-\dfrac{\boldsymbol{F}l^2}{2EI_z}$ $y_{max}=-\dfrac{\boldsymbol{F}l^2}{3EI_z}$

续表

梁的形式及其载荷	弹性曲线方程	挠度和转角
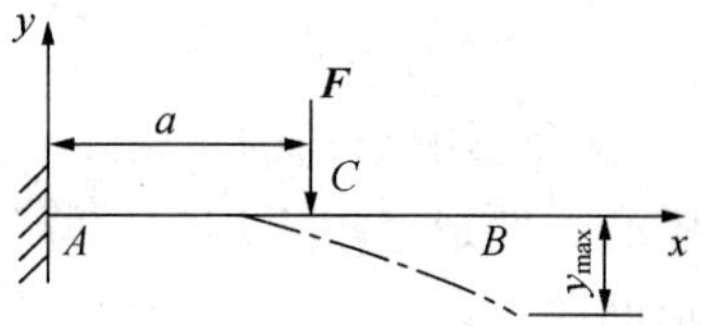	$y=-\frac{Fx^2}{6EI_z}(3a-x)\quad(0\leqslant x\leqslant a)$ $y=-\frac{Fa^2}{6EI_z}(3x-a)\quad(a\leqslant x\leqslant l)$	$\theta_B=-\frac{Fa^2}{2EI_z}$ $y_{max}=-\frac{Fa^2}{6EI_z}\times(3l-a)$
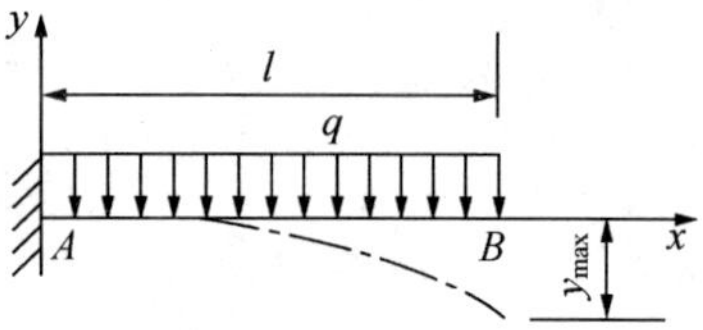	$y=-\frac{qx^2}{24EI_z}\times(x^2+6l^2-4lx)$	$\theta_B=-\frac{ql^3}{6EI_z}$ $y_{max}=-\frac{ql^4}{8EI_z}$
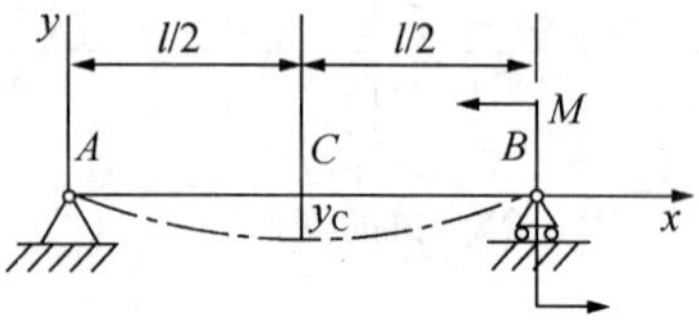	$y=-\frac{Mlx}{6EI_z}\left(1-\frac{x^2}{l^2}\right)$	$\theta_A=-\frac{Ml}{6EI_z}$ $\theta_B=-\frac{Ml}{3EI_z}$ $y_{max}=y_c=-\frac{Ml^2}{16EI_z}$
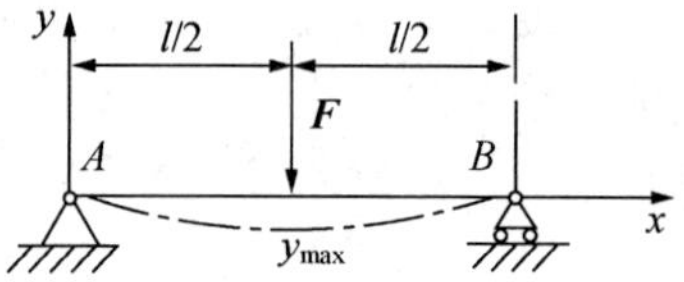	$y=-\frac{Fx}{12EI_z}\times\left(\frac{3l^2}{4}-x^2\right)$ $\left(0\leqslant x\leqslant\frac{l}{2}\right)$	$\theta_A=-\frac{Fl^2}{16EI_z}$ $\theta_B=\frac{Fl^2}{16EI_z}$ $y_{max}=-\frac{Fl^3}{48EI_z}$
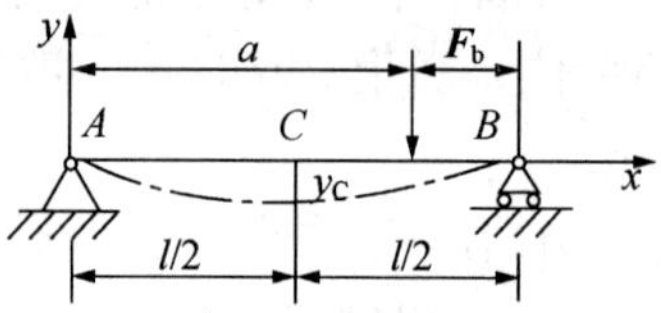	$y=-\frac{Fbx}{6EI_zl}\times(l^2-x^2+b^2)$ $(0\leqslant x\leqslant a)$ $y=-\frac{Fb}{6EI_zl}\times$ $\left[\frac{l}{b}(x-a)^3+(l^2-b^2)x-x^3\right]$ $(a\leqslant x\leqslant l)$	$\theta_A=-\frac{Fab(l+b)}{6EI_zl}$ $\theta_B=-\frac{Fab(l+b)}{6EI_zl}$ $y_{max}\approx y_C=-\frac{Fb}{48EI_z}\times(3l^2-4b^2)$ $(a>b)$
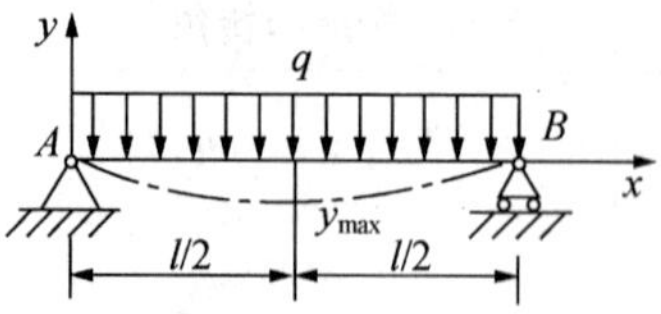	$y=-\frac{qx}{24EI_z}\times(l^3-2lx^2+x^3)$	$\theta_A=-\frac{ql^3}{24EI_z}$ $\theta_B=\frac{ql^3}{24EI_z}$ $y_{max}=\frac{-5ql^4}{384EI_z}$

续表

梁的形式及其载荷	弹性曲线方程	挠度和转角
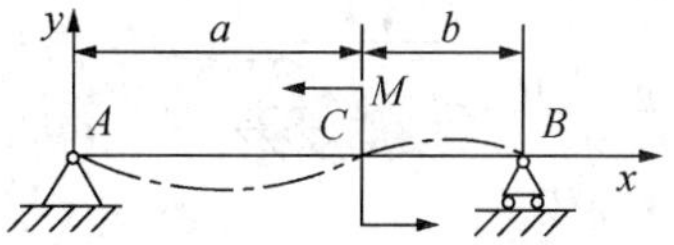	$y=\frac{M}{EI_zl}\left\{\frac{x^2}{6}-\frac{x}{2l}\times\left[a^2\left(6+\frac{a}{3}\right)-\frac{2}{3}b^2\right]\right\}$ $(0\leqslant x\leqslant a)$	$\theta_A=-\frac{M}{2EI_zl^2}\times\left[a^2\left(b+\frac{a}{3}\right)-\frac{3}{2}b^2\right]$ $\theta_B=-\frac{M}{2EI_zl^2}\times\left[\frac{2}{3}a^3+b^2\times\left(a+\frac{b}{3}\right)\right]$
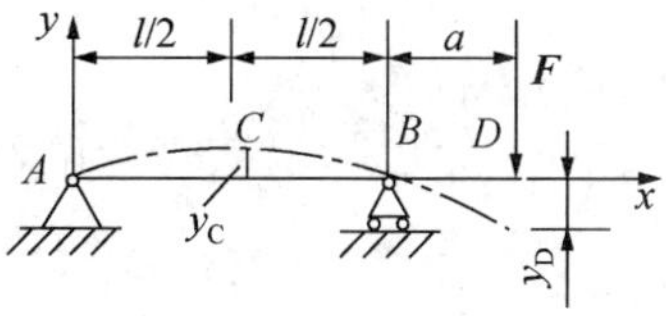	$y=\frac{Fax}{6EI_zl}(l^2-x^2)$，$0\leqslant x\leqslant l$ $y=-\frac{F(x-1)}{6EI_z}\times[a(3x-l)-(x-l)^2]$，$l\leqslant x\leqslant(l+a)$	$\theta_A=-\frac{1}{2}\theta_B=\frac{Fal}{6EI_z}$ $\theta_C=-\frac{Fa}{6EI_z}(2l+3a)$ $y_C=-\frac{Fa^2}{3EI_z}(l+a)$
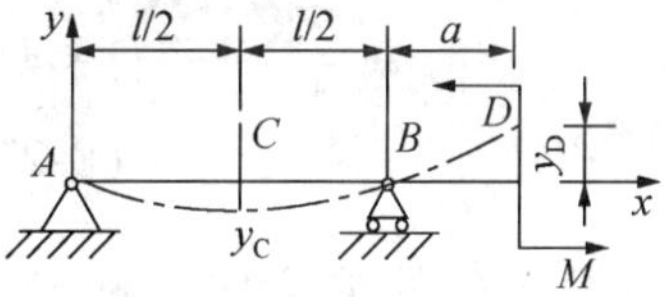	$y=\frac{Ml}{6EI_z}\left(x-\frac{x^3}{l^3}\right)$ $(0\leqslant x\leqslant l)$ $y=-\frac{M}{6EI_zl}\times[l^2x+(x-l)^3x^3]$ $(l\leqslant x\leqslant l+a)$	$\theta_A=-\frac{Ml}{6EI_z}$ $\theta_B=\frac{Ml}{3EI_z}$ $\theta_D=\frac{M}{6EI_z}\times(2l+6a)$ $y_C=-\frac{Ml^2}{16EI_z}$ $y_D=\frac{Ma}{6EI_z}\times(2l+3a)$

8.6.2 用叠加法计算梁的变形

在材料服从胡克定律且变形很小的前提下，梁的挠度和转角都与梁上的载荷呈线性关系。当梁同时受到几个载荷作用时，可用叠加法计算梁的变形。即先分别计算每一种载荷单独作用时所引起的梁的挠度和转角，然后，再把同一截面的转角和挠度代数相加，就得到这些载荷共同作用下的该截面的挠度和转角。

【例8.11】 一简支梁 AB，已知 EI_z，所受载荷情况如图8-26（a）所示，试求 C 点的挠度。

解：用叠加法求 C 点的挠度，分别画出均布力 q 和集中力 $\boldsymbol{P}$ 单独作用时的计算简图。

（1）当均布力 q 单独作用时，如图8-26（b）所示，查表可知：

$$y_{C1}=-\frac{5ql^4}{384EI_z}$$

（2）当集中力 $\boldsymbol{P}$ 单独作用时，如图8-26（c）所示，C 点的挠度 y_{C2} 查表可知：

$$y_{C2}=-\frac{\boldsymbol{P}l^3}{48EI_z}$$

（3）q 和 $\boldsymbol{P}$ 同时作用时：

$$y_C=y_{C1}+y_{C2}=-\frac{5ql^4}{384EI_z}-\frac{Pl^3}{48EI_z}$$

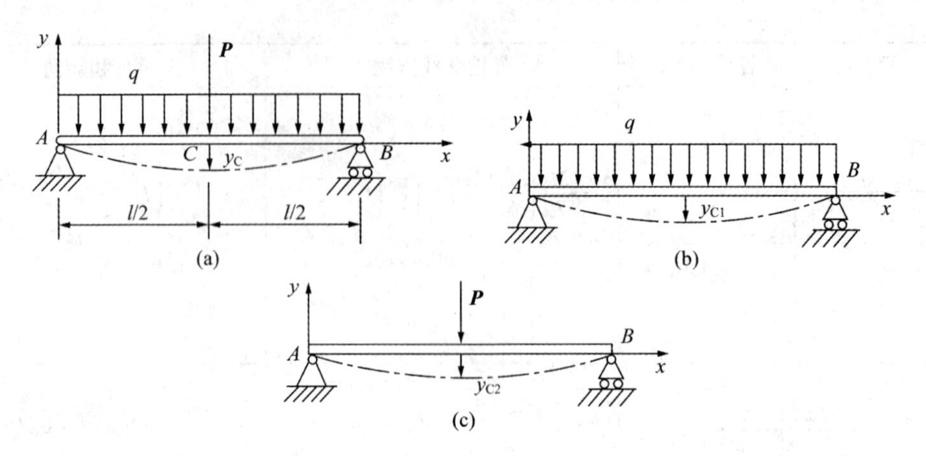

图 8-26　简支梁变形

8.6.3　梁的刚度校核

在工程实际中，对梁的刚度要求，就是根据不同的工作需要，使其最大挠度和最大转角限制在所规定的允许值之内，即：

$$\left.\begin{aligned}|\theta|_{\max} &\leqslant [\theta] \\ |y|_{\max} &\leqslant [y]\end{aligned}\right\} \tag{8-27}$$

式（8-27）称为梁的刚度条件，其中 $|\theta|_{\max}$ 和 $|y|_{\max}$ 为梁产生的最大转角和最大挠度的绝对值，$[\theta]$ 和 $[y]$ 分别为梁的许用转角和许用挠度，其值可从有关手册或规范中查得。

【例 8.12】　如图 8-27 所示车床主轴受力简图，若工作时最大主切削力 $\boldsymbol{F}_1=2\,\text{kN}$，$\boldsymbol{F}_2=1\,\text{kN}$，空心轴外径 $D=80\,\text{mm}$，内径 $d=40\,\text{mm}$，$l=400\,\text{mm}$，$a=200\,\text{mm}$，$E=210\,\text{GPa}$，截面 C 处的许可挠度 $[y]=0.000\,1l$，试校核其刚度。

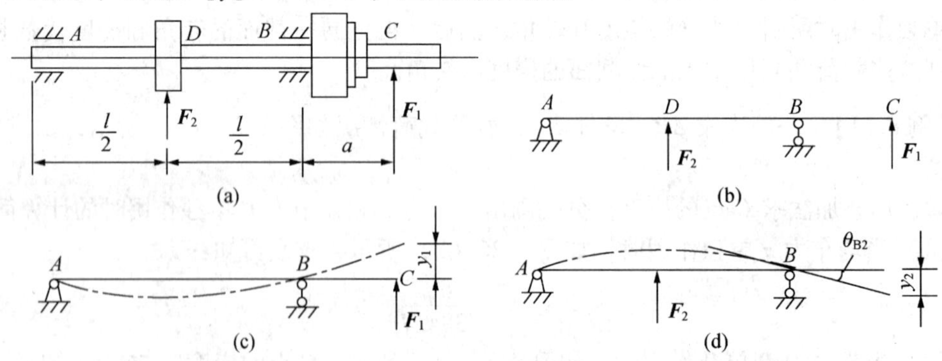

图 8-27　车床主轴

解：受力简图 8-27（b）可分解为图 8-27（c）和图 8-27（d）。

（1）截面惯性矩：

$$I=\frac{\pi}{64}(D^4-d^4)$$

$$=\frac{\pi}{64}(80^4-40^4)=189\times10^4\ (\mathrm{mm}^4)$$

（2）由图8-27（c）并查表计算，得：

$$y_1=\frac{\boldsymbol{F}_1a^2}{3EI}(l+a)=\frac{2\times10^3\times200^2}{3\times210\times10^3\times189\times10^4}(400+200)=4.03\times10^{-2}\ (\mathrm{mm})$$

（3）由图8-27（d）并查表计算，得：

$$\theta_{B2}=-\frac{\boldsymbol{F}_2l^2}{16EI}$$

（4）由叠加法求挠度 y_c：

$$y_c=y_1+y_2=4.03\times10^{-2}-0.504\times10^{-2}=3.53\times10^{-2}\ (\mathrm{mm})$$

（5）许用挠度 $[y]=0.0001l=0.0001\times400=4\times10^{-2}$ (mm)。比较可知，$y_c<[y]$ 满足刚度条件。

如果图8-27中齿轮受的径向力 F_2 指向向下，这时由于力 F_2 将使 C 点向上移动，即：

$$y_2=0.504\times10^{-2}\ \mathrm{mm}$$

故 C 截面的挠度为：

$$y_c=y_1+y_2=4.03\times10^{-2}+0.504\times10^{-2}=4.53\times10^{-2}\ (\mathrm{mm})>[y]$$

所以，主轴如果这样受力，刚度条件就不能满足。

本章小结

1. 梁的内力。

梁的平面弯曲横截面上有两种内力：剪力和弯矩。任意截面剪力大小等于截面一侧所有外力的代数和，“左上右下，剪力为正”；任意截面弯矩大小等于截面一侧所有外力对截面形心力矩的代数和，“左顺右逆，弯矩为正”。

2. 剪力图和弯矩图。

根据受力图与剪力图、弯矩图的特点，快速画出剪力图和弯矩图。在集中力作用点，剪力图发生突变，弯矩图转折；在集中力偶作用点剪力图不变，弯矩图突变；在均布载荷作用下，剪力图为倾斜直线，弯矩图为抛物线。

3. 应力。

平面弯曲时，横截面上存在两种应力：剪力产生的剪应力，沿截面切向；弯矩产生的正应力，垂直截面，沿截面高度线性分布，其计算公式为：

$$\sigma=\frac{M}{I_z}y$$

最大弯曲正应力发生在距中性轴最远的上下边缘，计算公式为：

$$\sigma_{max}=\frac{M_{max}}{W_z}y_{max}\quad 或\quad \sigma_{max}=\frac{M_{max}}{I_z}$$

4. 截面惯性矩 I_z 和抗弯截面系数 W_z。

（1）矩形：

$$I_z=\frac{bh^3}{12}\qquad W_z=\frac{bh^2}{6}$$

（2）圆形：

$$I_z=\frac{\pi d^4}{64}\qquad W_z=\frac{\pi d^3}{32}$$

5. 强度条件。

（1）塑性材料：

$$\sigma_{max}=\frac{M_{max}}{W_z}\leqslant[\sigma]$$

（2）脆性材料：

$$\sigma_{lmax}=\frac{M_{max}}{I_z}y_{lmax}\leqslant[\sigma_l]$$

$$\sigma_{ymax}=\frac{M_{max}}{I_z}y_{ymax}\leqslant[\sigma_y]$$

6. 提高梁的抗弯能力的措施。

常用的方法有：降低最大弯矩；合理配置载荷；选择合理的截面形状。

7. 梁的变形。

根据叠加法计算梁的挠度 y 和转角 θ。

8. 梁的刚度条件：

$$y_{max}\leqslant[y]$$
$$\theta_{max}\leqslant[\theta]$$

思 考 题

1. 何谓平面弯曲？对称截面梁产生平面弯曲的条件是什么？

2. 如何求某一截面的剪力和弯矩？剪力和弯矩的正负是如何规定的？

3. 剪力图、弯矩图与受力图之间有哪些规律？怎样根据这些规律迅速画出剪力图和弯矩图？应用这些规律时应注意哪些问题？

4. 何谓中性层和中性轴？何谓弯曲时的平面假设？它在公式推导中起何作用？

5. 梁弯曲时怎样确定梁上的危险截面和危险点？

6. 在弯曲中采用型钢为什么可以节省材料？而在拉伸和压缩中是否也可以采用型钢来节省材料？

7. 工程中常把钢梁制成工字形，而铸铁梁或混凝土梁制成T形，其原因何在？

8. 为什么矩形截面梁采用立放形式？而T形截面梁又应如何放置？

习　　题

1. 试求题图 8-1 所示各梁中指定截面的剪力和弯矩。

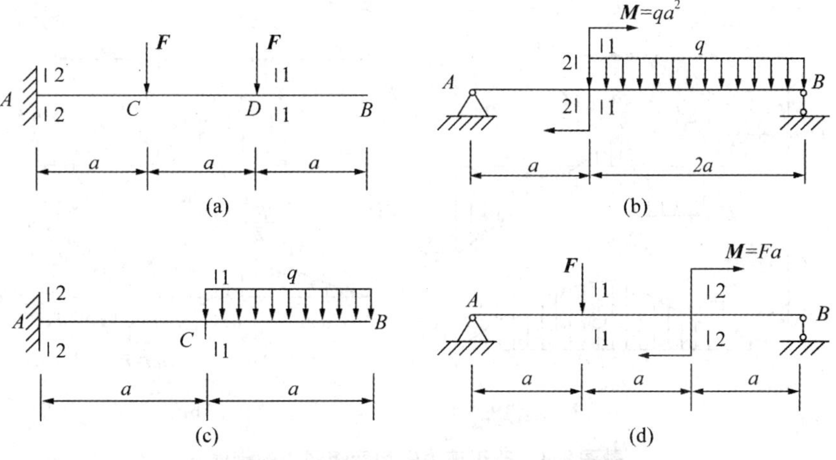

题图 8-1　确定指定截面的剪力和弯矩

2. 列出剪力方程和弯矩方程，画出题图 8-2 中各梁的剪力图和弯矩图。

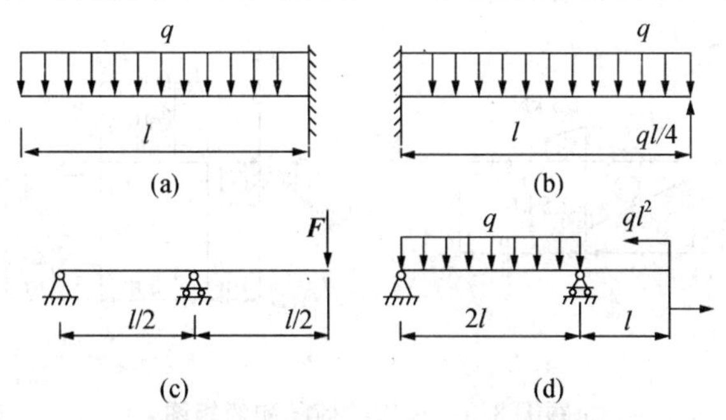

题图 8-2　列方程画剪力图和弯矩图

3. 运用剪力、弯矩与载荷之间的关系，画出题图 8-3 中各梁的剪力图和弯矩图。

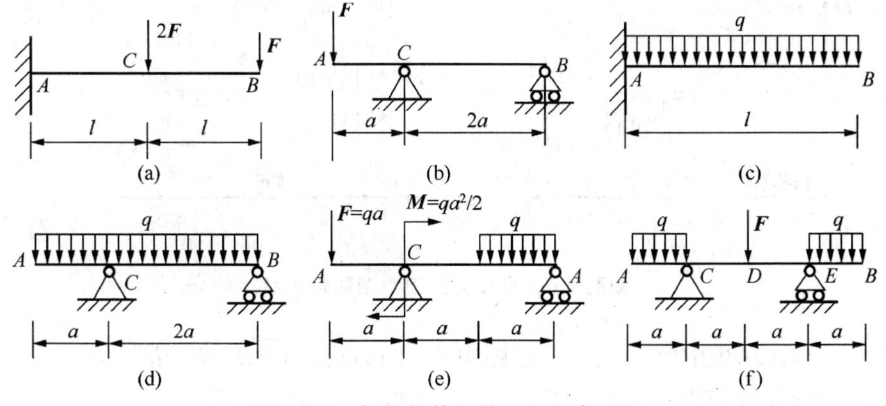

题图 8-3　根据规律画剪力图和弯矩图

4. 根据剪力、弯矩与载荷之间的关系，分析题图 8-4 所示的剪力图和弯矩图中的错误，并加以改正。

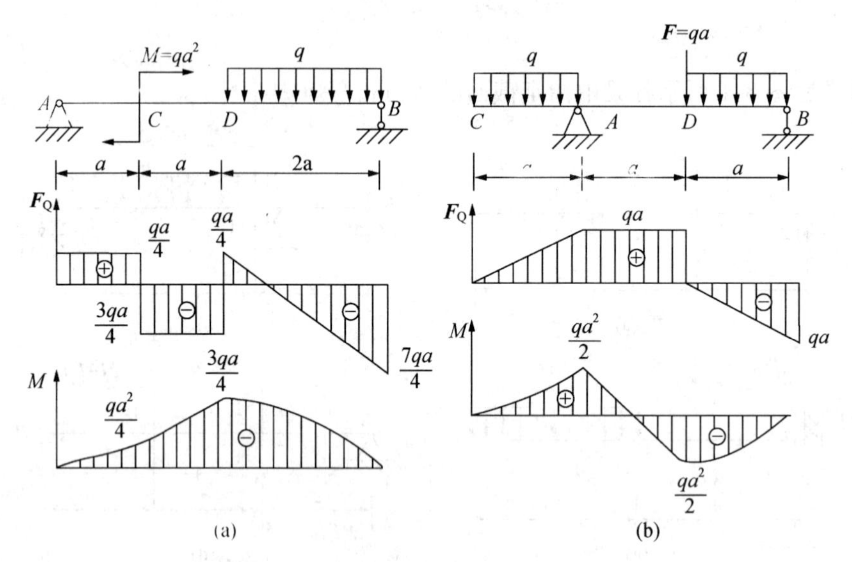

题图 8-4 改正剪力图和弯矩图中的错误

5. 如题图 8-5 所示为梁的剪力图，求作梁的载荷图和弯矩图（梁上没有集中力偶作用）。

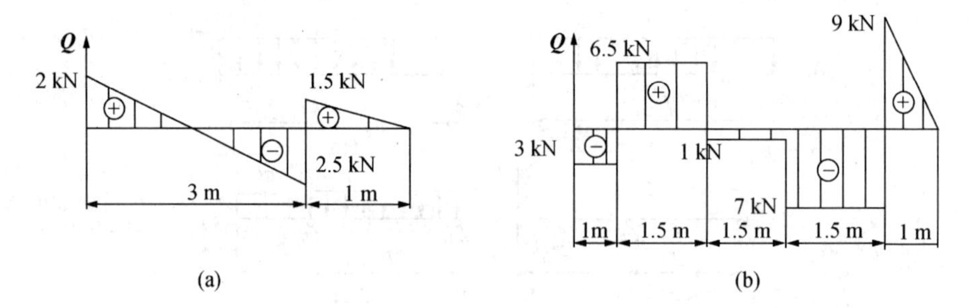

题图 8-5 求作载荷图和弯矩图

6. 如题图 8-6 所示为梁的弯矩图，试作出梁的受力图和剪力图。

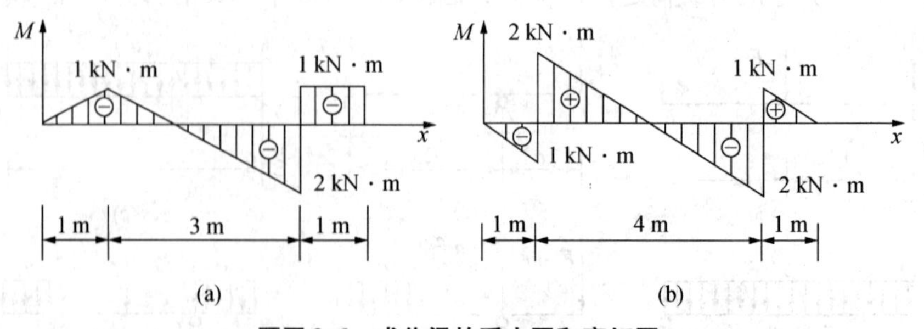

题图 8-6 求作梁的受力图和弯矩图

7. 矩形截面梁如题图 8-7 所示，求图中 Ⅰ-Ⅰ 截面上 A、B、C、D 点处的正应力，并指明是拉应力还是压应力。

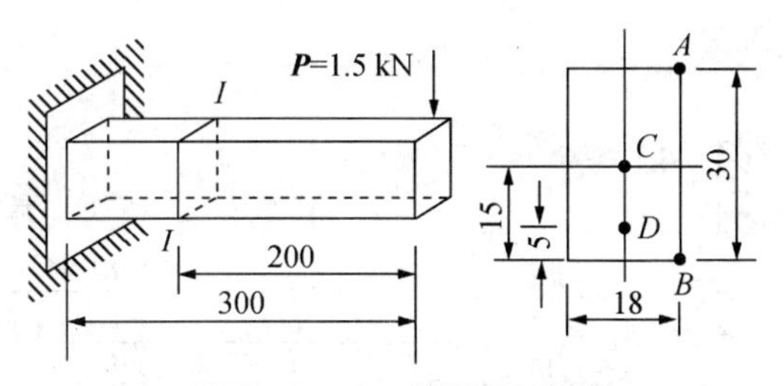

题图 8-7　矩形截面悬臂梁

8. 如题图 8-8 所示的外伸梁，已知 $M=4\,\mathrm{kN\cdot m}$，$a=1\,\mathrm{m}$，$q=2\,\mathrm{kN/m}$，弯曲时木材的容许力 $\boldsymbol{F}=2\,\mathrm{kN}$，试作出梁的弯矩图，并确定最大弯矩。

9. 矩形截面简支梁如题图 8-9 所示，已知 $\boldsymbol{P}=2\,\mathrm{kN}$，横截面的高宽比 $h/b=3$，材料为松木，其许用应力 $[\sigma]=10\,\mathrm{MPa}$，试选择截面尺寸。

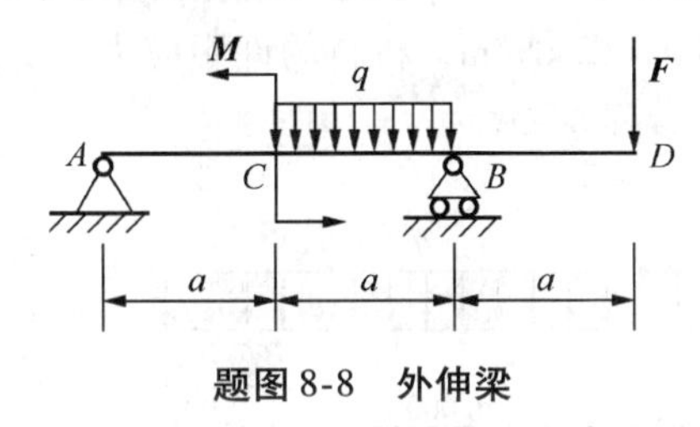

题图 8-8　外伸梁

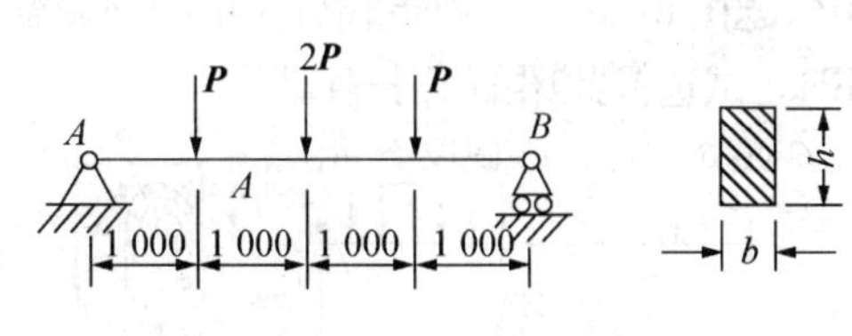

题图 8-9　矩形截面简支梁

10. 如题图 8-10 所示外伸梁，已知截面直径 $d=160\,\mathrm{mm}$，$l=1.6\,\mathrm{m}$，$a=0.25\,\mathrm{m}$，$\boldsymbol{F}=65\,\mathrm{kN}$，材料的许用应力 $[\sigma]=60\,\mathrm{MPa}$，试校核梁的强度。

11. 简支梁 AB 如题图 8-11 所示，截面由两根槽钢组成。已知 $\boldsymbol{F}_1=\boldsymbol{F}_4=12\,\mathrm{kN}$，$\boldsymbol{F}_2=\boldsymbol{F}_3=4\,\mathrm{kN}$，材料的许用应力为 $[\sigma]=120\,\mathrm{MPa}$，试选择槽钢的型号。

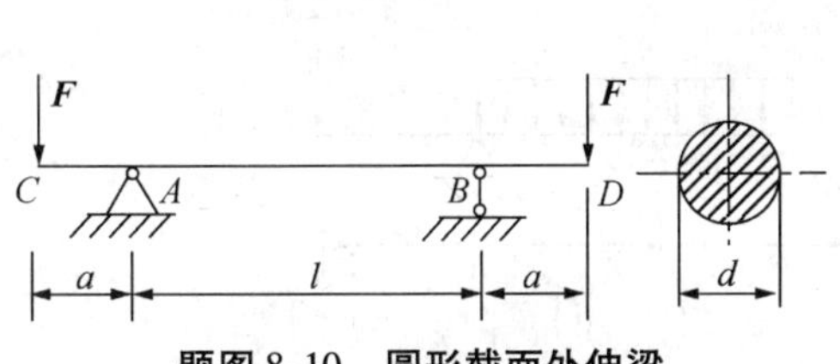

题图 8-10　圆形截面外伸梁

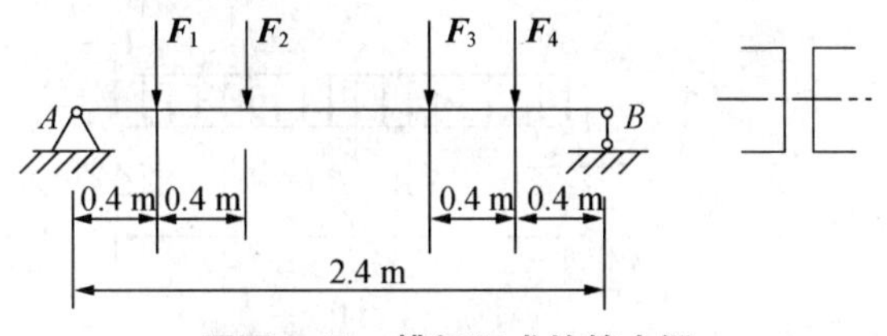

题图 8-11　槽钢组成的简支梁

12. 铸铁梁的载荷如题图 8-12 所示，已知 $q=10\,\mathrm{kN/m}$，$\boldsymbol{P}=12\,\mathrm{kN}$，许用拉应力 $[\sigma_1]=40\,\mathrm{MPa}$，许用压应力 $[\sigma_y]=100\,\mathrm{MPa}$。试按正应力强度条件校核该梁的强度。

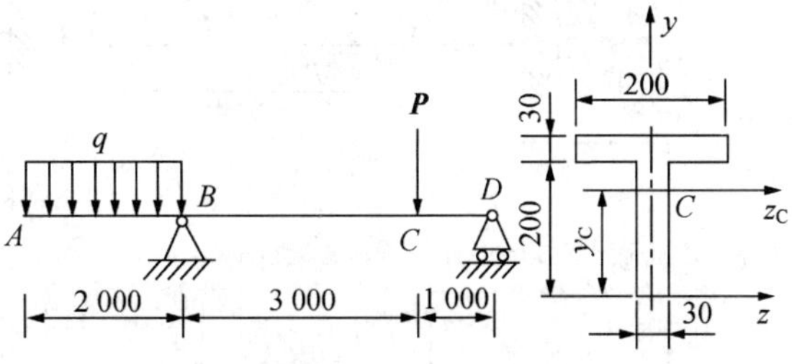

题图 8-12　铸铁梁

13. 题图 8-13 所示轧辊轴直径 $D=300\,\mathrm{mm}$，跨长 $L=1\,000\,\mathrm{mm}$，$l=450\,\mathrm{mm}$，$b=100\,\mathrm{mm}$，轧辊材料的许用应力 $[\sigma]=100\,\mathrm{MPa}$，求轧辊能承受的最大允许轧制力。

14. 一矩形截面外伸梁如题图 8-14 所示，已知材料的 $[\sigma]=100\,\mathrm{MPa}$，截面尺寸及受

力如图，试校核此梁的强度。

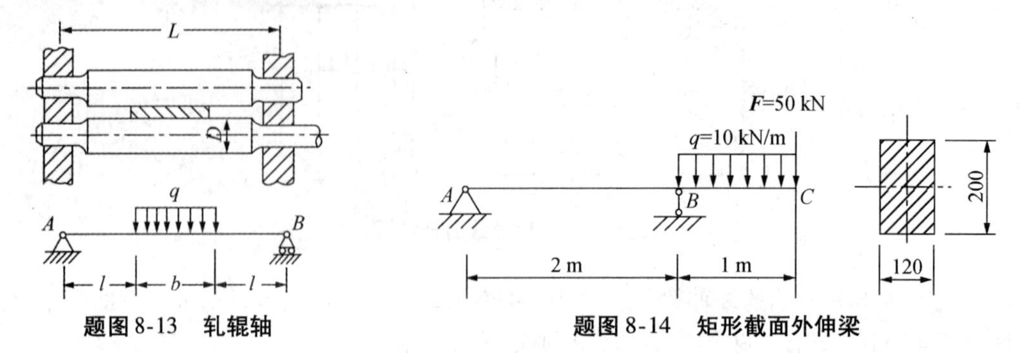

题图 8-13　轧辊轴　　　　题图 8-14　矩形截面外伸梁

15. 一矩形截面木梁受力如题图 8-15 所示，已知材料的许用应力 [σ] = 10 MPa，试求截面尺寸 b 和 h 的值。

16. 题图 8-16 为受均布载荷作用的外伸梁，已知 q = 12 kN/m，材料的许用应力 [σ] = 160 MPa。试选择此梁的工字钢型号。

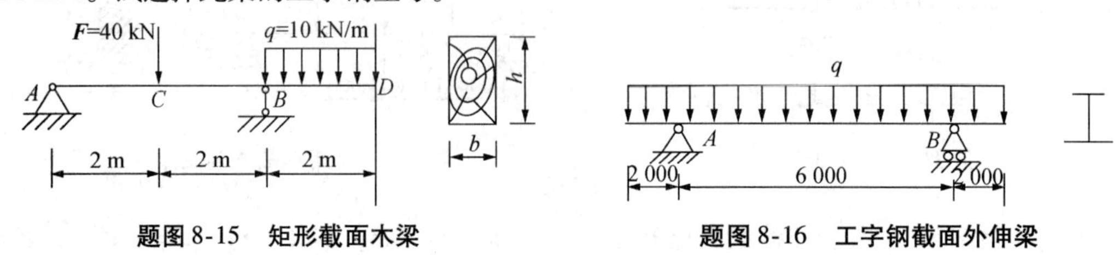

题图 8-15　矩形截面木梁　　　　题图 8-16　工字钢截面外伸梁

17. 试用叠加法求题图 8-17 所示各梁的变形，EI_z 为已知。

(a) y_c、θ_B；(b) y_B、θ_c；(c) y_B；(d) y_A、θ_B；(e) y_A、θ_B；(f) y_B、θ_B

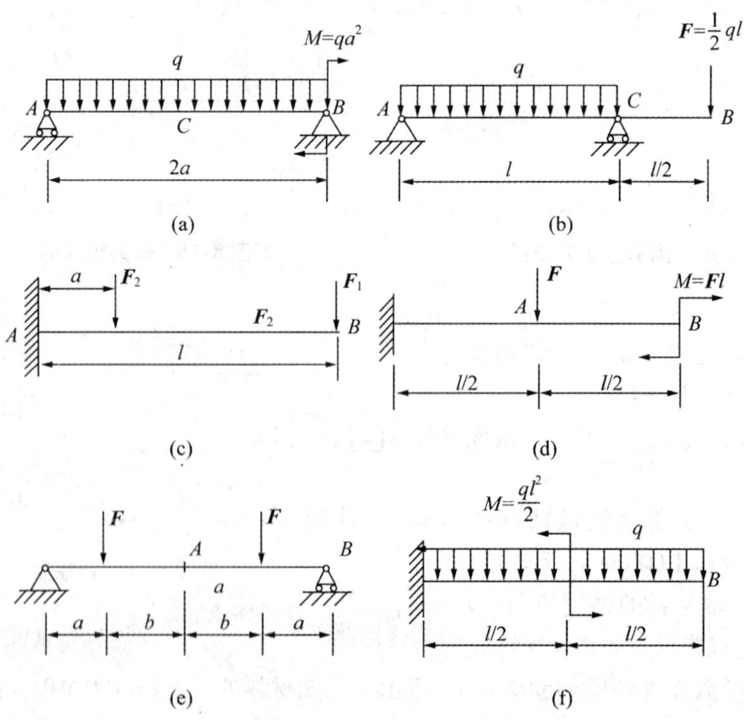

题图 8-17　求各梁的变形

第 9 章　组合变形构件的强度

- 组合变形的特点。
- 拉压及弯曲组合变形的强度计算。
- 弯扭弯曲组合变形的强度计算。

9.1　组合变形的概念

在第 5～8 章中，讨论的构件均是在单一载荷作用下，产生单一变形时的强度问题。但工程实际中，许多构件同时产生多种基本变形。例如，有的构件同时受到拉（压）与弯曲，或者同时受到弯曲与扭转的作用，如图 9-1～图 9-3 所示。像这种同时产生两种或两种以上基本变形的变形形式，称为组合变形。本章只介绍工程中常见的两种组合变形，即：拉伸（或压缩）与弯曲的组合变形；弯曲与扭转的组合变形。

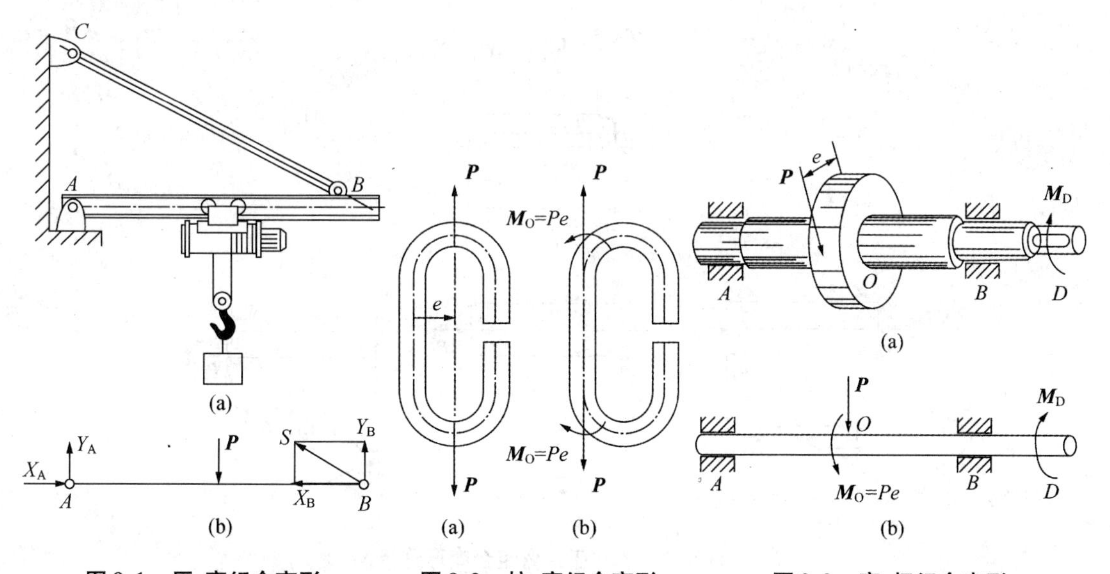

图 9-1　压-弯组合变形　　图 9-2　拉-弯组合变形　　图 9-3　弯-扭组合变形

9.2 拉伸（或压缩）与弯曲的组合变形

现以如图9-4所示的矩形截面悬臂梁为例，说明拉伸（或压缩）与弯曲组合变形的计算方法。

9.2.1 外力分析

力 $\boldsymbol{P}$ 作用在梁的自由端，虽在梁的纵向对称面内，但与轴线既不平行又不垂直，与梁轴线成 φ 角。首先，将外力沿轴线方向和垂直轴线方向进行分解，即：

$$\left.\begin{aligned}\boldsymbol{P}_1 &= \boldsymbol{P}\cos\varphi \\ \boldsymbol{P}_2 &= \boldsymbol{P}\sin\varphi\end{aligned}\right\} \tag{9-1}$$

显然，分力 $\boldsymbol{P}_1$ 使梁产生拉伸变形，如图9-4（c）所示；分力 $\boldsymbol{P}_2$ 使杆梁产生弯曲变形，如图9-4（d）所示。故梁在载荷 $\boldsymbol{P}$ 作用下，产生拉伸和弯曲的组合变形。

9.2.2 内力和应力计算

因为分力 $\boldsymbol{P}_1$ 使梁产生拉伸变形，且各截面轴力相等，即 $\boldsymbol{N}=\boldsymbol{P}_1$，故由此产生的正应力 σ_1 均匀连续分布，如图9-4（f）所示，其大小为：$\sigma_1=\dfrac{\boldsymbol{P}_1}{A}$；分力 $\boldsymbol{P}_2$ 使杆梁产生弯曲变形，固定端截面的弯矩最大，此截面为危险截面，此时横截面上的应力分布如图9-4（g）所示，最大弯曲正应力的绝对值为：

$$\sigma_W=\frac{M_{max}}{W_z}=\frac{P_2 l}{W_z} \tag{9-2}$$

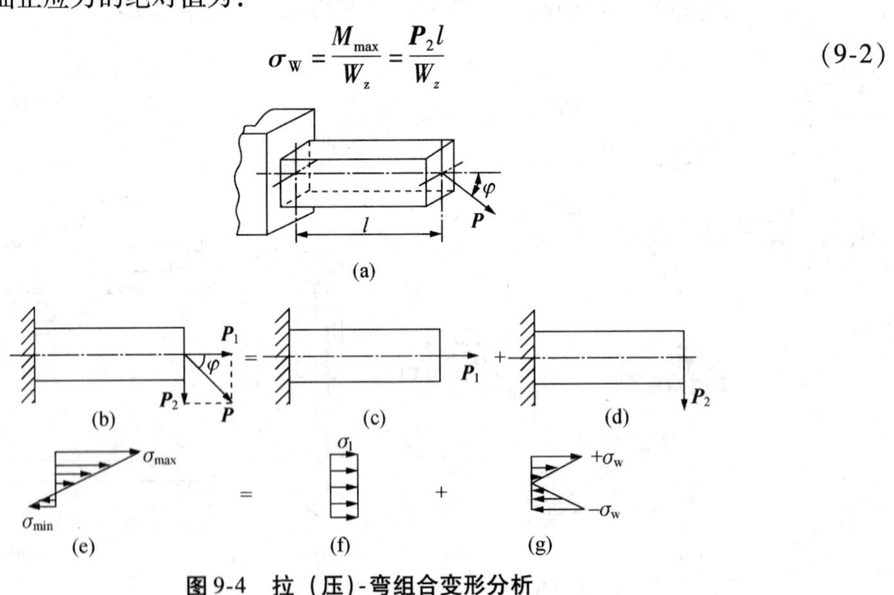

图9-4　拉（压）-弯组合变形分析

由于梁任一截面上的应力都有拉伸产生的正应力与弯曲产生的正应力，同一截面上两种应力平行，所以叠加时可以代数相加。当 $\sigma_1<\sigma_W$ 时，固定端截面上的应力分布如图9-4（e）所示，而且上下边缘的最大正应力分别为：

$$\left.\begin{aligned}\sigma_{max}=\sigma_1+\sigma_W=\frac{P_1}{A}+\frac{M_{max}}{W_z}\\ \sigma_{min}=\sigma_1-\sigma_W=\frac{P_1}{A}-\frac{M_{max}}{W_z}\end{aligned}\right\}\tag{9-3}$$

9.2.3 强度条件

为了保证此组合变形杆件的承载能力，必须使其横截面上的最大正应力小于或等于材料的许用应力。即：

$$\sigma_{max}\leqslant[\sigma]\tag{9-4}$$

故得出：

$$\sigma_{max}=\sigma_1+\sigma_W=\frac{P_1}{A}+\frac{M_{max}}{W_z}\leqslant[\sigma]\tag{9-5}$$

式（9-5）即为构件在拉-弯组合变形时的强度条件。若为压-弯组合变形，则其强度条件为：

$$\sigma_{max}=\left|-\frac{F_x}{A}-\frac{M_{max}}{W_z}\right|\leqslant[\sigma]\tag{9-6}$$

对于塑性材料，$[\sigma]$ 取材料的拉伸许用应力；对于脆性材料，因材料的抗拉与抗压强度不同，故应分别校核。

【例9.1】 钩头螺栓连接如图9-5（a）所示，若已知螺纹内径 $d=10\,mm$，偏心距 $e=10\,mm$，载荷 $P=1\,kN$，许用应力 $[\sigma]=140\,MPa$，试校核螺栓杆的强度。

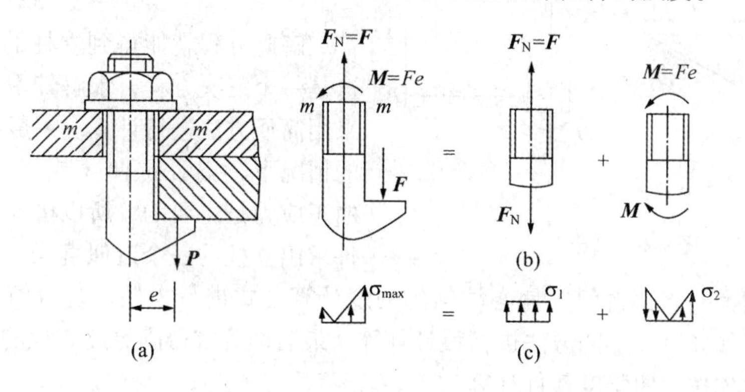

图9-5 钩头螺栓

解：(1) 外力分析：因钩头受力不在轴线上，故将钩头所受的力向轴心上平移，得出一个力 $F_N=P$ 和一个力偶 $M=Fe$，故在力 F_N 和力偶 M 作用下，钩头产生拉伸和弯曲的组合变形。

(2) 内力、应力分析：用截面法求螺杆任意截面 mm 的内力。如图9-5（b）所示，其中轴力 $F_N=P$，弯矩为 $M=Fe$，靠近钩头内侧的各点，正应力值最大。画出应力分布图，如图9-5（c）所示。其值为：

$$\sigma_{max}=\frac{F_N}{A}+\frac{Fe}{W_z}=\frac{1\,000}{\pi\times10^2/4}+\frac{1\,000\times10}{\pi\times10^3/32}=115\ (MPa)$$

（3）强度校核：$\sigma_{max}=115\ \text{MPa}<[\sigma]$，故螺栓杆安全可用。

【例9.2】 如图9-6（a）所示钻床，钻孔时受到压力 $\boldsymbol{P}=15\ \text{kN}$，已知偏心矩 $e=400\ \text{mm}$，铸铁材料的许用拉应力 $[\sigma_1]=35\ \text{MPa}$，$[\sigma_y]=120\ \text{Mpa}$，试计算铸铁立柱所需的直径。

解：（1）外力分析。

立柱在外力 $\boldsymbol{P}$ 的作用下产生偏心拉伸，可分解为拉伸与弯曲的组合变形。

（2）内力、应力分析。

用截面法将立柱假想地截开，取上端部分为研究对象，如图9-6（b）所示。由平衡条件可求得立柱的轴力和弯矩分别为：

$$N=\boldsymbol{P}=1.5\times10^4\ \text{N}=15\ \text{kN}$$

$$M=Pe=15\times0.4\ \text{kN}\cdot\text{m}=6\ \text{kN}\cdot\text{m}=6\times10^6\ \text{N}\cdot\text{mm}$$

立柱横截面面积为 $A=\dfrac{\pi d^2}{4}$，对中性轴的抗弯截面系数为 $W_z=\dfrac{\pi d^3}{32}$。

轴力产生的拉应力为：$\sigma_1=\dfrac{\boldsymbol{N}}{A}=\dfrac{\boldsymbol{P}}{A}$，弯矩产生的最大弯曲正应力为：$\sigma_{max}=\dfrac{\boldsymbol{M}}{\boldsymbol{W}_z}=\dfrac{Pe}{\boldsymbol{W}_z}$。

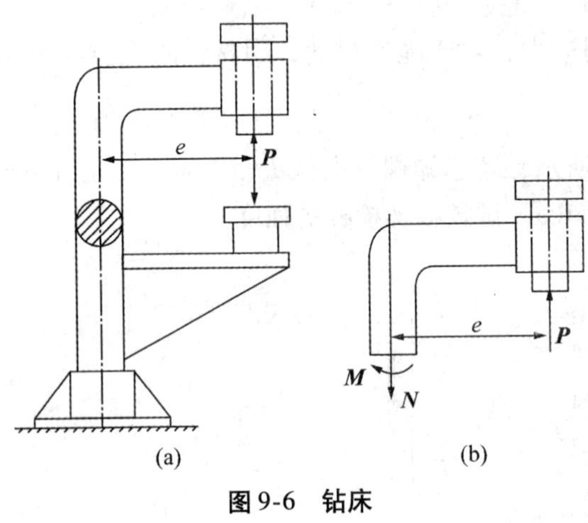

图9-6　钻床

（3）强度计算。

由于铸铁抗拉能力较差，而抗压能力较强，故应对受拉侧进行强度计算。故有：

$$\frac{\boldsymbol{P}}{A}+\frac{Pe}{W_z}=\frac{1.5\times10^4}{\frac{\pi d^2}{4}}+\frac{6\times10^6}{\frac{\pi d^3}{32}}\leqslant 35\ \text{MPa}$$

解此方程就能得到立柱的直径 d，但因这是一个三次方程，求解较困难。因此，可采用简便方法进行计算。一般在偏心距较大的情况下，偏心拉伸（或压缩）杆件的弯曲正应力是主要的，所以可先按弯曲强度条件求出立柱的一个近似直径，然后将此直径的数值稍微增大一点，再代入偏心拉伸的强度计算公式进行校核，若数值相差较大，再作适当改变，如此以试凑的方法进行设计计算。最后即可求得满足此方程的直径。

故此问题先按弯曲强度条件计算：

$$\frac{Pe}{W_z}=\frac{6\times10^6}{\frac{\pi d^3}{32}}\leqslant 35\ \text{MPa}$$

解得满足上式的立柱直径 $d=120\ \text{mm}$。将此值稍加增大，现取 $d=125\ \text{mm}$ 代入偏心拉伸的强度条件中校核，得：

$$\frac{\boldsymbol{P}}{A}+\frac{Pe}{W_z}=\frac{1.5\times10^4}{\frac{3.14\times125^2}{4}}+\frac{6\times10^6}{\frac{3.14\times125^3}{32}}=32.4\ \text{MPa}\leqslant[\sigma_l]=35\ \text{MPa}$$

满足强度条件，故最后选取立柱直径 $d=125\ \text{mm}$ 即可。

9.3 扭转与弯曲的组合变形

工程中的很多杆件，不仅受到垂直于轴线的外力作用，而且还受到垂直于杆件轴线的力偶作用，使杆件既产生弯曲又产生扭转，故为弯曲与扭转的组合变形。下面讨论弯-扭组合变形的强度计算。

9.3.1 外力分析

如图9-7（a）所示，圆周力 $\boldsymbol{P}$ 作用在齿轮的节圆上，D 点的联轴器给传动轴一个主动力偶 $\boldsymbol{m}$，齿轮轴的受力如9-7（b）所示。把力 $\boldsymbol{P}$ 向齿轮中心简化，可知作用于轴上的是一个与轴线垂直的力 $\boldsymbol{P}$ 和一个作用面垂直于轴线的力偶 $\boldsymbol{m}=\boldsymbol{PR}$，如图9-7（c）所示。力 $\boldsymbol{P}$ 使轴产生弯曲变形，如图9-7（d）所示；力偶 $\boldsymbol{m}$ 使轴产生扭转变形，如图9-7（e）所示，所以此轴 CD 段产生的是弯曲与扭转的组合变形。

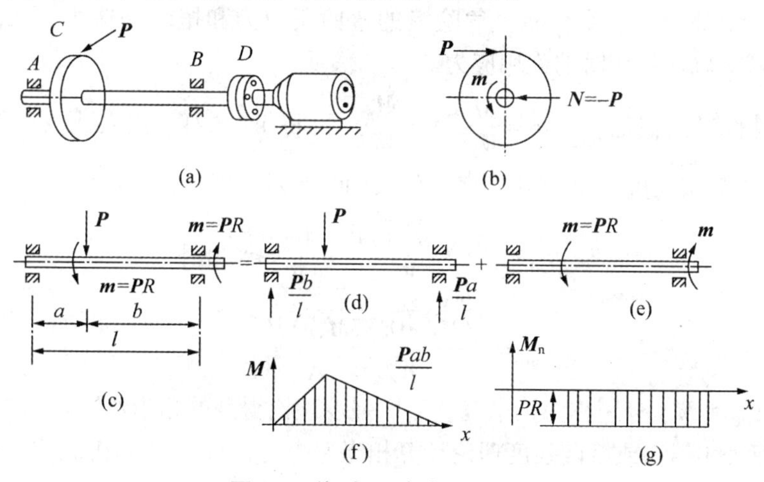

图9-7 弯-扭组合变形的分析

9.3.2 内力分析

力 $\boldsymbol{P}$ 单独作用时，弯矩图如图9-7（f）所示，截面上的最大弯矩为：$M_{max}=\dfrac{\boldsymbol{P}ab}{l}$；力偶单独作用时，扭矩图如图9-7（g）所示，截面上的最大扭矩为：$M_n=-\boldsymbol{m}=-\boldsymbol{PR}$。由内力图可知，$C$ 截面弯矩最大，故 C 截面为危险截面。

9.3.3 应力分析

从以上分析可知，C 截面弯矩 M 产生的正应力 σ 垂直横截面，且在上、下边缘最大；由扭矩 M_n 产生的切应力 τ 平行横截面，且边缘最大。横截面上应力分布如图9-8所示，C 截面上正上方和正下方两点应力达到最大值，是危险点。其值为：

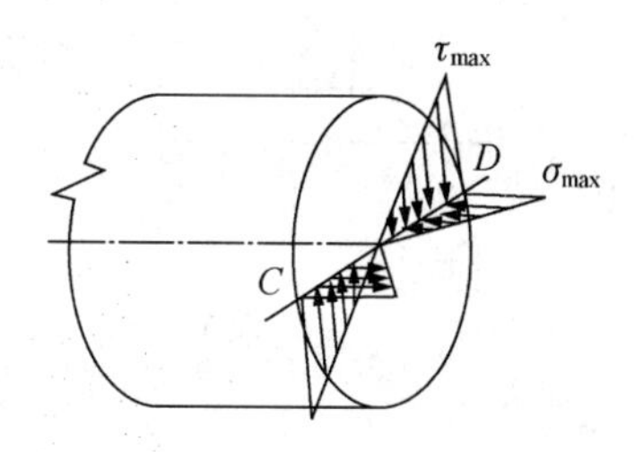

图9-8 弯-扭组合变形的应力分布

$$\sigma = \frac{M}{W_z} \tag{9-7}$$

$$\tau = \frac{M_n}{W_n} \tag{9-8}$$

9.3.4 强度计算

由于在弯曲与扭转组合变形中，构件横截面上的切应力和正应力分别作用在两个互相垂直的平面内，故不能采用简单应力叠加的方法，而应采用第三强度理论或第四强度理论进行计算，其强度计算公式如下。

运用第三强度理论计算公式为：

$$\sigma_{xd3} = \sqrt{\sigma^2 + 4\tau^2} \leqslant [\sigma] \tag{9-9}$$

运用第四强度理论计算公式为：

$$\sigma_{xd4} = \sqrt{\sigma^2 + 3\tau^2} \leqslant [\sigma] \tag{9-10}$$

式中，σ 和τ分别为危险截面上危险点的弯曲正应力和扭转切应力；σ_{xd}称为相当应力；$[\sigma]$ 一般为轴向拉压时的许用应力。

对于塑料材料圆截面杆，$\sigma = \frac{M}{W_z}$，$\tau = \frac{M_n}{W_n}$，再将 $W_n = 2W_z$ 代入式（9-9）和式（9-10），得到以弯矩 M、扭矩 M_n 和抗弯截面系数 W_z 表示的强度条件：

$$\sigma_{xd3} = \frac{\sqrt{M^2 + M_n^2}}{W_z} = \frac{M_{xd3}}{W_z} \leqslant [\sigma] \tag{9-11}$$

$$\sigma_{xd4} = \frac{\sqrt{M^2 + 0.75M_n^2}}{W_z} = \frac{M_{xd4}}{W_z} \leqslant [\sigma] \tag{9-12}$$

式中，M_{xd3}和 M_{xd4}分别称为按第三、第四强度理论得到的相当弯矩。

必须注意，用第三或第四强度理论计算相当弯矩时，弯矩 M 和扭矩 M_n 必须是同一截面的。对于等截面轴，相当弯矩最大的截面是危险截面。

【例 9.3】 如图 9-9（a）所示为电动机带动的轴，其中 C 点上装有一个重 $\boldsymbol{G} = 2$ kN，直径 $D = 500$ mm 的带轮，带紧边的张力 $\boldsymbol{F}_{T1} = 5$ kN，松边的张力 $\boldsymbol{F}_{T2} = 3$ kN，轴长度$l = 1.2$ m，轴材料许用应力 $[\sigma] = 80$ MPa。试用第三强度理论设计轴的直径 d。

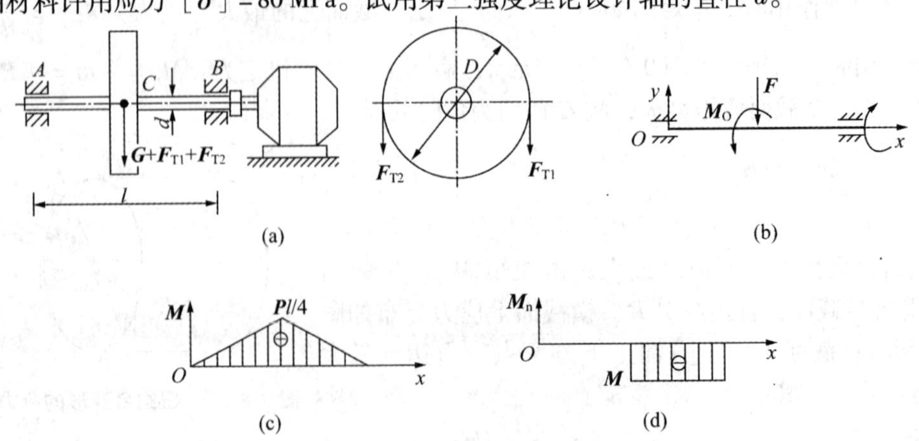

图 9-9 电动机带动的轴

解：(1) 外力分析。

将轮上的带张力 $\boldsymbol{F}_{T1}$ 和 $\boldsymbol{F}_{T2}$ 向轮轴线平移，简化后得到一个作用于轴上的横向力 $\boldsymbol{P}$ 和一个转矩 $\boldsymbol{M}_O$，画出轴的受力图，如图9-9（b）所示。

$$\boldsymbol{P}=\boldsymbol{G}+\boldsymbol{F}_{T1}+\boldsymbol{F}_{T2}=2+5+3=10\ (\text{kN})$$

该力使轴产生弯曲变形。

$$M_O=\boldsymbol{F}_{T1}\frac{D}{2}-\boldsymbol{F}_{T2}\frac{D}{2}=(5-3)\ \frac{500}{2}=500\ (\text{kN}\cdot\text{mm})$$

该力使轴产生扭转变形。

故 CB 段产生弯曲与扭转的组合变形。

(2) 内力分析。

绘出力 $\boldsymbol{F}$ 单独作用时的弯矩图，如图9-9（c）所示。其值为：

$$M_{max}=\frac{\boldsymbol{P}l}{4}=\frac{10\times 1\,200}{4}=3\,000\ (\text{kN}\cdot\text{mm})$$

绘出力 M_n 单独作用时的扭矩图，如图9-9（d）所示。最大弯矩在轴的 C 截面处，其值为：

$$M_n=M_O=500\ (\text{kN}\cdot\text{mm})$$

从弯矩图和扭矩图可看出：C 截面为危险截面。

(3) 强度校核。

按第三强度理论设计轴径：

$$\sigma_{xd3}=\frac{\sqrt{M^2+M_n^2}}{W_z}=\frac{1}{0.1d^3}\sqrt{(3\times10^6)^2+(5\times10^5)^2}\leqslant[\sigma]=80$$

$$d^3\geqslant\frac{1}{0.1\times80}\sqrt{(3\times10^6)^2+(5\times10^5)^2}=380\,173\ (\text{mm}^3)$$

$$d\geqslant\sqrt[3]{380\,173}\approx72\ (\text{mm})$$

故选直径为72 mm 的轴即可。

【例9.4】 如图9-10（a）所示的传动轴，已知带的拉力 $\boldsymbol{T}=5\,\text{kN}$，$\boldsymbol{t}=2\,\text{kN}$，带轮直径 $D=160\,\text{mm}$，齿轮的节圆直径 $d_0=100\,\text{mm}$，压力角 $\alpha=20°$，轴的许用应力 $[\sigma]=80\,\text{MPa}$。试按第三强度理论设计轴的直径 d。

解：(1) 外力分析。

取整体为研究对象，可知：

$$\sum M_x\ (\boldsymbol{F})=0,\ \boldsymbol{P}\frac{d_0}{2}-(\boldsymbol{T}-\boldsymbol{t})\ \frac{D}{2}=0$$

解得：
$$\boldsymbol{P}=4.8\,\text{kN}$$

故：
$$\boldsymbol{Q}=\boldsymbol{P}\text{tg}20°=4.8\text{tg}20°=1.7\ (\text{kN})$$

轴的受力如图9-10（b）所示。其中 $\boldsymbol{Q}$、$\boldsymbol{T}$、$\boldsymbol{t}$ 使轴在铅垂平面 xoy 内产生弯曲变形；力 $\boldsymbol{P}$ 使轴在水平面 zox 内产生弯曲变形；力偶 $\boldsymbol{m}_1$、$\boldsymbol{m}_2$ 使轴的 CD 段产生扭转变形，故 CD 段是弯曲与扭转的组合变形。

(2) 内力分析。

画弯矩图和扭矩图。

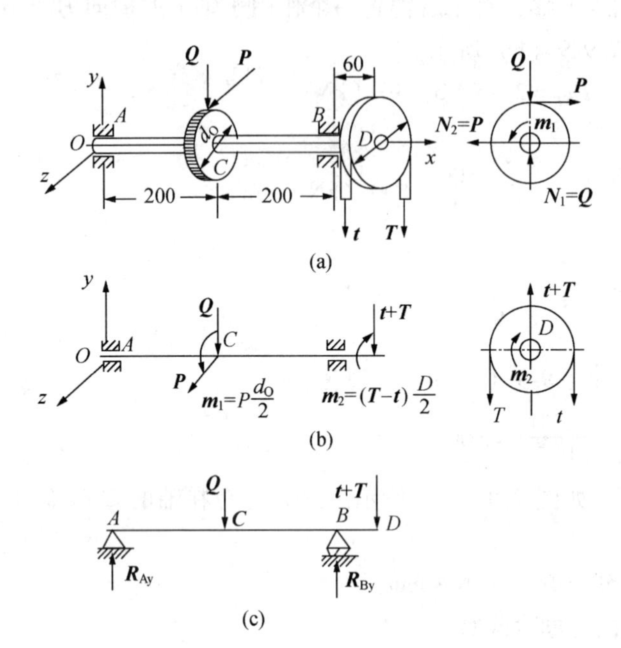

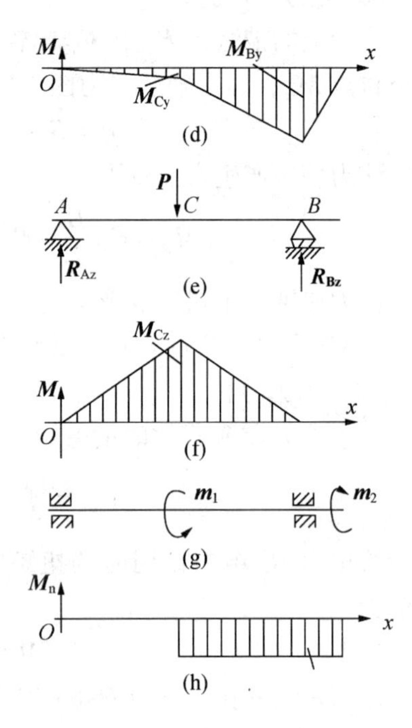

图 9-10　传动轴

铅垂面内受力如图 9-10（c）所示，计算得出：

$$\boldsymbol{R}_{Ay}=0.2\ \text{kN},\ \boldsymbol{R}_{By}=8.9\ \text{kN}$$

弯矩如图 9-10（d）所示，其中 C 和 B 截面的弯矩分别为：

$$M_{Cy}=\boldsymbol{R}_{Ay}\times 0.2=200\times 0.2=40\ (\text{N}\cdot\text{m})$$

$$M_{By}=(\boldsymbol{T}+\boldsymbol{t})\times 0.06=7\,000\times 0.06=420\ (\text{N}\cdot\text{m})$$

水平面内受力如图 9-10（e）所示，计算得出：

$$\boldsymbol{R}_{Az}=\boldsymbol{R}_{Bz}=\frac{\boldsymbol{P}}{2}=2.4\ \text{kN}$$

弯矩如图 9-10（f）所示，其中 C 和 B 截面的弯矩分别为：

$$M_{Cz}=\boldsymbol{R}_{Az}\times 0.2=2.4\times 0.2=0.48\ (\text{kN}\cdot\text{m})\ =480\ (\text{N}\cdot\text{m})$$

$$M_{Bz}=0$$

由弯矩图叠加得到 C 和 B 截面的弯矩分别为：

$$M_C=\sqrt{M_{Cy}^2+M_{Cz}^2}=\sqrt{40^2+480^2}=481.7\ (\text{N}\cdot\text{m})$$

$$M_B=420\ \text{N}\cdot\text{m}$$

扭矩如图 9-10（h）所示，各截面扭矩为：

$$M_n=\boldsymbol{m}_1=\boldsymbol{m}_2=\boldsymbol{P}\frac{d_0}{2}=(\boldsymbol{T}-\boldsymbol{t})\ \frac{\text{D}}{2}=240\ N\cdot m$$

从扭矩图和弯矩图比较可知，危险截面位于 C 截面，该截面上的弯矩为：

$$M_C=481.7\ \text{N}\cdot\text{m}$$

扭矩为：

$$M_n = 240\ \text{N} \cdot \text{m}$$

(3) 强度计算。

由第三强度理论设计轴径：

$$\sigma_{xd3} = \frac{\sqrt{M_c^2 + M_n^2}}{W_z} = \frac{\sqrt{(481.7)^2 + 240^2} \times 10^3}{\frac{\pi \times d^3}{32}} = \frac{538.2 \times 32 \times 10^3}{\pi \times d^3} \leqslant [\sigma] = 80\ \text{MPa}$$

$$d \geqslant \sqrt[3]{\frac{538.2 \times 32 \times 10^3}{3.14 \times 80}} = 40.9\ \text{mm}$$

故取 $d = 41$ mm 的轴即可满足强度。

本 章 小 结

1. 组合变形。

构件同时承受两种或两种以上的基本变形。组合变形的讨论方法如下。

(1) 根据外力分析确定杆件变形的组合形式。

(2) 根据内力分析，画出内力图，找出危险截面的位置。

(3) 通过应力分析，找到危险点。

(4) 建立强度条件，进行强度计算。

2. 组合变形的强度条件。

(1) 拉（压）与弯曲组合变形的强度条件。

$$\sigma_{max} = \left| \pm \frac{N}{A} \pm \frac{M_{max}}{W_z} \right| \leqslant [\sigma]$$

(2) 弯曲与扭转组合变形的强度条件。

第三强度理论：

$$\sigma_{xd3} = \frac{\sqrt{M^2 + M_n^2}}{W_z} \leqslant [\sigma]$$

第四强度理论：

$$\sigma_{xd4} = \frac{\sqrt{M^2 + 0.75 M_n^2}}{W_z} \leqslant [\sigma]$$

思 考 题

1. 什么是组合变形？试举例说明常见的组合变形。
2. 如何确定组合变形构件中的危险截面和危险点的位置？
3. 试判断思考题图 9-1 中杆 AB、BC 和 CD 各产生哪些基本变形？
4. 如思考题图 9-2 所示，在正方形截面短柱的中间处开一个槽，使横截面面积减少为原来截面面积的一半，若加一外力 $\boldsymbol{P}$，试求最大正应力比不开槽时增大几倍?

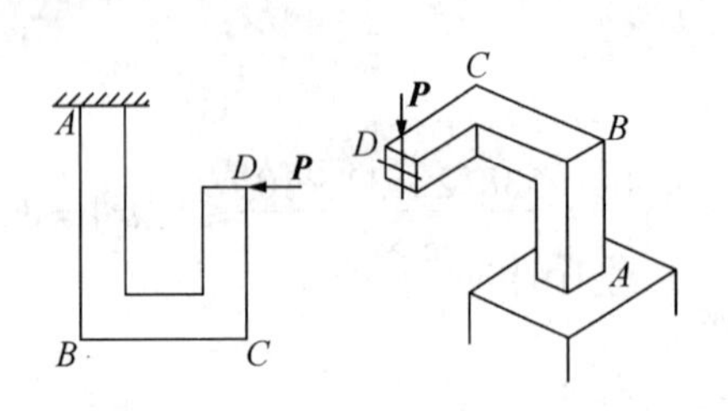

思考题图 9-1　判断杆件的变形

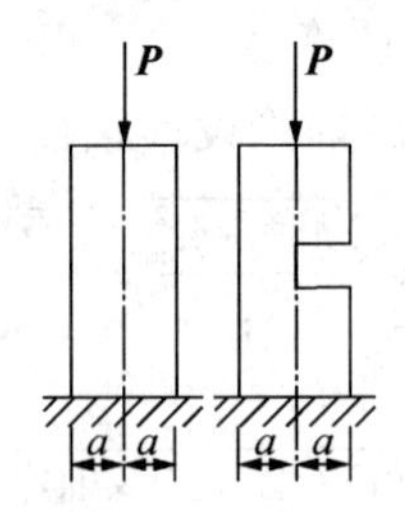

思考题图 9-2　正方形短柱

习　　题

1. 试求如题图 9-1 所示的钢质链环在下列两种情况下，链环中段横截面上的最大拉应力。已知链环直径 $d=40$ mm，设 $\boldsymbol{F}=10$ kN，$a=60$ mm。

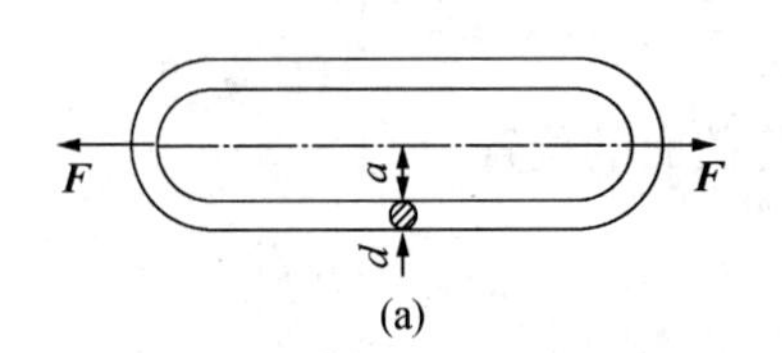

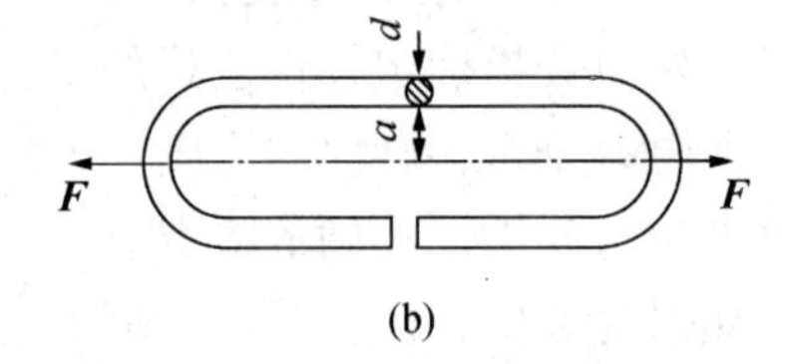

题图 9-1　钢质链环

2. 起重机如题图 9-2 所示，横梁 AB 用两根 18 号槽钢制成，拉杆 BC 用圆钢制成，其直径 $d=20$ mm。梁与拉杆的许用应力相同，$[\sigma]=120$ MPa，试求机架的最大起重量。

3. 夹具如题图 9-3 所示，$\boldsymbol{F}=2$ kN，偏心距 $e=60$ mm，竖杆为矩形截面，$b=10$ mm，$h=22$ mm，材料的屈服极限 $\sigma_s=240$ MPa，规定的安全系数 $n=1.5$，试校核竖杆的强度。

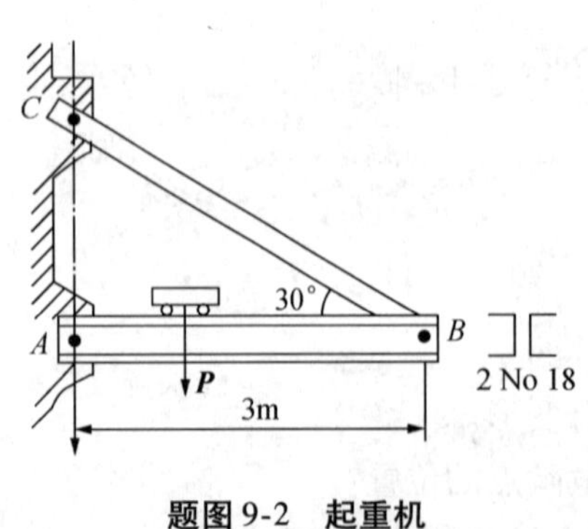

题图 9-2　起重机

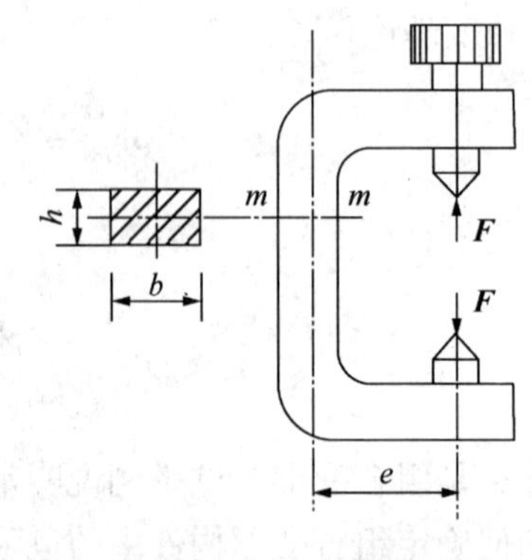

题图 9-3　夹具

4. 如题图 9-4 所示手摇绞车，车轴横截面为圆形，直径 $d=30$ mm，其许用应力

[σ] = 100 MPa，试按第三强度理论计算最大起吊重量。

5. 题图 9-5 所示带传动由电动机带动，带轮直径 $D = 400$ mm，带轮自重 $\boldsymbol{G} = 900$ N，带轮紧边与松边拉力之比为 $\boldsymbol{T}/\boldsymbol{t} = 2$，$\boldsymbol{T} = 5$ kN，轴的许用应力 [σ] = 100 MPa，按第四强度理论选择轴的直径。

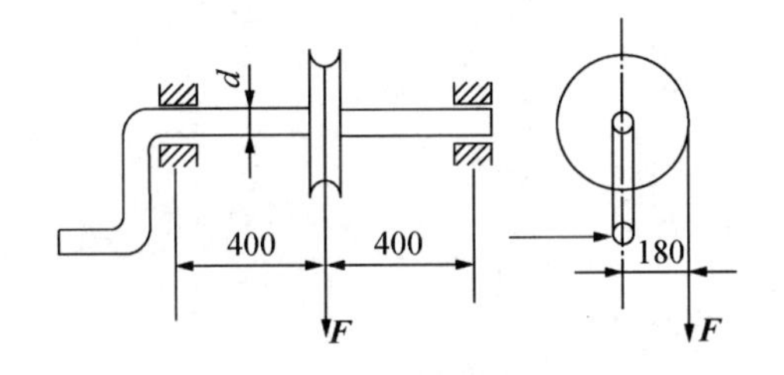

题图 9-4　手摇绞车

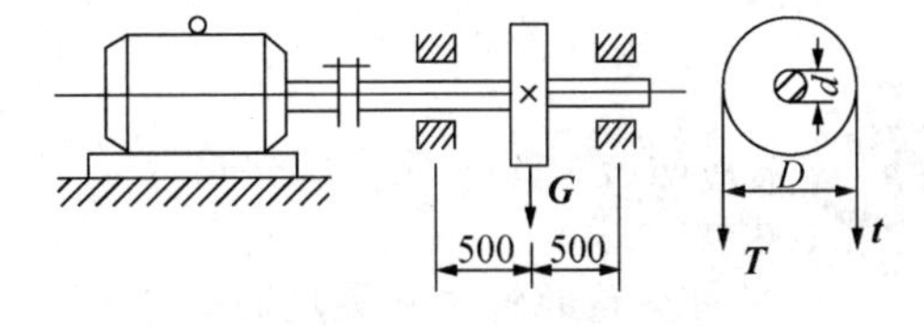

题图 9-5　带传动

6. 如题图 9-6 所示为一卷扬机减速器中的高速齿轮轴。已知电动机功率 $P = 7.5$ kW，转速 $n = 960$ r/min，齿轮的压力角 $\alpha = 20°$，齿轮分度圆直径 $D = 150$ mm，轴的直径 $d = 29$ mm，材料的许用应力 [σ] = 90 MPa，按第三强度理论校核轴的强度。

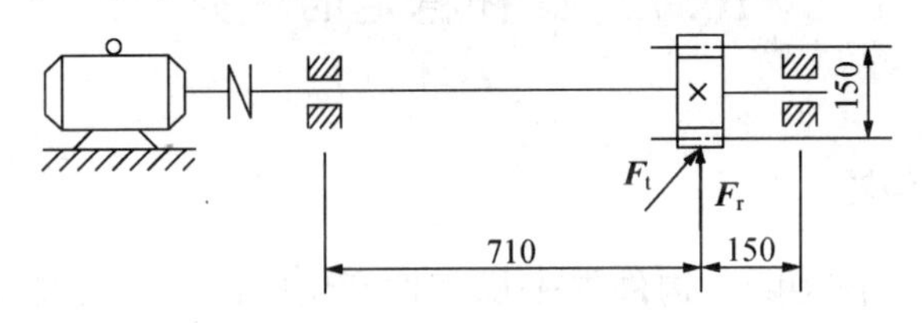

题图 9-6　齿轮传动轴

7. 如题图 9-7 所示传动轴，传递的功率 $P = 10$ kW，轴的转速 $n = 100$ r/min，A 轮上的皮带是水平的，B 轮上的皮带是铅垂的，若两轮直径均为 $D = 500$ mm，且皮带张力 $\boldsymbol{F}_{T1} = 2\boldsymbol{F}_{T2}$，轴的许用应力 [σ] = 90 MPa，按第三强度理论选择轴的直径 d。

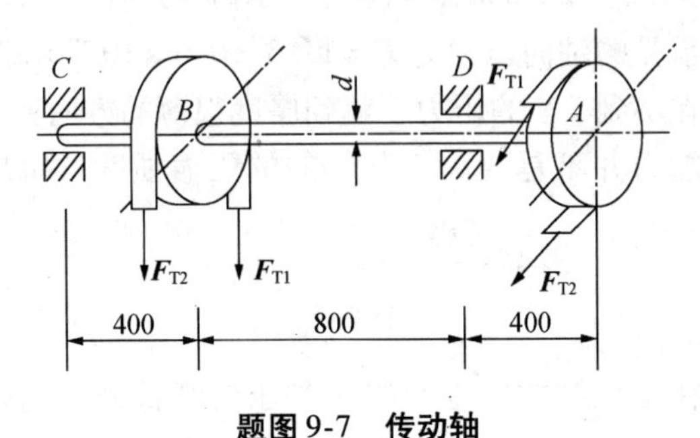

题图 9-7　传动轴

第 10 章　压 杆 稳 定

- 压杆失稳的特征及柔度的概念。
- 欧拉公式的适用范围，压杆的临界载荷和临界应力。
- 各种约束情况下压杆稳定性计算。

10.1　压杆稳定的概念

10.1.1　稳定性问题

稳定性问题来自工程实践。构件失去稳定性产生的破坏常常是突然发生的。加拿大奎贝克桥 1907 年、1916 年两次失事；瑞士孟汉希太因桥 1896 年的破坏，两百多人丧生等惨痛的事件，迫使人们开始认真研究稳定性问题。在工程设计中，常常采用空心圆轴代替实心圆轴，故常会遇到细长或薄壁构件。当这种措施超过一定极限以后，就会发生主要矛盾的转化：从强度失效转化到稳定失效。例如，取一根平直的钢锯条，长度为 310 mm，横截面尺寸为 $11.5\times0.6\ mm^2$，材料的许用应力 $[\sigma]=230$ MPa，根据强度条件可以计算出钢锯条能够承受的轴向压力为 $\boldsymbol{F}=11.5\times0.6\times10^{-6}\times230\times10^{6}\ N\approx1600\ N$。而实际上，这个钢锯条会在不到 5 N 的压力下就朝厚度很薄的方向弯曲，丧失承载能力。由此可见，钢锯条的承载能力并不是取决于其轴向的压缩强度，而是与它受压时直线形式的平衡失去稳定性有关。

10.1.2　临界压力

与此类问题相似，在工程结构中也有很多受压的细长杆。例如，内燃机配气机构中的挺杆，磨床液压装置的活塞杆，空气压缩机、蒸汽机的连杆，以及桁架结构中的受压杆、建筑物中的柱等，在设计时都要考虑稳定性的要求。

构件在平衡的前提下，平衡形式可以是稳定平衡、不稳定平衡和临界平衡。因此，受压直杆也存在三种类似的平衡状态。当轴向压力 $\boldsymbol{F}$ 小于某个数值 $\boldsymbol{F}_{cr}$时，无论什么干扰使其稍离平衡位置，如图 10-1（b）中虚线所示，只要干扰消除，压杆就会自动恢复到原平衡位置，如图 10-1（b）中实线所示，这表明压杆的平衡是稳定的。当轴向压力 $\boldsymbol{F}$ 大于 $\boldsymbol{F}_{cr}$时，任何微小的扰动都会破坏压杆的平衡，如图 10.1（d）所示，这表明压杆的平衡是不稳定的。当轴向压力 $\boldsymbol{F}$ 等于 $\boldsymbol{F}_{cr}$ 时，压杆的平衡处于稳定平衡和不稳定平衡的中间状态，即临界状态。压杆处于临界状态时的轴向压力称为**临界压力**，简称临界载荷。

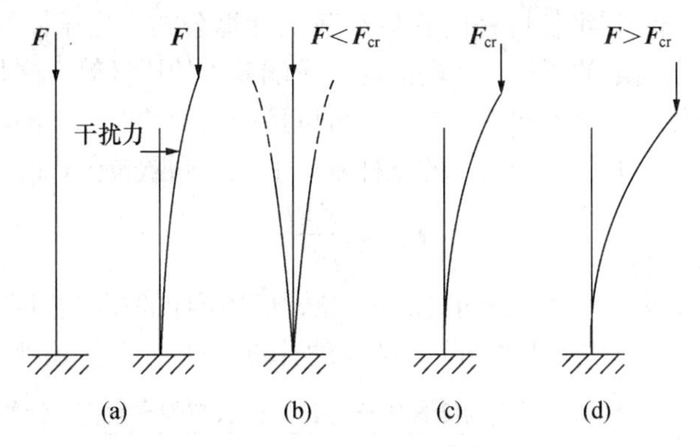

图 10-1　受压直杆平衡状态

压杆的稳定性是指压杆维持原有平衡形式的能力。很明显，压杆的平衡状态是否稳定，与轴向压力 $\boldsymbol{F}$ 的数值有关，而临界载荷 $\boldsymbol{F}_{cr}$ 则是判断压杆稳定性的重要指标。压杆失去稳定平衡状态的现象称为**失稳**，或称为屈曲。杆件失稳后，可以导致整个机器或结构的损坏。但细长压杆失稳时，应力并不一定很高，有时甚至低于比例极限。可见这种形式的失效并非强度不足，而是稳定性不够。失稳是构件失效形式之一，因此平衡状态稳定性的研究具有重要意义。

10.2　细长压杆的临界载荷与欧拉公式

由 10.1 节的分析可知，对于中心受压的直杆，只有当轴向压力 $\boldsymbol{F}$ 等于临界载荷 $\boldsymbol{F}_{cr}$ 时，压杆才可能在微弯的状态下稍离原轴线的位置保持平衡。这个最小轴向压力，即为压杆的临界载荷。本节以两端铰支细长受压杆为例，说明确定临界载荷的方法。

10.2.1　两端铰支细长压杆的临界载荷的计算

细长压杆两端为铰支约束，如图 10-2 所示，设压杆处于临界状态，并具有微弯的平衡形式。其临界载荷的计算式为：

$$\boldsymbol{F}_{cr}=\frac{\pi^2 EI}{l^2} \tag{10-1}$$

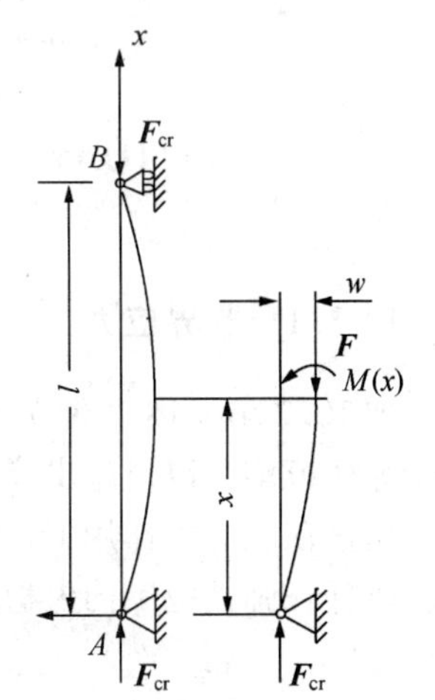

图 10-2　两端铰支受压细长杆

式（10-1）也称为理想压杆两端铰支的临界力欧拉公式。式中，EI 为弯曲刚度，l 为压杆长度。EI 应取最小值。在材料给定的情况下，惯性矩 I 应取最小值，这是因为杆件总是在抗弯能力最小的纵向平面内失稳（称为失稳平面）。欧拉公式中包含了压杆横截面的弯曲刚度，也包含了长度，这是压缩强度条件所没有的。

10.2.2 其他约束条件下细长压杆的临界力欧拉公式

式（10-1）为两端铰支细长压杆的临界载荷的计算公式。当压杆的约束情况发生改变时，如一端自由、一端固定的压杆，一端固定、一端铰支的压杆等，这些压杆的边界条件发生改变，临界载荷的数值也就不同。但是，仍可以按照上面的办法，确定各种约束条件压杆的临界载荷的计算公式。如以两端铰支的压杆基本形式，则欧拉公式的一般形式为：

$$\boldsymbol{F}_{\mathrm{cr}}=\frac{\pi^2 EI}{(\mu l)^2} \tag{10-2}$$

式中，μ 为不同约束条件下压杆的长度因数；l 为压杆的相当长度或有效长度。

几种常见细长压杆的长度因数与临界载荷的计算公式参见表 10-1。

表 10-1　几种常见约束的细长压杆的长度因数与临界载荷的计算公式

支承方式	两端铰支	一端自由另一端固定	两端固定	一端铰支另一端固定
挠曲线形状	F_{cr}, l	F_{cr}, l, $2l$	F_{cr}, $0.5l$, l	F_{cr}, $0.7l$, l
临界载荷 $\boldsymbol{F}_{\mathrm{cr}}$	$\frac{\pi^2 EI}{(l)^2}$	$\frac{\pi^2 EI}{(2l)^2}$	$\frac{\pi^2 EI}{(0.5l)^2}$	$\frac{\pi^2 EI}{(0.7l)^2}$
长度系数 μ	1.0	2.0	0.5	0.7

10.3 压杆的临界应力和临界应力总图

10.3.1 临界应力

如 10.2 节所述，欧拉公式只有在弹性范围内才是适用的。为了判断压杆失稳时是否处于弹性范围，以及超出弹性范围后临界力的计算问题，必须引入临界应力及柔度的概念。压杆在临界力作用下，其在直线平衡位置时横截面上的应力称为**临界应力**，用 σ_{cr} 表示。压杆在弹性范围内失稳时，则临界应力为：

$$\sigma_{\mathrm{cr}}=\frac{F_{\mathrm{cr}}}{A}=\frac{\pi EI}{(\mu l)^2 A}=\frac{\pi E i^2}{(\mu l)^2}=\frac{\pi E}{(\lambda)^2} \tag{10-3}$$

式中，λ 称为柔度（或细长比），是一个无量纲量；i 为截面的惯性半径。即：

$$\lambda=\frac{\mu l}{i},\ i=\sqrt{\frac{I}{A}} \tag{10-4}$$

式中，I 为截面的最小形心主轴惯性矩，A 为截面面积。

柔度又称为压杆的长细比，它全面地反映了压杆长度、约束条件、截面尺寸和形状对临界力的影响。柔度在稳定计算中是一个非常重要的量。

10.3.2　欧拉公式的适用范围

由于推导临界力的欧拉公式时，应用的是仅适用于比例极限内的方程，因此由欧拉公式计算的临界应力也不得超过材料的比例极限，即：

$$\sigma_{cr}=\frac{\pi^2 E}{(\lambda)^2}\leqslant\sigma_p \tag{10-5}$$

用柔度表示为：

$$\lambda\geqslant\lambda_p \tag{10-6}$$

式中，$\lambda_p=\sqrt{\dfrac{\pi^2 E}{\sigma_p}}$为比例极限所对应的柔度。只有满足式（10-6），欧拉公式才适用，这类压杆称为大柔度杆或细长杆。对于不同的材料，因弹性模量 E 和比例极限 σ_p 各不相同，λ_p 的数值亦不相同。例如，A3 钢 $E=210\ \text{GPa}$，$\sigma_p=200\ \text{MPa}$，可算得 $\lambda_p=102$。

10.3.3　压杆的分类

根据柔度所处的范围，可以把压杆分为三类。

1. 细长杆（$\lambda\geqslant\lambda_p$）

当临界应力小于或等于材料的比例极限 σ_p，即 $\lambda\geqslant\lambda_p$ 时，压杆发生弹性失稳。这类压杆又称为大柔度杆，可用欧拉公式计算临界应力。

2. 中长杆（$\lambda_s\leqslant\lambda\leqslant\lambda_p$）

满足 $\lambda_s\leqslant\lambda\leqslant\lambda_p$ 的压杆又称中柔度杆。这类压杆失稳时，横截面上的应力已超过比例极限，故属于弹塑性稳定问题。对于中长杆，一般采用经验公式计算其临界应力，如直线公式：

$$\sigma_{cr}=a-b\lambda \tag{10-7}$$

式中，a、b 为与材料性能有关的常数。当 $\sigma_{cr}=\sigma_s$ 时，其相应的柔度 λ_s 为中长杆柔度的下限。据式（10-7）不难求得：$\lambda_s=\dfrac{a-\sigma_s}{b}$。例如，A3 钢 $\sigma_s=235\ \text{MPa}$，$a=304\ \text{MPa}$，$b=1.12\ \text{MPa}$，代入式（10-7）算得 $\lambda_s=61.6$。几种常用材料的 λ_p 和 λ_s 参见表 10-2。

表 10-2　常用材料的 λ_p 和 λ_s 值

材　料	a/MPa	b/MPa	λ_p	λ_s
Q235 钢，10、25 钢	310	1.24	100	60
35 钢	469	2.62	100	60
45、55 钢	589	3.82	100	60
铸铁	338.7	1.483	80	—
木材	29.3	0.194	100	40

3. 粗短杆（$\lambda < \lambda_s$）

$\lambda < \lambda_s$ 的压杆又称为小柔度杆。这类压杆将发生强度失效，而不是失稳，故 $\sigma_{cr} = \sigma_s$。

10.3.4 临界应力总图

由上述三类压杆临界应力与 λ 的关系，可画出 σ_{cr}-λ 曲线，如图 10-3 所示。该图称为压杆的临界应力总图。从图中可以看出，短杆的临界应力与 λ 值无关，而中长杆的临界应力则随 λ 值的增加而减小；中长杆的临界应力大于比例极限，而细长杆的临界应力小于比例极限。

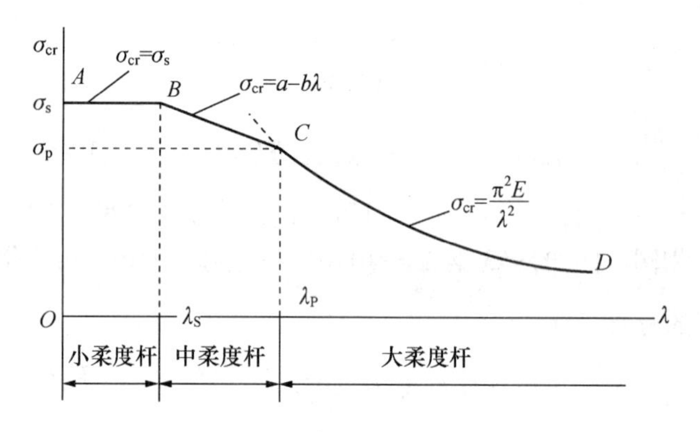

图 10-3 压杆的临界应力总图

需要指出的是，对于中长杆和粗短杆，在不同的工程设计中，可能采用不同的经验公式计算临界应力，如抛物线公式 $\sigma_{cr} = a_1 - b_1\lambda^2$（$a_1$ 和 b_1 也是和材料有关的常数）等，请读者注意查阅相关的设计规范。

【例 10.1】 已知长为 300 mm、截面宽 $b = 6$ mm、$h = 10$ mm 的立柱，两端铰支，弹性模量$E = 200$ GPa，材料为 Q235 钢，求此柱的临界应力。

解：（1）计算截面的惯性半径 i。

对于矩形截面，失稳必在较小的平面内产生，故应计算最小的惯性半径 i：

$$i_{min} = \sqrt{\frac{I_{min}}{A}} = \sqrt{\frac{hb^3}{12} \times \frac{1}{bh}} = \frac{b}{\sqrt{12}} = \frac{6}{\sqrt{12}}\text{mm} = 1.732\text{ mm}$$

（2）计算柔度。

由 $\lambda = \frac{\mu l}{i}$，$\mu = 1$ 得：

$$\lambda = 1 \times 300/1.732 = 173.2 > \lambda_p = 100$$

（3）由欧拉公式计算临界应力。

$$\sigma_{cr} = \frac{\pi^2 E}{(\lambda)^2} = \frac{\pi^2 \times 20 \times 10^4}{173.2^2}\text{MPa} = 65.8\text{ MPa}$$

10.4　压杆稳定的计算

压杆稳定的计算包括校核稳定性、计算许用载荷和选择截面。工程上通常采用安全系数法和稳定系数法两种方法进行压杆稳定的计算。本节只介绍安全系数法。

为了使压杆有足够的稳定性，为了保证压杆不失稳并具有一定的安全裕度，因此压杆的稳定条件可表示为：

$$n=\frac{F_{cr}}{F}\geqslant n_{st} \tag{10-8}$$

式中，F 为压杆的工作载荷，F_{cr}是压杆的临界载荷，n_{st}是稳定安全系数。由于压杆存在初曲率和载荷偏心等不利因素的影响，故 n_{st}值一般比强度安全系数要大一些，并且 λ 越大，n_{st}值也越大。具体取值可从有关设计手册中查到。在机械、动力、冶金等工业部门，由于载荷情况复杂，一般都采用安全系数法进行稳定计算。

【例 10.2】　某新 195 型柴油机的挺杆长度 $l=257$ mm，直径 $d=8$ mm，弹性模量 $E=210$ GPa，作用于挺杆的最大轴向压力为 1.76 kN。已知稳定安全系数 $n_{st}=3$，按两端铰支考虑，试校核挺杆的稳定性。

解：截面惯性矩为：

$$I=\frac{\pi d^4}{64}=\frac{\pi\times 8^4}{64}=200\ (\text{mm}^4)$$

截面惯性半径为：

$$i=\sqrt{\frac{I}{A}}=\frac{d}{4}=\frac{8}{4}=2\ (\text{mm})$$

按两端铰支考虑，取 $\mu=1$，由此得挺杆柔度为：

$$\lambda=\frac{\mu\cdot l}{i}=\frac{257}{2}=128>\lambda=100$$

可见，该挺杆为细长杆。现用欧拉公式计算该杆的临界力：

$$F_{cr}=\frac{\pi^2 EI}{l^2}=\frac{\pi^2\times 2.1\times 10^5\times 0.2}{257^2}=6.28\ (\text{kN})$$

由此可得安全工作系数为：

$$n=\frac{F_{cr}}{F}=\frac{6.28}{1.76}=3.56>n_{st}=3$$

故该挺杆满足稳定要求。

10.5　提高压杆稳定性的措施

压杆的稳定性取决于临界载荷的大小。由临界应力总图可知，当柔度减小时，则临界应力提高，而 $\lambda=\frac{\mu l}{i}$，所以提高压杆承载能力的措施主要是尽量减小压杆的长度，选用合理的截面形状，增加支承的刚性以及合理选用材料。现分述如下。

1. 减小压杆的长度

减小压杆的长度，可使 λ 降低，从而提高压杆的临界载荷。工程中，为了减小柱子的长度，通常在柱子的中间设置一定形式的撑杆，它们与其他构件连接在一起后，对柱子形成支点，限制了柱子的弯曲变形，起到减小柱长的作用。对于细长杆，若在柱子中设置一个支点，则长度减小一半，而承载能力可增加到原来的 4 倍。

2. 选择合理的截面形状

压杆的承载能力取决于最小的惯性矩 I。当压杆各个方向的约束条件相同时，使截面对两个形心主轴的惯性矩尽可能大、而且相等，是压杆合理截面的基本原则。因此，薄壁圆管、正方形薄壁箱形截面是理想截面，它们各个方向的惯性矩相同，且惯性矩比同等面积的实心杆大得多。但这种薄壁杆的壁厚不能过薄，否则会出现局部失稳现象。

3. 增加支承的刚性

由表 10-1 可知，对于大柔度的细长杆，一端铰支另一端固定压杆的临界载荷比两端铰支的大一倍，且杆端约束的刚性越强，压杆的柔度就越低，临界应力就越大。其中以固定端约束的刚性最好，铰支次之，自由端最差。因此应尽量加强杆端的约束刚性，以使压杆的稳定性得到改善。

4. 合理选用材料

对于大柔度杆，临界应力与材料的弹性模量 E 成正比。因此钢压杆比铜、铸铁或铝制压杆的临界载荷高。但各种钢材的 E 基本相同，所以对大柔度杆选用优质钢材比低碳钢并无多大差别。对中柔度杆，由临界应力图可以看到，材料的屈服极限和比例极限越高，则临界应力就越大。这时，选用优质钢材会提高压杆的承载能力。至于小柔度杆，本来就是强度问题，优质钢材的强度高，其承载能力的提高是显然的。

本 章 小 结

1. 压杆稳定的概念。

2. 临界载荷 F_{cr} 是判断压杆是否处于稳定平衡的重要依据。

3. 压杆临界力和临界应力的计算，因压杆柔度的大小不同可以把压杆分为三类。

（1）细长杆（$\lambda \geqslant \lambda_p$）：用欧拉公式计算临界应力。

（2）中长杆（$\lambda_s \leqslant \lambda \leqslant \lambda_p$）：对于中长杆，其临界应力公式是以实验数据为依据的经验公式（直线形经验公式或抛物线形公式）。

（3）粗短杆（$\lambda < \lambda_s$）：这类压杆将发生强度失效，而不是失稳，其临界应力是屈服极限（塑性材料）或强度极限（脆性材料）。

4. 进行压杆稳定性的校核时，通常用安全系数法。

思　考　题

1. 什么叫压杆的临界状态？什么叫压杆失稳？

2. 什么叫压杆的临界力及临界应力？欧拉公式的一般形式如何？

3. 什么是压杆的长度因数？支撑情况不同的压杆，长度因数有何不同？

4. 为什么欧拉公式在实用上受到限制？它的适用范围如何？

5. 如何区分大、中、小柔度杆？它们的临界应力各如何确定？如何绘制临界应力总图？

习　　题

1. 直径 $d=25$ mm 的钢杆，长为 l，用作抗压构件。试求其临界力及临界应力。已知钢的弹性模量 $E=200$ GPa。（1）两端铰支，$l=600$ mm；（2）两端固定，$l=1\,500$ mm；（3）一端固定，另一端自由，$l=400$ mm；（4）一端固定，另一端铰支，$l=1\,000$ mm。

2. 有 3 根圆截面钢压杆，直径均为 $d=160$ mm，弹性模量 $E=200$ GPa，屈服极限 $\sigma_s=240$ MPa。两端均为铰支，长度分别为 l_1、l_2 和 l_3，且 $l_1=2l_2=4l_3=5$ m。求各杆的临界力。

3. 如题图 10-1 所示的托架，AB 杆的直径 $d=40$ mm，两端可视为铰支，材料为 Q235 钢，若已知 $\boldsymbol{Q}=75$ kN，稳定安全系数 $[n_w]=3.0$，在确保 CD 杆安全的前提下，试校核 AB 杆的稳定性。

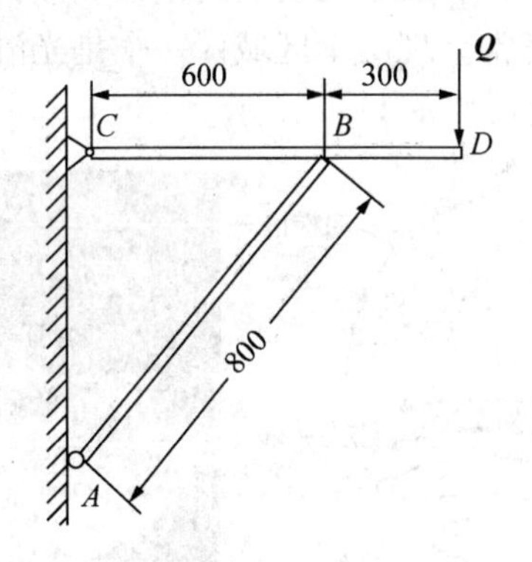

题图 10-1　托架

第 11 章　疲劳破坏和交变应力

- 交变应力与疲劳破坏的概念。
- 交变应力下的持久极限。

11.1　交变应力与疲劳失效

随时间作周期性变化的应力，称为交变应力。构件在交变应力作用下发生的失效，称为疲劳失效或疲劳破坏，简称疲劳。

在各种工程机械以及航空、航天飞行器中，疲劳破坏是其零件或构件的主要失效形式。构件在交变应力作用下的疲劳失效与静应力作用下的失效有着本质上的区别。疲劳破坏具有以下特点：

(1) 破坏时，应力低于材料的强度极限，甚至低于材料的屈服应力；

(2) 疲劳破坏需经历多次应力循环后才能出现，即破坏是个积累损伤的过程；

(3) 即使塑性材料破坏时，一般也无明显的塑性变形，即表现为脆性断裂；

(4) 在破坏的断口上，通常呈现两个区域：一个是光滑区域，另一个是粗糙区域。

例如，车轴疲劳破坏的断口如图 11-1 所示。

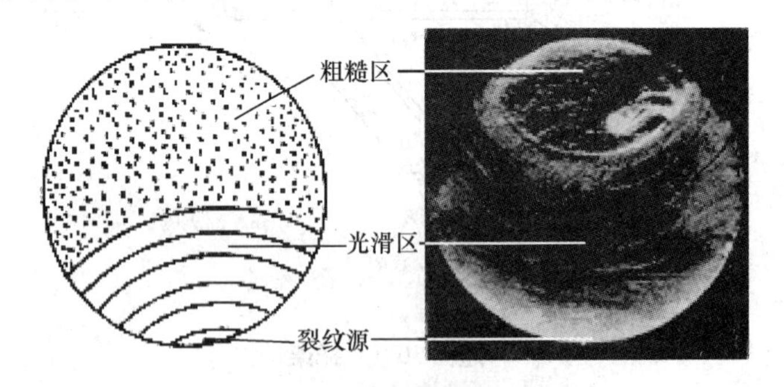

图 11-1　车轴疲劳破坏的断口

以上现象可以通过疲劳破坏的形成过程加以说明。当循环应力的大小超过一定限度，并经历了足够多次的交替重复后，在构件内部应力最大或材质薄弱处，将产生细微裂纹，这种裂纹随着应力循环次数的增加而不断扩展，且逐渐形成为宏观裂纹。在扩展过程中，由于应力循环变化，裂纹两表面的材料时而互相挤压，时而分离，时而正向错动，时而

反向错动，从而形成断口的光滑区。另一方面，由于裂纹不断扩展，当达到临界长度时，构件将发生突然断裂，断口的粗糙区就是突然断裂造成的。因此，疲劳破坏的过程可以理解为疲劳裂纹萌生、逐步扩展和最后断裂的过程。

11.2　循环特征、平均应力、应力幅及几种常见的交变应力

11.2.1　循环特征、平均应力、应力幅

1. 循环特征

如图 11-2 所示为按正弦曲线变化的应力 σ 与时间 t 的关系。由 a 到 b 经历了变化的全过程又回到原来的数值，为一个应力循环。完成一个应力循环所需要的时间（图中的 T)，称为一个周期。以 σ_{max} 和 σ_{min} 分别表示循环中的最大应力和最小应力。这两者的比值称为交变应力的循环特征或应力比，以 r 表示。

$$r = \frac{\sigma_{min}}{\sigma_{max}} \tag{11-1}$$

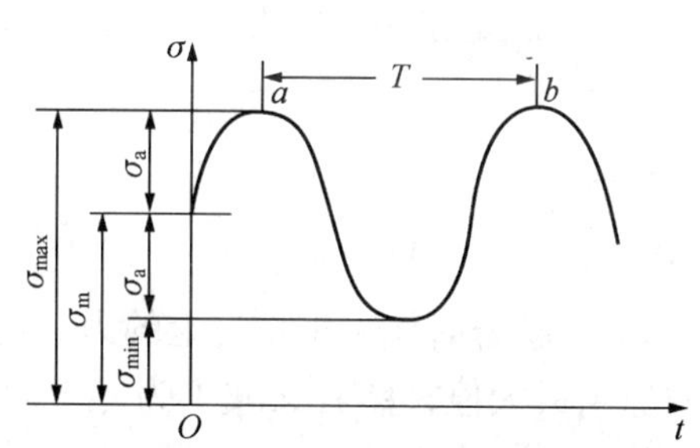

图 11-2　按正弦曲线变化的应力 σ 与时间 t 的关系

2. 平均应力

σ_{max} 与 σ_{min} 代数和的二分之一称为平均应力，记为 σ_m，即：

$$\sigma_m = \frac{1}{2}(\sigma_{max} + \sigma_{min}) \tag{11-2}$$

3. 应力幅

σ_{max} 与 σ_{min} 代数差的二分之一称为应力幅，记为 σ_a，即：

$$\sigma_a = \frac{1}{2}(\sigma_{max} - \sigma_{min}) \tag{11-3}$$

11.2.2　几种常见的交变应力

1. 对称循环

若交变应力的 σ_{max} 和 σ_{min} 的大小相等，符号相反，这种情况称为对称循环。如图 11-3（a)所示，火车轮轴上位于两轮之间的一段处于纯弯曲状态，轴以等角速度 ω 转动

时，横截面外缘处点 A 所承受的弯曲正应力将随时间 t 按正弦曲线变化，如图 11-3（b）所示。由式（11-1）、式（11-2）、式（11-3）得：

$$r=-1,\ \sigma_{m}=0,\ \sigma_{a}=\sigma_{max} \tag{11-4}$$

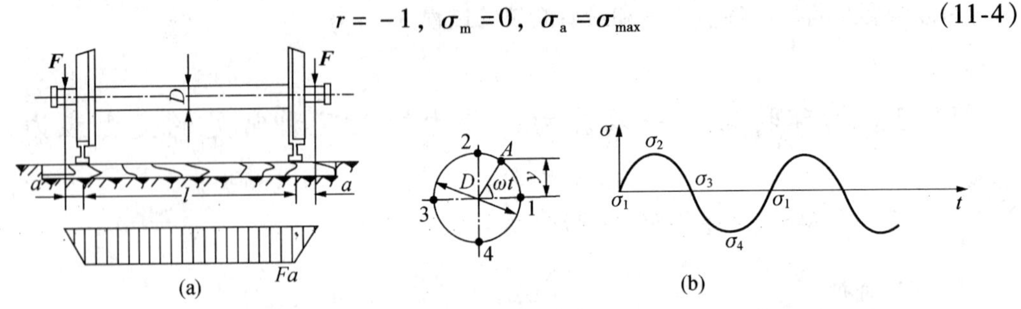

图 11-3　火车轮轴

2. 非对称循环

各种应力循环中，除对称循环外，其余情况统称为非对称循环。由式（11-2）和式（11-3）知：

$$\sigma_{max}=\sigma_{m}+\sigma_{a},\ \sigma_{min}=\sigma_{m}-\sigma_{a} \tag{11-5}$$

可见，任一非对称循环都可看成是在平均应力 σ_m 上叠加一个幅度为 σ_a 的对称循环。这一点已由图 11-2 表明。

3. 脉动循环

若应力循环中的 $\sigma_{min}=0$（或 $\sigma_{max}=0$），则表示交变应力变动于某一应力与零之间。如图 11-4（a）所示，$\boldsymbol{F}$ 表示齿轮啮合时作用于轮齿上的力。齿轮每旋转一周，轮齿啮合一次。啮合时 $\boldsymbol{F}$ 由零迅速增加到最大值，然后又减小为零。因而，齿根 A 点的弯曲正应力 σ 也由零增加到某一最大值，再减小为零。齿轮不停地旋转，σ 也就不停地重复上述过程。σ 随时间 t 变化的曲线如图 11-4（b）所示。这种情况称为脉动循环。

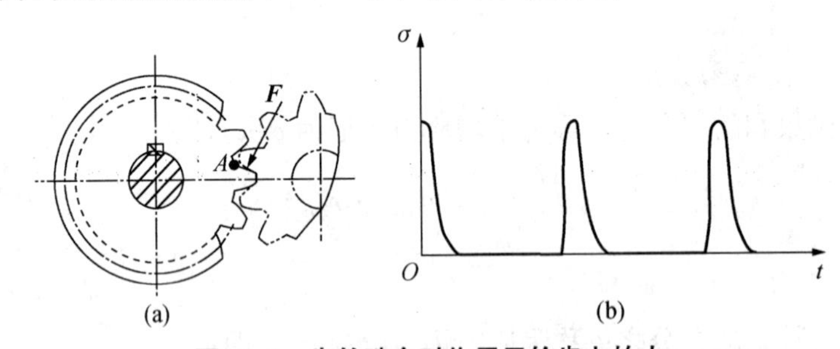

图 11-4　齿轮啮合时作用于轮齿上的力

这时：

$$r=0,\ \sigma_{a}=\sigma_{m}=\frac{1}{2}\sigma_{max} \tag{11-6}$$

或：

$$r=-\infty,\ -\sigma_{a}=\sigma_{m}=\frac{1}{2}\sigma_{min} \tag{11-7}$$

4. 静应力

静应力也可看做是交变应力的特例，这时应力并无变化，故：

$$r=1,\ \sigma_a=0,\ \sigma_{max}=\sigma_{min}=\sigma_m \tag{11-8}$$

11.3 持久极限

交变应力作用下，应力低于屈服极限时金属就可能发生疲劳，因此，静载下测定的屈服极限或强度极限已不能作为强度指标，金属疲劳的强度指标应重新确定。

11.3.1 持久极限

所谓持久极限是指经过无穷多次应力循环而不发生破坏时的最大应力值，它又称为疲劳极限。

11.3.2 应力-寿命曲线

准备一组（6～10根）材料相同、表面磨光、直径为6～10 mm的标准小试件。一般使第一根试件受到的最大应力 $\sigma_{max1}\approx0.70\sigma_b$，若它经历 N_1 次应力循环发生疲劳破坏，则 N_1 对应的应力值 σ_{max1} 称为试件的疲劳寿命。然后，对其余试件逐一减小其最大应力值，并分别记录其相应的疲劳寿命。这样，如以应力为纵坐标，以寿命为横坐标，上述试验结果将可描绘出一条光滑曲线（如图11-5所示），称为应力寿命曲线或S-N曲线。一般来说，随着应力水平的降低，疲劳寿命将迅速增加。钢试件的疲劳试验表明，当应力降到某一极限值时，S-N曲线趋近于水平线。这表明：只要应力不超过这一极限值，N可无限增长，即试件可以经历无限次应力循环而不发生疲劳，这一极限值即为材料在对称循环下的持久极限 σ_{-1}。

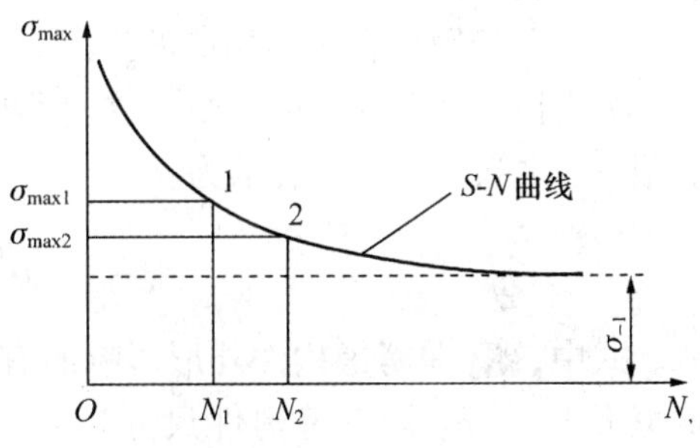

图11-5 S-N寿命曲线

常温下的试验结果表明，如果钢制试件经历 10^7 次应力循环仍未疲劳，则再增加循环次数也不会疲劳。所以就把在 10^7 次循环下仍未疲劳的最大应力规定为钢材的持久极限，并把 $N_0=10^7$ 称为循环基数。有色金属的S-N曲线一般没有明显趋于水平的直线部分，故通常以 $N_0=10^8$ 作为循环基数，并把由它所对应的最大应力作为这类材料的“条件”持久极限。

11.4 影响持久极限的因素及强度计算简介

11.4.1 影响持久极限的因素

实际构件的持久极限不但与材料有关，而且还受构件的形状、尺寸、表面质量及工作环境等一些因素的影响。因此，在常温下用光滑小试样测定材料的持久极限还不能代表实际构件的持久极限 σ_{-1}。只有在考虑这些因素的影响程度对材料持久极限进行适当修正后，才能作为构件疲劳强度计算的依据。

下面介绍影响构件持久极限的几种主要因素。

1. 构件外形的影响

构件外形的突然变化，如构件上有槽、孔、缺口、轴肩等，将会引起应力的集中。在应力集中的局部区域更易形成疲劳裂纹，从而使构件的持久极限显著降低。

2. 构件尺寸的影响

构件的尺寸越大，它所包含的内部缺陷也就越多，亦即生成微观裂纹的裂纹源增多，因而更利于裂纹的形成与扩展。同时，构件的尺寸越大，其应力分布的变化梯度越小，即处于高应力区的晶粒越多，故更易于形成疲劳裂纹。可见，构件尺寸越大，其持久极限越低。

3. 表面质量的影响

表面质量包括两个方面：一是表面粗糙度；二是表层强化。一般来说，构件的表面愈是粗糙，其应力集中愈严重，故其持久极限亦愈低。另一方面，如果构件经过淬火、渗碳、氮化等热处理与化学处理，或经过滚压、喷丸等机械处理，都会使表层得到强化，因而其持久极限也会得到相应的提高。

综合以上 3 种因素的影响，在对称循环下，构件的持久极限 σ^0_{-1} 与光滑小试件的持久极限 σ_{-1} 之间的关系可表示为：

$$\sigma^0_{-1}=\frac{\varepsilon_\sigma\beta}{K_\sigma}\sigma_{-1} \tag{11-9}$$

式中，K_σ 是考虑构件外形影响的有效应力集中系数，表示疲劳极限降低的倍数，其值恒大于1；ε_α 是考虑构件尺寸影响的尺寸系数；β 是考虑构件表面状况的表面质量系数。

如果交变应力为扭转，则式（11-9）可写成：

$$\tau^0_{-1}=\frac{\varepsilon_\tau\beta}{K_\tau}\tau_{-1} \tag{11-10}$$

式中，K_τ、ε_τ、ε_σ、K_σ、β 等参数均可从《机械设计》等有关手册中查得。

11.4.2 构件的疲劳强度计算

本书以对称循环下的构件为例介绍疲劳强度条件。由以上分析可知，当考虑应力集中、截面尺寸、表面加工质量等因素的影响以及必要的安全系数后，拉（压）杆或梁在对称循环应力下的许用应力为：

$$[\sigma_{-1}]=\frac{(\sigma^0_{-1})}{n_f}=\frac{\varepsilon_\sigma\beta}{n_f K_\sigma}\sigma_{-1} \tag{11-11}$$

式中，(σ^0_{-1}) 代表拉（压）杆或梁在对称循环应力下的疲劳极限；σ_{-1} 代表材料在拉-压或弯曲对称循环应力下的疲劳极限；n_f 为疲劳安全系数，其值为 1.4～1.7。所以，

拉（压）杆或梁在对称循环应力下的强度条件为：

$$\sigma_{max} \leqslant [\sigma_{-1}] = \frac{\varepsilon_\sigma \beta}{n_f K_\sigma} \sigma_{-1} \tag{11-12}$$

式中，σ_{max}代表拉（压）杆或梁横截面上的最大工作应力。

在机械设计中，通常将构件的疲劳强度条件写成比较安全系数的形式，要求构件对于疲劳破坏的实际安全裕度或工作安全系数不小于规定的安全系数。由式（11-11）和式（11-12）可知，拉（压）杆或梁在对称循环应力下的工作安全系数为：

$$n_\sigma = \frac{(\sigma^0_{-1})}{\sigma_{max}} = \frac{\sigma_{-1}}{\dfrac{K_\sigma}{\varepsilon_\sigma \beta} \sigma_{max}} \tag{11-13}$$

而相应的疲劳强度条件则为：

$$n_\sigma = \frac{\sigma_{-1}}{\dfrac{K_\sigma}{\varepsilon_\sigma \beta} \sigma_{max}} \geqslant n_f \tag{11-14}$$

同理，轴在对称循环扭转切应力下的疲劳强度条件为：

$$\tau_{max} \leqslant [\sigma_{-1}] = \frac{\varepsilon_\tau \beta}{n_f K_\tau} \tau_{-1} \tag{11-15}$$

或：

$$n_\tau = \frac{\tau_{-1}}{\dfrac{K_\tau}{\varepsilon_\tau \beta} \tau_{max}} \geqslant n_f \tag{11-16}$$

式中，τ_{max}代表轴横截面上的最大扭转切应力。

本章小结

1. 交变应力与疲劳破坏的概念。

2. 应力循环特征 r，是应力循环中最小应力与最大应力的比值，即 $r = \dfrac{\sigma_{min}}{\sigma_{max}}$。$r$ 是表示交变应力变化情况的重要参数。工程中常见对称循环和非对称循环。

3. 持久极限，寿命曲线。

4. 影响持久极限的因素：外形、尺寸、表面质量。

思考题

1. 何谓交变应力？何谓疲劳破坏？试举例说明。

2. 在交变应力循环中，什么是最大循环应力、最小循环应力、平均循环应力和循环应力？

习　　题

1. 试确定下列构件中 B 点的应力循环特征 r。

（1）轴固定不动，滑轮绕轴转动，滑轮上受铅垂力作用，其大小与方向均保持不变，如题图 11-1（a）所示。

（2）轴与滑轮相固结并一起旋转，滑轮上作用有大小和方向均保持不变的铅垂力，如题图 11-1（b）所示。

2. 火车轮轴受力情况如题图 11-2 所示。$a=500\text{ mm}$，$l=1435\text{ mm}$，轮轴中段直径 $d=150\text{ mm}$。若 $\boldsymbol{F}=50\text{ kN}$，试求轮轴中段任一横截面边缘上任一点的最大应力 σ_{max}、最小应力 σ_{min}、循环特征 r，并作出 σ-t 曲线。

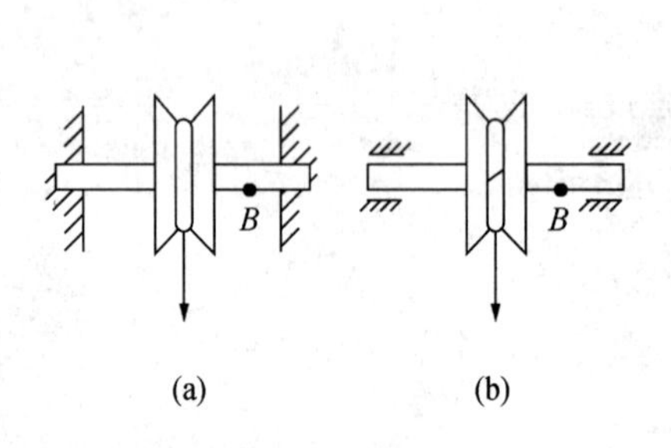

题图 11-1　构件

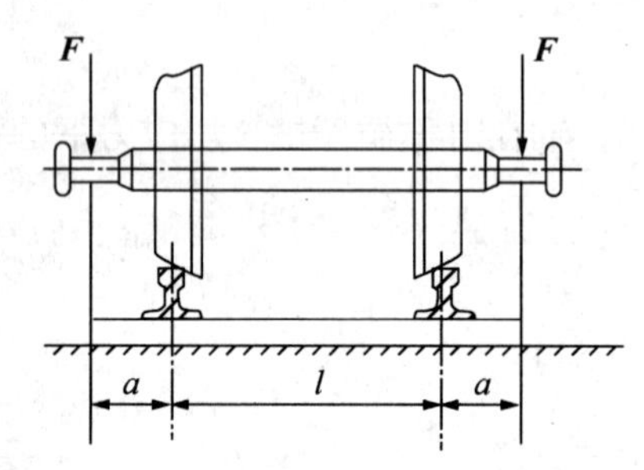

题图 11-2　火车轮轴受力情况

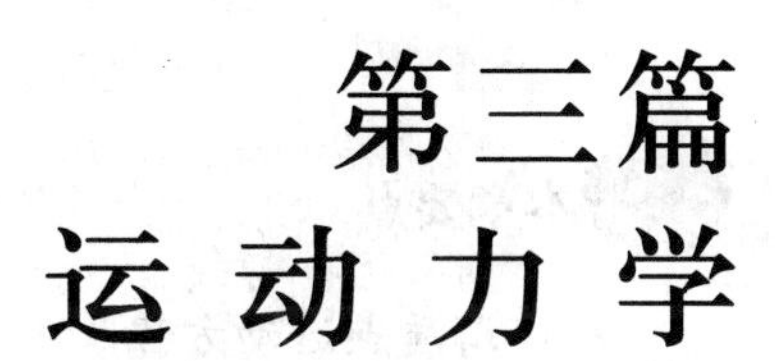

第三篇 运动力学

在静力学中，研究了物体的平衡问题。本篇将研究物体运动的几何性质（轨迹、运动方程、速度和加速度等），以及物体运动的变化与作用在物体上的力之间的关系。因此，运动力学是研究物体运动的几何性质以及运动的变化与受力之间关系的科学。通常把研究物体运动的几何性质问题称为运动学，把研究物体运动的变化与其受力之间关系的问题称为动力学。

学习运动力学，一方面是为学习有关的后续课程打下基础；另一方面是为了在对工程实际问题进行运动分析和动力分析时提供研究问题的方法。

物体的运动是绝对的，但对运动的描述则是相对的。在不同的物体上观察同一物体的运动时，将得出不同的结果。例如，行驶的轮船对于地面上的观察者来说，是向前运动的；但是对于轮船甲板上的观察者来说，是静止的。因此，为了描述一个物体的运动，必须指出该运动是相对于哪一个物体才有意义，这就是运动的相对性。研究物体运动时用来作为参考的物体，称为参考体。与参考体固连的坐标系称为参考系。在工程实际中，通常取与地球相固连的坐标系为参考系。

本篇主要研究动点和刚体的简单运动，以及运动的变化和受力之间的关系。

第 12 章　质点运动力学

本章要点

- 何谓质点运动方程。
- 确定质点运动轨迹、速度和加速度。
- 质点运动的变化与其受力之间的关系。

12.1　点的运动规律

当物体运动时，如果它的体积与其运动范围相比较是一个可以忽略的微量，且其体积对所研究的结论影响不大时，可将物体简化为一个质点。研究点的运动是研究刚体运动的基础，因此先研究点的运动。

研究点的运动，首先需要研究点在空间的位置随时间的变化。表示点的位置随时间的变化关系称为点的运动规律。确定点的位置的方法有多种，下面介绍两种常用的方法：自然法和直角坐标法。

12.1.1　自然法

设动点 M 沿已知轨迹 AB 运动，如图 12-1 所示，在轨迹上任取一点 O 作为参考原点，在 O 点的两侧定出正、负方向，这样动点 M 在轨迹上的位置就可用它到 O 点的弧长 S 来表示。弧长 S 作为代数量，如果 M 点在轨迹的正向，则弧长 S 取正值；反之取负值。S 称为点的弧坐标。当动点 M 沿轨迹运动时，弧坐标 S 随时间 t 而变化，即弧坐标是时间 t 的函数，可写为：

$$S=f(t) \tag{12-1}$$

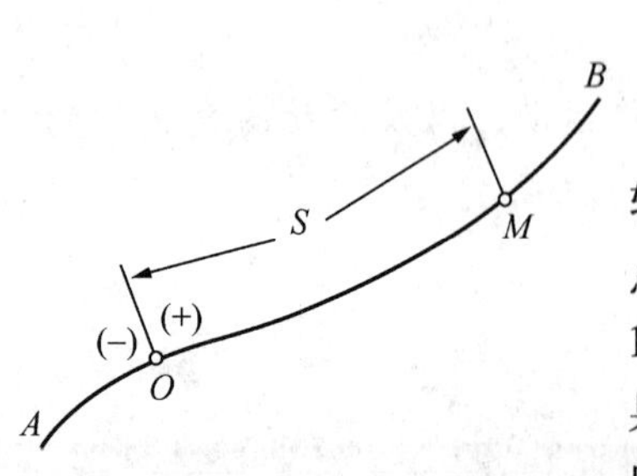

图 12-1　质点的运动轨迹

式（12-1）称为点沿已知轨迹的弧坐标运动方程。

需要说明的是，弧坐标与路程不同。弧坐标是动点沿轨迹离开原点的距离，其值与原点位置有关。路程则是动点在某一时间间隔经过的距离，其值与原点无关，如图 12-2所示，动点在瞬时 t_1 和 t_2 的弧坐标为 S_1 和 S_2 时，如果点沿轨迹单向运动，则在时间间隔 $\Delta t=t_2-t_1$ 内经过的路程为：

$$\overset{\frown}{M_1M_2}=|S_2-S_1|=\Delta S \tag{12-2}$$

12.1.2　直角坐标法

若动点 M 作平面曲线运动，建立直角坐标系 Oxy，则 M 点在任一瞬时 t 的位置可由其坐标 x 和 y 来确定，如图 12-3 所示。这种确定动点位置的方法称为直角坐标法。当点运动时，这些坐标是随着时间而变化的，是时间 t 的单值连续函数，即：

$$\left.\begin{aligned} x &= f_1(t) \\ y &= f_2(t) \end{aligned}\right\} \tag{12-3}$$

方程组（12-3）称为点的直角坐标运动方程。从方程组（12-3）中消去时间 t，可得到用直角坐标表示的点的轨迹方程 $y = F(x)$。

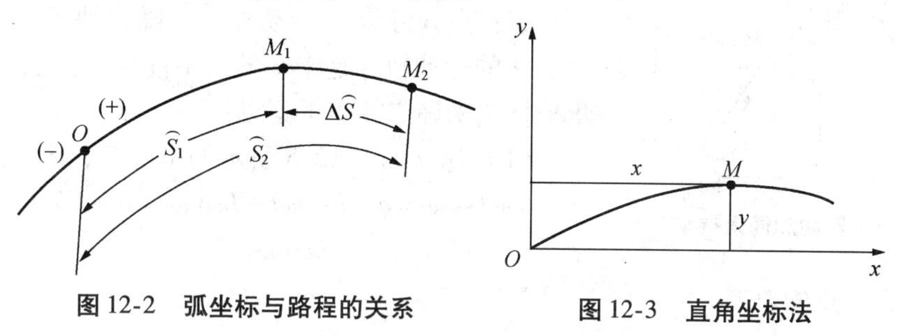

图 12-2　弧坐标与路程的关系　　图 12-3　直角坐标法

【例 12.1】　摇杆滑道机构如图 12-4 所示。滑块 M 在摇杆 OA 的滑道中和半径为 R 的圆弧槽 BC 中滑动，已知开始时摇杆 OA 在水平位置，其转动的规律为 $\varphi = 10t$，分别用自然法和直角坐标法求滑块 M 的运动方程。

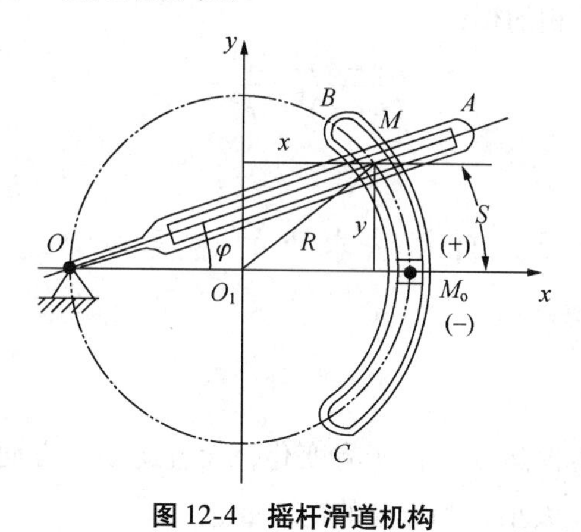

图 12-4　摇杆滑道机构

解：（1）用自然法求滑块 M 的运动方程。

因滑块 M 的轨迹是以 O_1 为圆心、O_1M 为半径的圆弧，故选 M_o为弧坐标的原点，则动点 M 在任一时刻的弧坐标为：

$$S = \widehat{M_oM} = R\angle MO_1M_o$$

由数学知识可知，因为 $\angle MO_1M_o = 2\varphi = 20t$，所以：

$$S = 20Rt$$

即为动点 M 的弧坐标运动方程。

(2) 用直角坐标法求滑块 M 的运动方程。

建立直角坐标系，如图 12-4 所示，由图可得：

$$x = R\cos\angle MO_1M_o = R\cos2\varphi = R\cos20t \quad ①$$

$$y = R\sin\angle MO_1M_o = R\sin2\varphi = R\sin20t \quad ②$$

式①和式②即为动点 M 的直角坐标运动方程。

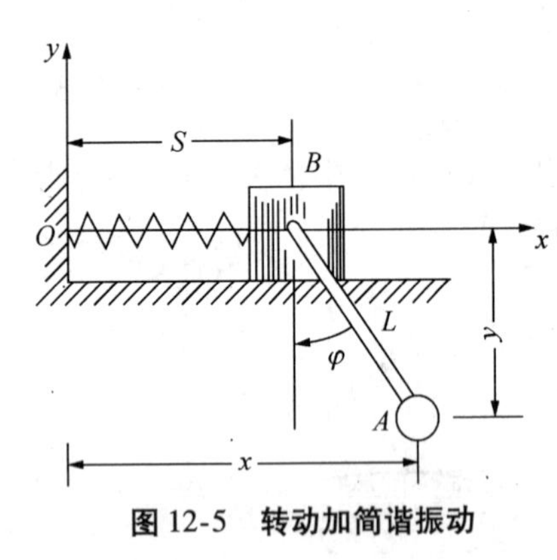

图 12-5　转动加简谐振动

【例 12.2】 如图 12-5 所示，AB 杆长 L，以等角速度 ω 绕 B 点转动，其转动规律 $\varphi=\omega t$。而与杆连接的滑块 B 按规律 $S=a+b\sin\omega t$ 沿水平线作简谐振动，其中 a 和 b 均为常数。求 A 点的轨迹。

解：点 A 除绕 B 转动外，还随滑块 B 作简谐运动，故点 A 的运动轨迹是未知的，不能用自然法，因此用直角坐标法来确定 A 点的运动。

(1) 建立如图 12-5 所示的坐标系，求其运动方程

$$x = S + L\sin\varphi = a + b\sin\omega t + L\sin\omega t = a + (b+L)\sin\omega t \quad ①$$

$$y = -L\cos\varphi = -L\cos\omega t \quad ②$$

(2) 求 A 点的轨迹。

由式①得：

$$x-a=(b+L)\sin\omega t \quad 或 \quad \frac{x-a}{b+L}=\sin\omega t \quad ③$$

由式②得：

$$\frac{y}{L}=-\cos\omega t \quad ④$$

式③和式④两边平方相加得：

$$\frac{(x-a)^2}{(b+L)^2}+\frac{y^2}{L^2}=1$$

12.2　自然法求点的速度和加速度

12.2.1　速度

点作曲线运动时，不仅运动的快慢有变化，而且运动的方向也不断地变化。速度是描述点的运动快慢程度（大小）和方向的物理量。

设动点沿已知轨迹 AB 运动，t_1 时刻动点位于 M_1，弧坐标为 s_1，t_2 时刻动点位于 M_2，弧坐标为 s_2，如图 12-6 所示。在时间间隔 $\Delta t=t_2-t_1$ 内，经过路程 $\Delta S=S_2-S_1$，当 Δt 很小时，则可以近似地用位移 $\overline{M_1M_2}$ 来表示。所以位移 $\overline{M_1M_2}$ 与相应的时间间隔 Δt 的比值，即为动点在 Δt 时间内的平均速度，以 ν^* 表示。即 $\nu^*=\dfrac{\overline{M_1M_2}}{\Delta t}$，

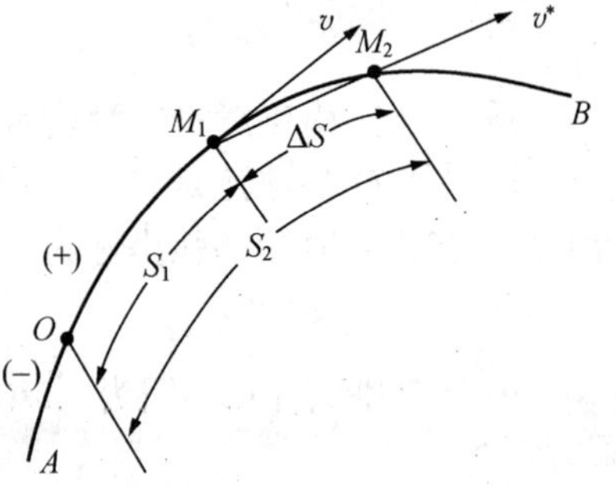

图 12-6　弧坐标的速度

ν^* 的方向，即为$\overline{M_1M_2}$的方向。当 Δt 趋近于零时，平均速度 ν^* 的极限就是动点在瞬时 t 的速度，以 ν 表示。

$$\nu = \lim_{\Delta t \to 0} \frac{\overline{M_1M_2}}{\Delta t} = \lim_{\Delta t \to 0} \frac{\Delta S}{\Delta t} = \frac{\mathrm{d}S}{\mathrm{d}t} \tag{12-4}$$

因此，速度的大小即为动点的弧坐标对时间的一阶导数。当 $\Delta t \to 0$ 时，$\overline{M_1M_2}$与曲线在 M_1 点处的切线重合，所以动点瞬时速度的方向是沿轨迹上该点的切线方向。如果 $\nu > 0$，则表明点沿轨迹的正方向运动；如果 $\nu < 0$，则表明点沿轨迹的负方向运动。

12.2.2　加速度

点作变速曲线运动时，它的速度大小和方向都随时间而变化，加速度就是表示速度大小和方向变化的物理量。

设瞬时 t 动点位于 M 点，速度为 ν；经过 Δt 时间后，动点位于 M'，其速度为 ν'，如图 12-7（a）所示。为了分析在 Δt 时间内速度大小和方向的变化，将 ν'平移到 M 点，如图 12-7（b）所示。在 Δt 时间内动点的速度改变量可由矢量和法则求得，即 $\Delta\nu$ 与相应的时间间隔 Δt 的比值，就是动点在 Δt 时间内的平均加速度，以 a^* 表示，即 $a^* = \frac{\Delta \nu}{\Delta t}$，方向与 $\Delta\nu$ 同向。当 Δt 趋近于零时，平均加速度的极限即为动点在瞬时 t 的加速度，以 a 表示，则：

$$\mathrm{a} = \lim_{\Delta t \to 0} \frac{\Delta \nu}{\Delta t} \tag{12-5}$$

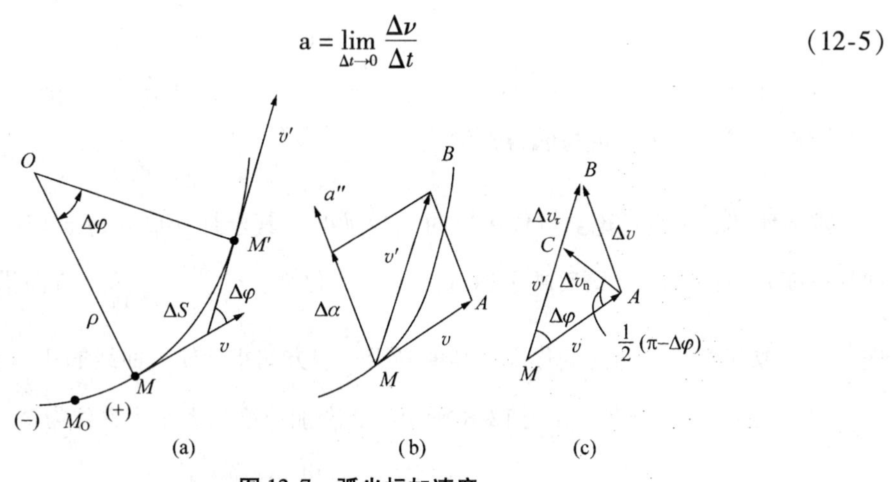

图 12-7　弧坐标加速度

由于速度增量同时包含了速度的大小和方向的变化，为了使加速度的几何意义更为明显，现将速度的增量 $\Delta\nu$ 分解为两个分量，使它们分别表示速度的大小和方向的改变量。为此，在 ν 上截取$\overline{MC}$，使其长度等于 ν 的长度$\overline{MA}$，连接$\overline{AC}$，于是 $\Delta\nu$ 为$\overline{AC}$与$\overline{CB}$的矢量和，$\overline{CB}$表示 Δt 时间内速度大小的变化，以 $\Delta\nu_\tau$表示；$\overline{AC}$表示 Δt 时间内速度方向的变化，以 $\Delta\nu_n$ 表示，因此 $\Delta\nu = \Delta\nu_\tau + \Delta\nu_n$，则动点的加速度 a 可写成：

$$a = \lim_{\Delta t \to 0} \frac{\Delta \nu}{\Delta t} = \lim_{\Delta t \to 0} \frac{\Delta \nu_\tau}{\Delta t} + \lim_{\Delta t \to 0} \frac{\Delta \nu_n}{\Delta t} \tag{12-6}$$

式中的第一项加速度 $\lim_{\Delta t \to 0} \frac{\Delta \nu_\tau}{\Delta t}$表明速度大小对时间的变化率，其方向是当 Δt 趋向于零

时 $\Delta\boldsymbol{v}_\tau$的极限方向时，这个方向也就是速度 $\boldsymbol{v}$ 的方向，即沿 M 点时切线方向，所以称为切向加速度，以 a_τ表示。由于$|\Delta v_\tau| = v' - v = \Delta v$，于是：

$$a_\tau = \lim_{\Delta t \to 0}\left|\frac{\Delta \boldsymbol{v}_\tau}{\Delta t}\right| = \lim_{\Delta t \to 0}\frac{\Delta v}{\Delta t} = \frac{dv}{dt} = \frac{d^2 S}{dt^2} \tag{12-7}$$

即切向加速度的大小等于速度的大小对时间的一阶导数。导数的正、负号表示切向加速度的方向，导数为正时切向加速度指向轨迹的正向，反之指向负向。

第二项 $\lim\limits_{\Delta t \to 0}\dfrac{\Delta \boldsymbol{v}_n}{\Delta t}$是 Δt 时间内速度方向变化引起的速度增量。它表明速度方向对时间的改变率。当 $\Delta t \to 0$ 时，$\Delta\varphi \to 0$，$\angle MAC = 90°$，故 $\lim\limits_{\Delta t \to 0}\dfrac{\Delta \boldsymbol{v}_n}{\Delta t}$的方向趋近于 $\Delta \boldsymbol{v}_n$ 的极限方向，与速度 $\boldsymbol{v}$ 垂直，即沿轨迹在 M 点的法线方向，如图 12-7（c）所示。$\lim\limits_{\Delta t \to 0}\dfrac{\Delta \boldsymbol{v}_n}{\Delta t}$称为法向加速度，以 a_n 表示。因$|\Delta v_n| = AC \approx \widehat{AC} = MA \cdot \Delta\varphi$，故：

$$a_n = \lim_{\Delta t \to 0}\left|\frac{\Delta \boldsymbol{v}_n}{\Delta t}\right| = \lim_{\Delta t \to 0}\left|v \cdot \frac{\Delta\varphi}{\Delta t}\right| = \lim_{\Delta t \to 0}\left|v \cdot \frac{\Delta\varphi}{\Delta S} \cdot \frac{\Delta S}{\Delta t}\right| = v \cdot \lim_{\Delta t \to 0}\left|\frac{\Delta\varphi}{\Delta S}\right| \cdot \lim_{\Delta t \to 0}\left|\frac{\Delta S}{\Delta t}\right| \tag{12-8}$$

由高等数学可知，$\lim\limits_{\Delta t \to 0}\left|\dfrac{\Delta\varphi}{\Delta S}\right| = \dfrac{1}{\rho}$，$\rho$ 是轨迹曲线在 M 点的曲率半径，而 $\lim\limits_{\Delta t \to 0}\left|\dfrac{\Delta S}{\Delta t}\right| = v$，于是有：

$$a_n = v \cdot \frac{1}{\rho} \cdot v = \frac{v^2}{\rho} \tag{12-9}$$

因 a_n 恒为正值，故其方向沿着轨迹的法线，总是指向轨迹曲线的曲率中心。

于是，式（12-6）可写成为矢量式：

$$\boldsymbol{a} = \boldsymbol{a}_\tau + \boldsymbol{a}_n \tag{12-10}$$

综上所述，可得结论：点作变速曲线运动时，其全加速度 $\boldsymbol{a}$ 等于切向加速度 $\boldsymbol{a}_\tau$和法向加速度 $\boldsymbol{a}_n$ 的矢量和。$\boldsymbol{a}_\tau$反映了速度大小的变化率，其值等于$\dfrac{dv}{dt}$，方向沿轨迹的切线方向。$\boldsymbol{a}_n$ 反映了速度方向的变化率，其值等于$\dfrac{v^2}{\rho}$，方向指向轨迹曲线的曲率中心。

因 $\boldsymbol{a}_\tau$与 $\boldsymbol{a}_n$ 互相垂直，如图 12-8 所示，故全加速度的大小和方位为：

$$a = \sqrt{a_\tau^2 + a_n^2} = \sqrt{\left(\frac{dv}{dt}\right)^2 + \left(\frac{v^2}{\rho}\right)^2} \tag{12-11}$$

$$\tan\theta = \left|\frac{a_\tau}{a_n}\right| \tag{12-12}$$

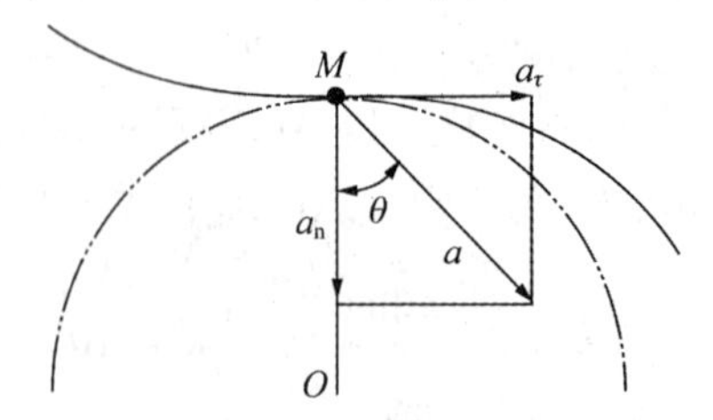

图 12-8　全加速度

点运动的特殊情况是匀速直线运动、变速直线运动和匀速圆周运动，其切向加速度与法向加速度，读者可自行分析。

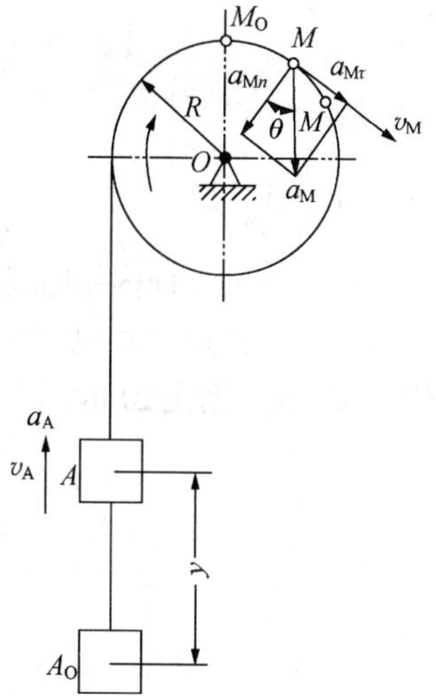

【例 12.3】 提升机如图 12-9 所示，重物通过钢丝绳由绕水平轴 O 转动的鼓轮提升。已知鼓轮半径 $R=200$ mm，重物垂直提升的运动方程为 $y_A=20t^2$，y 以 mm 计，t 以 s 计。求鼓轮边缘上一点 M 与重物在 $t=5$ s 时的速度和加速度。

图 12-9 提升机

解：（1）运动分析。重物作直线运动，点 M 作半径为 R 的圆周运动。设 $t=0$ 时，重物在 A_0 位置，M 在 M_0 处，经时间 t，重物到达 A 处，M 点到达 M' 位置。即：

$$y_A=\widehat{M_0M'}$$

（2）求点 M 在 $t=5$ s 时的速度和加速度。

$$S_M=\widehat{M_0M'}=y_A=20t^2$$

$$\nu_M=\frac{dS_M}{dt}=40t$$

当 $t=5$ s 时：

$$\nu_M=40\times5\ \text{mm/s}=200\ \text{mm/s}$$

$$a_{M\tau}=\frac{d\nu_M}{dt}=40\ \text{mm/s}^2$$

$$a_{Mn}=\frac{\nu^2}{R}=\frac{200^2}{200}\ \text{mm/s}^2=200\ \text{mm/s}^2$$

所以，当 $t=5$ s 时，M 点全加速度的大小为：

$$a_M=\sqrt{a_{M\tau}^2+a_{Mn}^2}=\sqrt{40^2+200^2}\ \text{mm/s}^2=203.96\ \text{mm/s}^2$$

方向为：

$$\tan\theta=\left|\frac{a_{M\tau}}{a_{Mn}}\right|=\frac{40}{200}=0.2$$

$$\theta=11°18'$$

（3）求重物 A 在 $t=5$ s 时的速度和加速度。

$$y_A=20t^2$$

$$\nu_A=\frac{dy_A}{dt}=40t$$

当 $t=5$ s 时：

$$\nu_A=40\times5\ \text{mm/s}=200\ \text{mm/s}$$

$$a_{A\tau}=\frac{d\nu_A}{dt}=40\ \text{mm/s}^2$$

$$a_{An}=0$$

所以当 $t=5$ s 时，A 点的全加速度的大小为：

$$a_A=a_{A\tau}=40\ \text{mm/s}^2$$

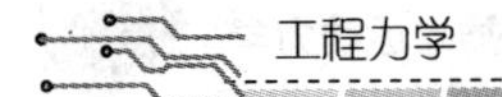

12.3 直角坐标法求点的速度和加速度

12.3.1 速度

设点 M 在平面内作曲线运动，建立坐标系如图 12-10 所示。已知其运动方程为 $x=f_1(t)$，$y=f_2(t)$。在瞬时 t_1 动点的坐标为 x_1 和 y_1，位于 M_1 点，经 Δt 时间，动点坐标为 x_2 和 y_2，位于 M_2 点。则在 Δt 时间内，动点的位移为 $\overline{M_1M_2}$。如图 12-10 所示，点在瞬时 t_1 的速度为：

$$\boldsymbol{v}=\lim_{\Delta t\to 0}\frac{\overline{M_1M_2}}{\Delta t} \tag{12-13}$$

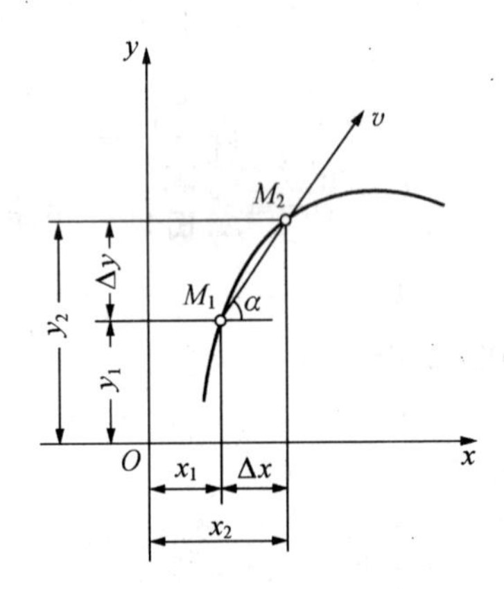

图 12-10 直角坐标速度

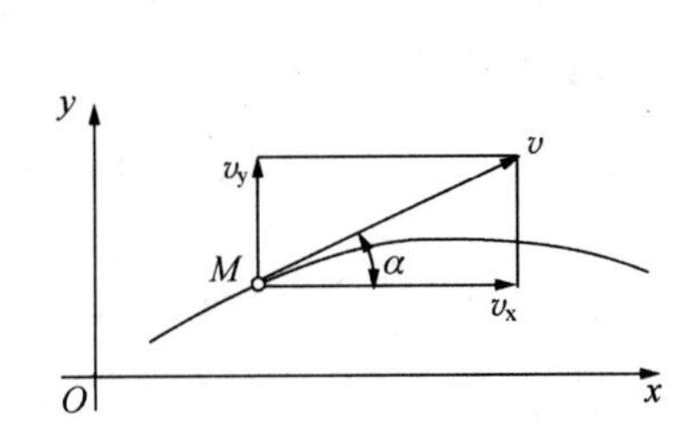

图 12-11 全速度

将速度 $\boldsymbol{v}$ 沿直角坐标轴 x 和 y 分解为 $\boldsymbol{v}_x$ 和 $\boldsymbol{v}_y$ 两个分量，如图 12-11 所示，则 $\boldsymbol{v}=\boldsymbol{v}_x+\boldsymbol{v}_y$。由图 12-10 和图 12-11 可知：

$$\boldsymbol{v}_x=\boldsymbol{v}\cos\alpha=\lim_{\Delta t\to 0}\frac{\overline{M_1M_2}}{\Delta t}\cos\alpha=\lim_{\Delta t\to 0}\frac{\Delta x}{\Delta t}=\frac{dx}{dt} \tag{12-14}$$

$$\boldsymbol{v}_y=\boldsymbol{v}\sin\alpha=\lim_{\Delta t\to 0}\frac{\overline{M_1M_2}}{\Delta t}\sin\alpha=\lim_{\Delta t\to 0}\frac{\Delta y}{\Delta t}=\frac{dy}{dt} \tag{12-15}$$

由此得出，动点的速度在直角坐标轴上的投影，等于其相应坐标对时间的一阶导数。

若已知运动方程 $x=f_1(t)$，$y=f_2(t)$，则可由式（12-14）和式（12-15）求得其分速度的大小 v_x 和 v_y，其合速度 v 的大小及方向如图 12-11 所示：

$$\boldsymbol{v}=\sqrt{\boldsymbol{v}_x^2+\boldsymbol{v}_y^2}=\sqrt{\left(\frac{dx}{dt}\right)^2+\left(\frac{dy}{dt}\right)^2} \tag{12-16}$$

$$\tan\alpha=\left|\frac{\boldsymbol{v}_x}{\boldsymbol{v}_y}\right| \tag{12-17}$$

$\boldsymbol{v}$ 沿轨迹的切线方向，其指向由 $\boldsymbol{v}_x$ 和 $\boldsymbol{v}_y$ 的正负号决定。

12.3.2 加速度

仿照求速度的方法，可求得加速度在 x 轴和 y 轴上的投影 a_x 和 a_y。

$$a_x = \frac{dv_x}{dt} = \frac{d^2x}{dt^2} \tag{12-18}$$

$$a_y = \frac{dv_y}{dt} = \frac{d^2y}{dt^2} \tag{12-19}$$

式（12-18）和式（12-19）说明，动点的加速度在直角坐标轴上的投影，等于其相应的速度投影对时间的一阶导数，或等于其相应的坐标对时间的二阶导数。

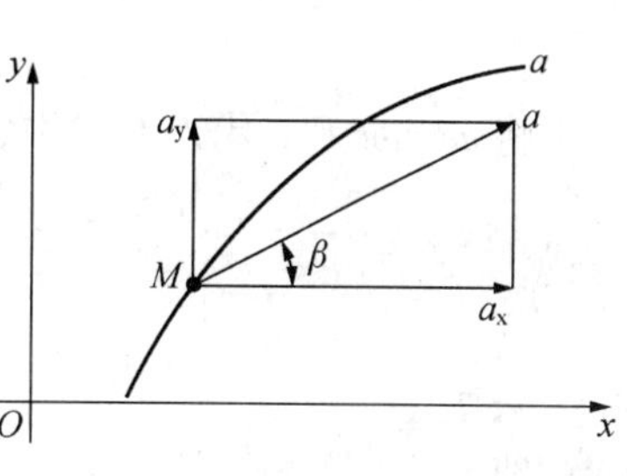

图12-12　直角坐标全加速度

全加速度：

$$a = \sqrt{a_x^2 + a_y^2} = \sqrt{\left(\frac{d^2x}{dt^2}\right) + \left(\frac{d^2y}{dt^2}\right)^2} \tag{12-20}$$

$$\tan\beta = \left|\frac{a_y}{a_x}\right| \tag{12-21}$$

其指向由 a_x 和 a_y 的正负号决定，如图12-12所示。

【例12.4】　已知点的运动方程 $x = 4t^2$ cm，$y = 5t^2 + 2t$ cm。试求 $t = 2$ s 时点的速度和加速度的大小。

解：（1）求 $t = 2$ s 时点的速度大小。

$$v_x = \frac{dx}{dt} = 8t$$

$$v_y = \frac{dy}{dt} = 10t + 2$$

当 $t = 2$ s 时，$v_x = 16$ cm/s，$v_y = 22$ cm/s，所以：

$$v = \sqrt{v_x^2 + v_y^2} = \sqrt{16^2 + 22^2} \text{ cm/s} = 27.2 \text{ cm/s}$$

（2）求 $t = 2$ s 时点的加速度大小。

$$a_x = \frac{dv_x}{dt} = 8 \text{ cm/s}^2$$

$$a_y = \frac{dy_x}{dt} = 10 \text{ cm/s}^2$$

$$a = \sqrt{a_x^2 + a_y^2} = \sqrt{8^2 + 10^2} \text{ cm/s}^2 = 12.7 \text{ cm/s}^2$$

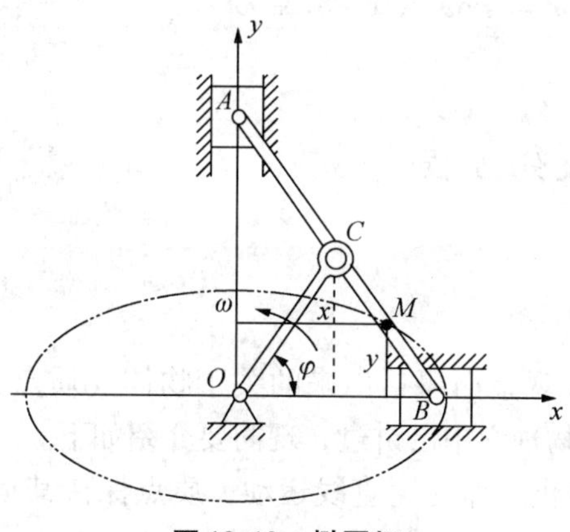

图12-13　椭圆规

【例12.5】　椭圆规的曲柄 OC 可绕定轴 O 转动，其端点 C 与规尺 AB 的中点以铰链相连接，规尺 AB 的两端 A 和 B 分别在相互垂直的滑槽中运动，如图12-13所示，已知 $OC = AC = BC = r$，$\varphi = \omega t$。试求规尺上 BC 中点 M 的轨迹、速度和加速度方程。

解：欲求点 M 的运动轨迹，应先用坐标法求其运动方程，然后从运动方程中消去时间 t 得到轨迹方程。建立坐标系如图12-13所示。

（1）求 M 点的运动方程。

$$x = OC\cos\varphi + CM\cos\varphi$$

$$y = BM\sin\varphi$$

将 $\varphi=\omega t$ 和 r 代入上式中，得：

$$\begin{cases} x = \dfrac{3}{2}r\cos\omega t \\ y = \dfrac{1}{2}r\sin\omega t \end{cases}$$

即：

$$\begin{cases} \dfrac{2x}{3r} = \cos\omega t \\ \dfrac{2y}{r} = \sin\omega t \end{cases}$$

（2）求 M 点的轨迹方程。

将上两式两边平方后并相加，得：

$$\frac{x^2}{(3r/2)^2} + \frac{y^2}{(r/2)^2} = 1$$

即 M 点运动的轨迹是一个椭圆。

（3）求其速度方程。

$$v_x = \frac{dx}{dt} = -\frac{3}{2}r\omega\sin\omega t$$

$$v_y = \frac{dy}{dt} = \frac{r}{2}\omega\cos\omega t$$

故：

$$v = \sqrt{v_x^2 + v_y^2} = \frac{1}{2}r\omega\ \sqrt{9\sin^2\omega t + \cos^2\omega t}$$

$$= -\frac{1}{2}r\omega\ \sqrt{1 + 8\sin^2\omega t}$$

（4）求其加速度方程。

$$a_x = \frac{dv_x}{dt} = -\frac{3}{2}r\omega^2\cos\omega t$$

$$a_y = \frac{dv_y}{dt} = -\frac{1}{2}r\omega^2\sin\omega t$$

故：

$$a = \sqrt{a_x^2 + a_y^2} = \frac{1}{2}r\omega^2\ \sqrt{9\cos^2\omega t + \sin^2\omega t} = \frac{1}{2}r\omega^2\ \sqrt{1 + 8\cos^2\omega t}$$

12.4 质点运动微分方程

12.4.1 动力学基本定律

动力学基本定律，就是牛顿经过大量的实验和观察而概括出来的关于物体（质点）运动的牛顿三定律。这些定律是动力学的基础，因物理学中已讲过，现简要介绍如下。

第一定律 质点如不受外力作用，则将保持静止或作匀速直线运动；质点保持其运动状态不变的性质称为惯性。因此，第一定律也称为惯性定律，而物体作匀速直线运动称为惯性运动。此外，第一定律还表明，力是改变质点运动状态的原因。因此，如果质点的运动不是惯性运动，则质点必然受到外力的作用。

第二定律　质点受力作用而产生的加速度，其方向与力的方向相同，其大小与力的大小成正比，而与质点的质量成反比。质点同时受几个力作用，则定律中所说的力应是这一质点所受力系的合力。若以 $\sum F$ 表示合力，m 表示质点的质量，a 表示质点的加速度，则第二定律可表示为：

$$\sum F = ma \tag{12-22}$$

式（12-22）称为质点动力学基本方程，其中力 $\boldsymbol{F}$ 的单位为 N（1 kgf≈9.8 N）；质量 m 的单位是 kg；加速度 a 的单位为 m/s^2。由式（12-22）可知，当相同的力作用在质量不同的质点上时，质量小的质点加速度大；质量大的质点加速度小。这说明质量越大，其运动状态越不容易改变，也就是说质点的惯性越大。因此，质量是度量质点惯性大小的物理量。必须注意，质量和重量是两个不同的概念。重量是地球对物体引力的大小，它随物体在地球上所处位置的不同而改变。而质量是度量物体惯性大小的物理量，通常质量为不变的常量。若以 G 表示物体的重量，g 表示重力加速度，则质量和重量两者之关系为：

$$m = \frac{\boldsymbol{G}}{g} \quad 或 \quad \boldsymbol{G} = mg \tag{12-23}$$

第三定律　两质点相互作用的力，总是大小相等、方向相反，并沿同一直线分别作用在这两个质点上。这个定律又称为作用与反作用定律，在静力学中已讲过。它不仅适用于静力学，而且也适用于动力学。

12.4.2　质点运动微分方程

质点动力学基本方程建立了质点运动的变化与其所受力之间的关系，它是一个矢量方程。为了便于求解动力学问题，常将质点动力学方程写成投影形式。

1. 直角坐标形式的质点运动微分方程

设质量为 m 的质点 M 受力系 $\boldsymbol{F}_1$、$\boldsymbol{F}_2$、$\boldsymbol{F}_n$ 的作用而作平面曲线运动，其加速度为 a，如图 12-14 所示。以 $\boldsymbol{R}$ 表示力系的合力，根据式（12-22）有：

$$\boldsymbol{R} = ma \tag{12-24}$$

将式（12-24）两边分别投影到直角坐标轴上，则得：

$$\left.\begin{aligned}\boldsymbol{R}_x &= ma_x \\ \boldsymbol{R}_y &= ma_y\end{aligned}\right\} \tag{12-25}$$

或：

$$\left.\begin{aligned}\sum \boldsymbol{F}_x &= m\frac{d^2x}{dt^2} \\ \sum \boldsymbol{F}_y &= m\frac{d^2y}{dt^2}\end{aligned}\right\} \tag{12-26}$$

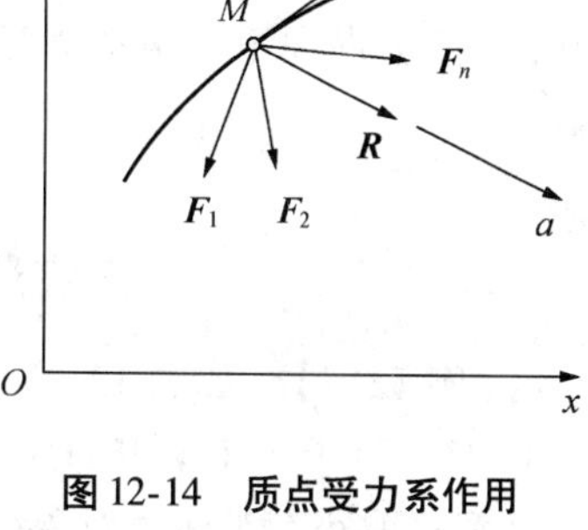

图 12-14　质点受力系作用

式（12-26）称为直角坐标形式的质点运动微分方程。

2. 自然形式的质点运动微分方程

如图 12-15 所示，点 M 在力的作用下作平面曲线运动，将式 $\boldsymbol{R}=m\boldsymbol{a}$ 两边向轨迹的切线方向与法线方向 n 投影，得：

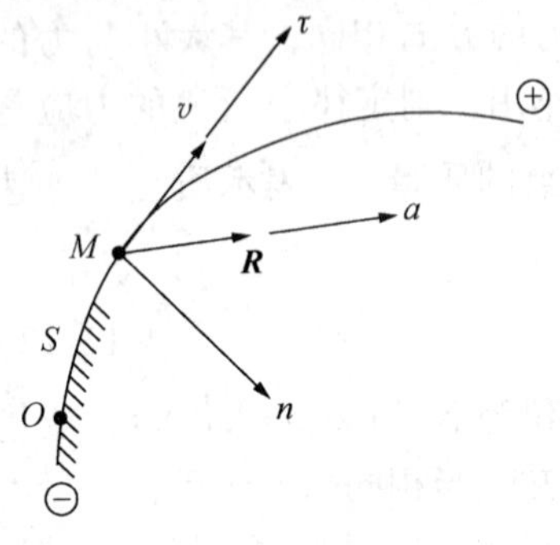

图 12-15　质点作平面曲线运动

$$\left.\begin{aligned}\boldsymbol{R}_\tau&=ma_\tau\\ \boldsymbol{R}_n&=ma_n\end{aligned}\right\}\tag{12-27}$$

或：

$$\left.\begin{aligned}\sum\boldsymbol{F}_\tau&=m\frac{d^2S}{dt^2}\\ \sum\boldsymbol{F}_n&=m\frac{1}{\rho}\left(\frac{dS}{dt}\right)^2\end{aligned}\right\}\tag{12-28}$$

式（12-28）称为自然坐标形式的质点运动微分方程。

应用质点运动微分方程求解动力学问题时，可根据问题的具体条件选择一种比较方便的形式。

12.4.3　质点运动微分方程的应用

质点运动微分方程可用来解决质点动力学的两类问题。第一类问题：已知质点的运动规律，求作用于质点上的力。第二类问题：已知作用于质点上的力，求质点的运动规律。

【例 12.6】 桥式起重机如图 12-16（a）所示。已知物体质量 $m=100\ \text{kg}$。试求重物匀速上升和突然刹车 $a=2\text{m/s}^2$ 两种情况下吊索的拉力。

解：取重物为研究对象，画出受力图，并标出两种情况下速度和加速度的方向，如图 12-16（b）和图 12-16（c）所示。

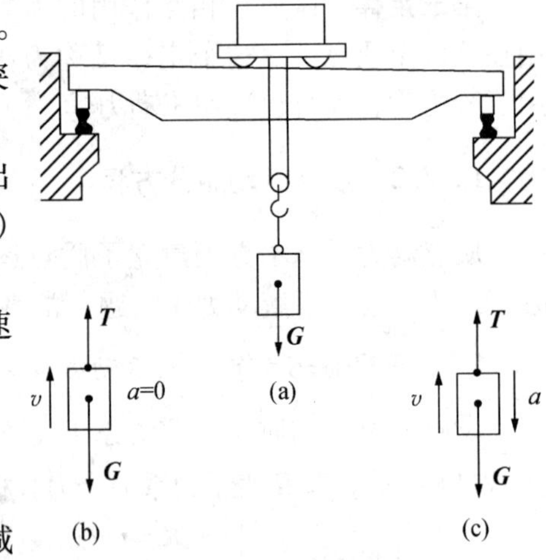

图 12-16　桥式起重机

（1）情况 1：如图 12-16（b）所示，此时加速度 $a=0$。由动力学基本方程 $\sum\boldsymbol{F}=m\boldsymbol{a}$，解得：

$$\boldsymbol{T}-\boldsymbol{G}=0$$

故：
$$\boldsymbol{T}=\boldsymbol{G}=1\ \text{kN}$$

（2）情况 2：如图 12-16（c）所示，此时为减速，a 的方向向下。由动力学基本方程 $\sum\boldsymbol{F}=m\boldsymbol{a}$，解得：

$$\boldsymbol{G}-\boldsymbol{T}=ma$$

故：
$$\boldsymbol{T}=\boldsymbol{G}-ma\approx 1\,000\ \text{N}-100\ \text{kg}\times 2\text{m/s}^2=800\ \text{N}$$

【例 12.7】 如图 12-17 所示，小车沿斜坡下滑，斜坡的倾角 $\alpha=8°$，坡面摩擦系数 $f=0.25$，试求小车下滑的加速度。

解：取小车为研究对象，其受力情况如图 12-17 所示。建立坐标系，列动力学方程：

$$\sum\boldsymbol{F}_x=ma_x,\ \boldsymbol{G}\sin\alpha-fN=\frac{\boldsymbol{G}}{g}a$$

$$\sum F_y = ma_y,\ N - G\cos\alpha = 0$$

两式联立求解，可得：

$$a = g(\sin\alpha - f\cos\alpha) = -1.08\text{m/s}^2$$

负号说明加速度方向与运动方向相反。

【例 12.8】 桥式吊车如图 12-18 所示，质量 100 kg 的物体随同吊车以 $v = 1$ m/s 的速度沿横梁自左向右运动，钢索长 $l = 2$ m。当吊车突然刹车时，重物因惯性而开始绕其悬挂点摆动。试求钢索的最大拉力。

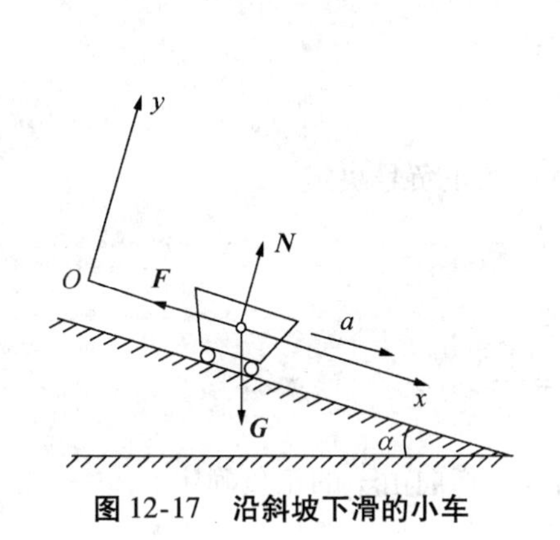

图 12-17　沿斜坡下滑的小车

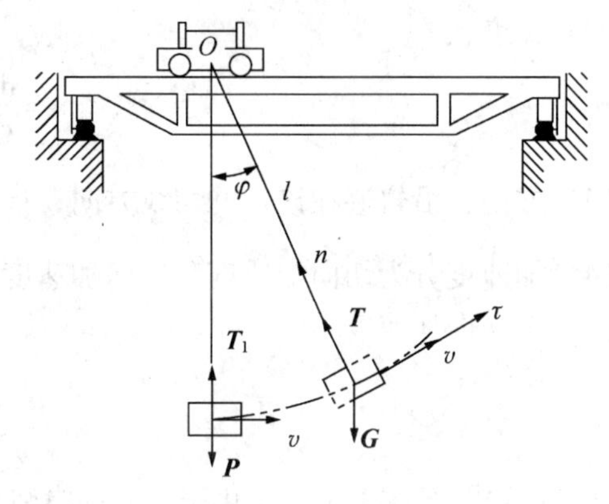

图 12-18　桥式吊车

解：取重物为研究对象，刹车后，小车不动，重物因惯性绕悬挂点向前摆动的轨迹为一段圆弧。当重物摆动到与原来位置成 φ 角的任意位置时，其上所受力有重力 G 和绳子的拉力 T。由图 12-18 可知：

$$m\frac{d^2S}{dt^2} = -mg\sin\varphi \quad ①$$

$$m\frac{v^2}{l} = T - mg\cos\varphi \quad ②$$

由式②得：

$$T = m\left(g\cos\varphi + \frac{v^2}{l}\right)$$

式中，v 和 $\mathrm{cso}\varphi$ 均是变量。由式①知道，重物作减速运动，摆角愈大，重物的速度愈小，T 将愈小。因此，当 $\varphi = 0$ 时，钢索具有最大的拉力：

$$T_{\max} = m\left(g + \frac{v_0^2}{l}\right)$$

代入已知数据，得：

$$T_{\max} \approx 100\left(10 + \frac{1^2}{2}\right)\text{N} = 1\,050\ \text{N}$$

本章小结

1. 自然法建立点的运动方程，并求动点的速度和加速度。

自然法是以动点的轨迹作为参考系，要注意其原点的选取和正、负方向。

（1）运动方程：

$$S = f(t)$$

（2）速度：

$$v = \frac{dS}{dt}$$

（3）方向：沿轨迹在该点的切线方向，指向由$\frac{dS}{dt}$的正负号决定。

（4）加速度分为切向加速度和法向加速度。

①切向加速度：

$$a_\tau = \frac{dv}{dt} = \frac{d^2S}{dt^2}$$

a_τ表明速度大小的变化率，方向沿轨迹切线，指向由$\frac{dv}{dt}$的正负确定。

②法向加速度：

$$a_n = \frac{v^2}{\rho}$$

a_n 表明速度方向的变化率，方向沿轨迹法线，指向曲率中心。

③全加速度：

$$a = \sqrt{a_\tau^2 + a_n^2},\ \tan\theta = \left|\frac{a_\tau}{a_n}\right|$$

全加速度的方向指向曲线内凹的一侧，方向由 a 和 a_τ所夹锐角 θ 确定。

2. 直角坐标法建立点的运动方程，并求动点的速度和加速度。

（1）运动方程：

$$x = f_1(t),\ y = f_2(t)$$

（2）速度：

$$v_x = \frac{dx}{dt},\ v_y = \frac{dy}{dt}$$

$$v = \sqrt{v_x^2 + v_y^2},\ \tan\alpha = \frac{v_y}{v_x}$$

（3）加速度：

$$a_x = \frac{dv_x}{dt} = \frac{d^2x}{dt^2},\ a_y = \frac{dv_y}{dt} = \frac{d^2y}{dt^2}$$

$$a = \sqrt{a_x^2 + a_y^2},\ \tan\beta = \left|\frac{a_y}{a_x}\right|$$

3. 质点运动微分方程。

（1）自然形式：

$$\sum \boldsymbol{F}_{\tau} = m\frac{\mathrm{d}^2 S}{\mathrm{d}t^2},\ \sum \boldsymbol{F}_{\mathrm{n}} = m\frac{1}{\rho}\left(\frac{\mathrm{d}S}{\mathrm{d}t}\right)^2$$

（2）直角坐标形式：

$$\sum \boldsymbol{F}_{\mathrm{x}} = m\frac{\mathrm{d}^2 x}{\mathrm{d}t^2},\ \sum \boldsymbol{F}_{\mathrm{y}} = m\frac{\mathrm{d}^2 y}{\mathrm{d}t^2}$$

4. 质点运动微分方程的应用。

第一类问题：已知质点的运动规律，求作用于质点上的力。

第二类问题：已知作用于质点上的力，求质点的运动规律。

思　考　题

1. 试举例说明点的位移、路程和弧坐标三者有何不同？在特定的运动情况下，位移、路程和弧坐标能否是相同的？

2. 已知动点在某一瞬时的速度为零，那么该瞬时点的加速度是否必为零？

3. 如思考题图 12-1 所示，一动点 M 沿螺旋线自外向内运动，它所走的弧长 $S = kt$（k 为常数）。问此动点的加速度是越来越大，还是越来越小？

思考题图 12-1　沿螺旋线运动的动点

4. 动点的运动方程为 $S = 3 + 2t$，其轨迹是否为一直线？若点的运动方程为 $S = 5t^2$，其轨迹是否为一曲线？

5. 试判别下列情况时，点作何种运动？

（1）$a_{\tau} = 0$，$a_{\mathrm{n}} = 0$；（2）$a_{\tau} = 0$，$a_{\mathrm{n}} \neq 0$

（3）$a_{\tau} \neq 0$，$a_{\mathrm{n}} = 0$；（4）$a_{\tau} \neq 0$，$a_{\mathrm{n}} \neq 0$

6. 点作直线运动，某瞬时速度 $v = 3$ m/s，此时加速度是否为 $a = \frac{\mathrm{d}v}{\mathrm{d}t} = 0$，为什么？

7. 点作曲线运动时，试指出思考题图 12-2 所示各点哪些是加速运动？哪些是减速运动？哪些是不可能实现的运动？

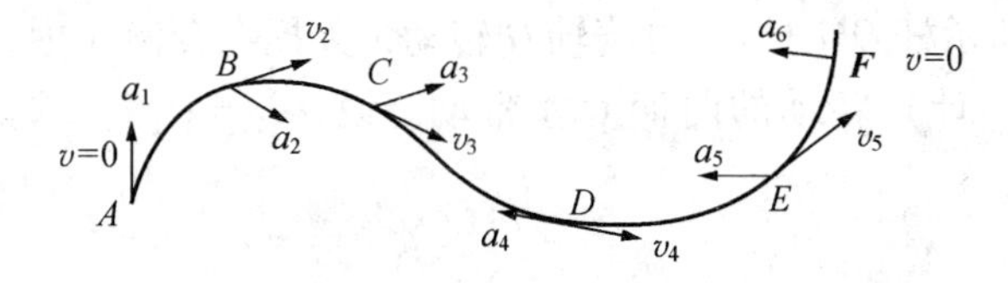

思考题图 12-2　点沿曲线运动

8. 平均速度和瞬时速度在什么情况下是一致的？

9. 作曲线运动的质点能否不受任何力的作用？

10. 两个质量相同、受相同力作用的质点，在各瞬时，两质点的速度和加速度是否相同？为什么？

11. 是否任何物体都具有惯性？正在作加速运动的物体，其惯性是仍然存在，还是已经消失了？

12. 质点的运动方向是否一定与质点的受力（指合力）方向相同？质点的加速度方向是否一定与质点的受力（指合力）方向相同？

习　题

1. 曲柄连杆机构如题图 12-1 所示，曲柄 OB 逆时针方向转动，角 $\varphi=\omega t$（角速度 ω 为常量）。已知 $AB=OB=R$，$BC=l$，且 $l>R$。试求：连杆 AC 上 C 点的运动方程和轨迹方程。

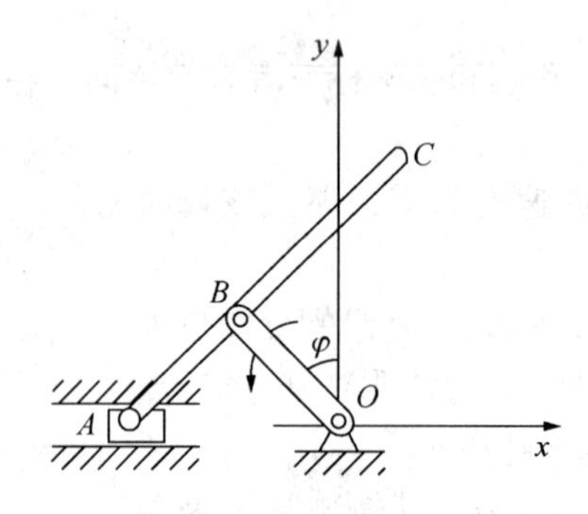

题图 12-1　曲柄连杆机构

2. 点沿半径为 $R=1\,000$ m 的圆弧运动，其运动方程为 $S=40t-t^2$（S 以 m 计，t 以 s 计）。求当 $S=400$ m 时，点的速度和加速度。

3. 点的运动方程为 $x=10t^2$，$y=7.5t^2$（x 和 y 以 cm 计，t 以 s 计）。试求 $t=4$ s 时，点的速度与加速度的大小和方向。

4. 设点的运动方程为 $x=a\cos\omega t$，$y=a\sin\omega t$，式中 a 和 ω 为常量。试求点的轨迹方程。若 $\omega=2\pi$ rad/s，$a=200$ mm，求该点 $t=1$ s 时的速度和加速度。

5. 炮弹在铅垂平面内按方程 $x=300t$，$y=400t-5t^2$ 规律运动（x 和 y 以 m 计，t 以 s 计）。试求：（1）炮弹初始时的速度和加速度；（2）射击高度与射程。

6. 如题图 12-2 所示杆 OM 长 l，可绕轴 O 转动，并插在套筒 A 中，由按规律（k 是常量，以弧度计，t 以 s 计）转动的曲柄 O_1A 带动。设 $\overline{OO_1}=\overline{O_1A}$，求摇杆端点 M 的运动方程。

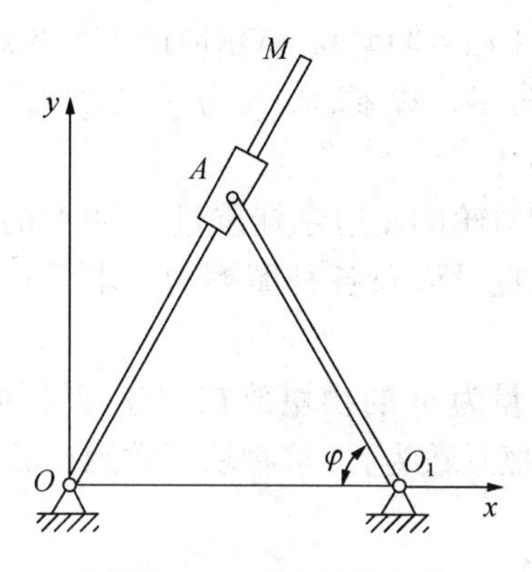

题图12-2 摇杆套筒机构

7. 在题图12-3中，摇杆机构由摇杆 BC、套筒 A 和曲柄 OA 组成，已知 $OA = OB = 20\,\text{cm}$，BC 杆绕 B 轴按 $\varphi = 20t$ 的规律运动（φ 以 rad 计），并通过套筒 A 在 BC 上滑动而带动 OA 杆绕 O 轴转动。试分别用直角坐标法和自然法，求套筒 A 的速度和加速度。

8. 飞轮的半径 $R = 2\,\text{m}$，其等加速由静止开始转动。经过10 s后，轮缘上各点获得线速度 $V = 100\,\text{m/s}$。求当 $t = 15\,\text{s}$ 时，轮缘上一点的速度和切向加速度、法向加速度的大小。

9. 如题图12-4所示，小球 M 质量 m = 1 kg，用长 $l = 30\,\text{cm}$ 的绳子系住，小球在水平面内作匀速圆周运动。当绳子与铅垂线夹角 $\alpha = 60°$ 时，小球的速度和绳的拉力各为多少？

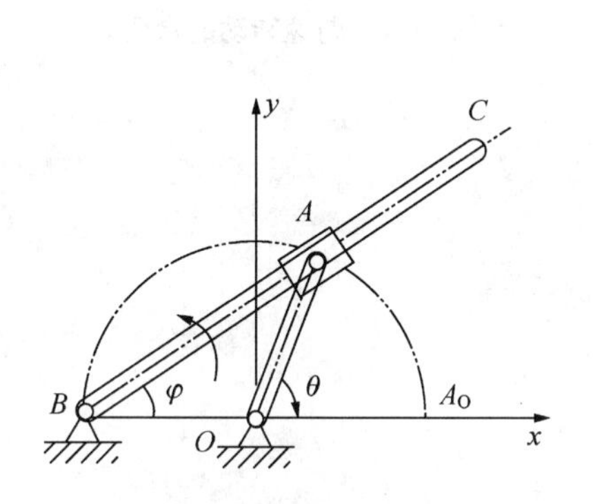

题图12-3 摇杆机构

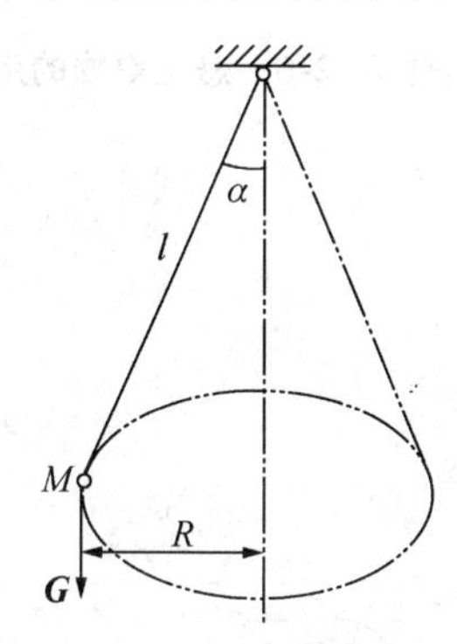

题图12-4 匀速圆周运动的小球

10. 点的运动方程为 $x = 2t$，$y = t^2$（x 和 y 以 m 计，t 以 s 计）。试求在运动开始时，其轨迹的曲率半径。

11. 如题图12-5所示，火车沿曲线轨道做匀变速行驶，初速度 $v_1 = 18\,\text{km/h}$，经过 $S = 1\,\text{km}$ 后，速度增至 $v_2 = 54\,\text{km/h}$。已知轨道在 M_1 和 M_2 处的曲率半径分别为 $\rho_1 = 600\,\text{m}$，$\rho_2 = 800\,\text{m}$。求火车从 M_1 到 M_2 所需的时间和经过 M_1 和 M_2 时的全加速度。

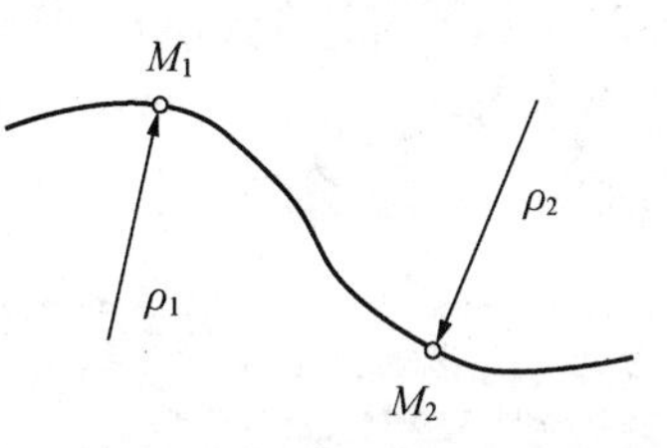

题图12-5 匀变速运动轨迹

12. 动点沿椭圆作曲线运动，某一瞬时，在 M 点处的速度为 $v = 10\,\text{m/s}$，切向加速度为 $a_\tau = 2.4\,\text{m/s}^2$，$a_x = 2\,\text{m/s}^2$，$a_y = 3\,\text{m/s}^2$。试求 M 点处的曲率半径。

13. 动点沿半径 $R = 1\,\text{m}$ 的圆周作匀减速运动，某一瞬时在 A 点有 $v_A = 10\,\text{m/s}$，经时间

t 后，走了 1/4 圆周至 B 点，且 $v_B = 5\ \text{m/s}$。试求时间 t 和 B 点的全加速度。

14. 求证：质点在倾角为 α、摩擦系数为 f 的斜面上滑下时的加速度为 $a = g(\sin\alpha - f\cos\alpha)$。

15. 如题图 12-6 所示，定滑轮的左边悬挂重量为 50 N 的物体，右边悬挂重量为 30 N 的物体。如果不计滑轮和绳的重量以及各种摩擦力，求滑轮两边重物的加速度及此时对绳子的拉力。

16. 如题图 12-7 所示，质量为 m 的物块放在匀速旋转的水平台面上，距转轴的距离为 R，若物体与平台间的静摩擦系数为 f。求物块不致因台面旋转而滑出的最大转速 n。

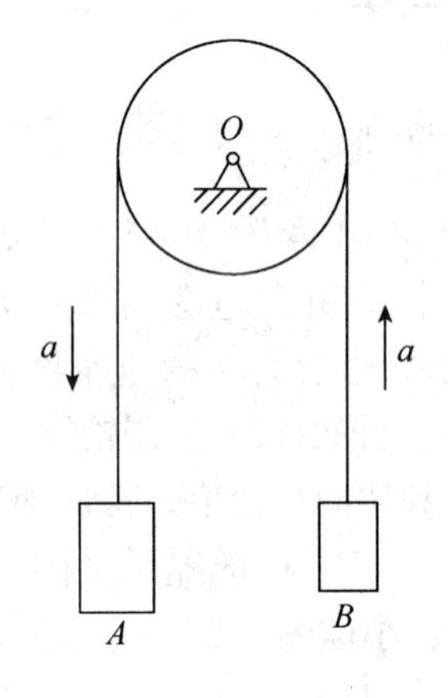

题图 12-6　悬挂重物的定滑轮

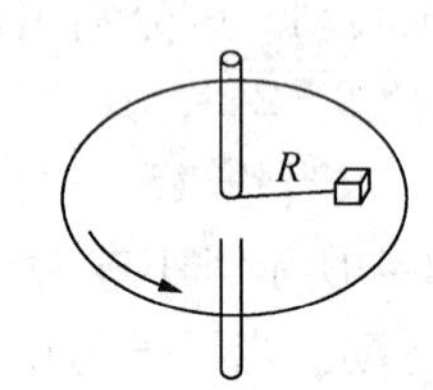

题图 12-7　匀速转动的台面

第 13 章　刚体运动力学

本章要点

- 刚体运动的概念及刚体运动的方程。
- 动静法。

刚体运动力学包括刚体运动学和刚体动力学。刚体运动学主要研究刚体运动的几何性质，刚体动力学则研究刚体的运动变化与其受力之间的关系。刚体的运动可分为刚体的简单运动和刚体的复杂运动。刚体的简单运动是指刚体的平行移动和定轴转动，刚体的复杂运动是指刚体的平面运动。本章主要研究刚体的简单运动和复杂运动的运动规律，以及作用在刚体上的力与其运动之间的关系。

13.1　刚体的简单运动

刚体的平行移动和定轴转动是刚体最简单的运动形式。研究刚体的简单运动是因为它在工程上有广泛的应用，同时也为研究刚体的复杂运动打下基础。

13.1.1　刚体的平行移动

刚体运动时，若其上任一直线始终平行于它的初始位置，则这种运动称为刚体的平行移动，简称平动。例如，如图 13-1（a）所示作直线运动的汽车车厢的运动和如图 13-1（b）所示机车上平行连杆 AB 的运动等都属于刚体的平动。

若刚体内各点的轨迹都是直线，则称为直线平动，如图 13-1（a）所示中汽车车厢的运动；若轨迹为曲线，则称为曲线平动，如图 13-1（b）所示中连杆 AB 的运动。

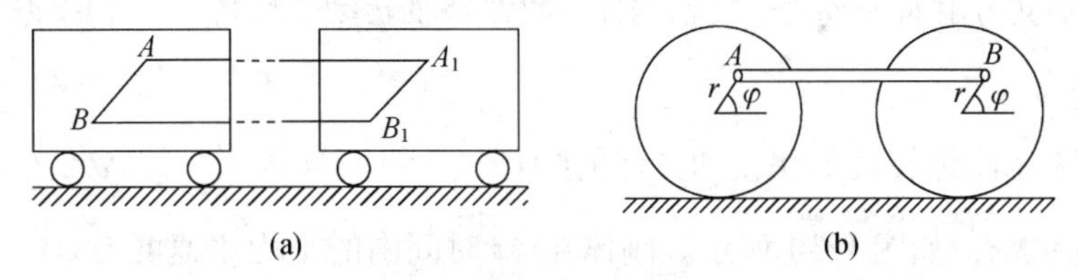

图 13-1　刚体平动实例

分析图 13-1 和图 13-2 可以看出，刚体平动时，刚体内各点的轨迹相同，在同一瞬时，刚体内各点的速度和加速度也相同。因此，刚体的平动可用其体内任一点的运动来代替，即刚体的平动可简化为点的运动来研究。

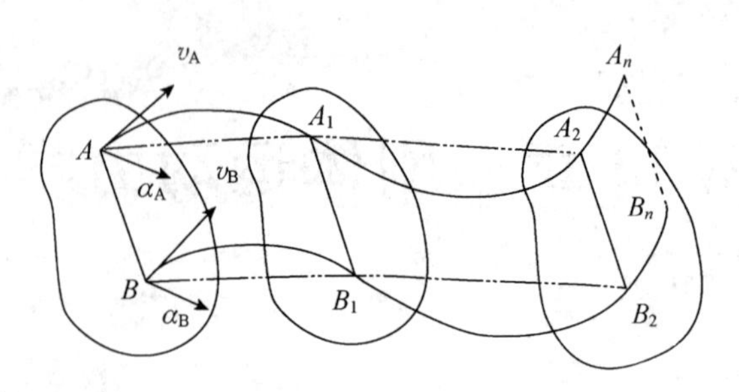

图 13-2 刚体平动轨迹

13.1.2 刚体的定轴转动

刚体运动时，若其上某一直线始终保持不动，而直线外各点都绕此直线上的点作圆周运动，则这种运动称为刚体的定轴转动，固定直线称为转轴。例如，机器中的齿轮和带轮以及电动机转子的旋转等都是刚体的定轴转动。

1. 刚体的转动方程

刚体作定轴转动时，体内各点的轨迹均为圆周，但半径不同，各点在同一瞬时的速度和加速度均不相等。因此，刚体的定轴转动不能用一个点的运动来代替。

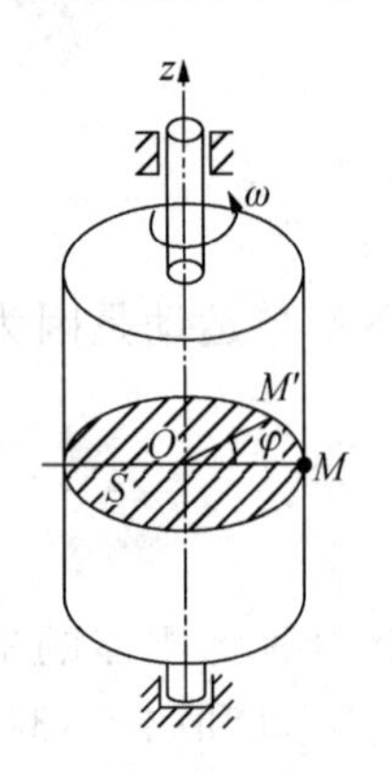

图 13-3 刚体的转动

为了确定刚体在转动过程中任一瞬时的位置，研究其运动规律，在刚体上任取一垂直于转轴的平面 S（如图 13-3 所示），并与转轴交点为 O。在 S 平面内作任一直线 OM，刚体转动时，尽管 OM 直线上各点的轨迹、速度和加速度不相同，但在相同的时间内，S 平面内任一直线绕转轴 z 转过的角度 φ 是相同的，φ 称为刚体在任一瞬时的转角。由于 φ 随时间 t 的变化而变化，所以它是时间 t 的单值连续函数，即：

$$\varphi = f(t) \tag{13-1}$$

式（13-1）称为刚体的转动方程，即刚体转动的运动规律。φ 是一个代数量，其单位为弧度（rad）。为了区别刚体转动的方向，一般规定：从转动轴的正端向负端看，刚体逆时针转动时为正；反之为负。

由以上分析可知，刚体绕定轴转动可用其体内任一垂直于转轴的平面 S 的转动来代替，而平面 S 的转动又可由面内垂直于转轴的任一直线绕轴转动来代替（图 13-3 中的 OM）。

2. 角速度

角速度是表示刚体转动的快慢和方向的物理量。设刚体瞬时 t 的转角为 φ，瞬时 $t+\Delta t$ 的转角为 $\varphi+\Delta\varphi$，如图 13-4 所示。刚体在 Δt 时间内的平均角速度为 $\omega^* = \dfrac{\Delta\varphi}{\Delta t}$。

当 $\Delta t \to 0$ 时，平均角速度 ω^* 的极限值就是刚体在瞬时 t 的角速度 ω。

即：

$$\omega = \lim_{\Delta t \to 0}\frac{\Delta\varphi}{\Delta t} \tag{13-2}$$

因此，刚体的角速度等于转角对时间的一阶导数。角速度是代数量，单位为 rad/s，其正负表示刚体的转动方向，正负的确定方法与转角 φ 正负的确定方法相同。

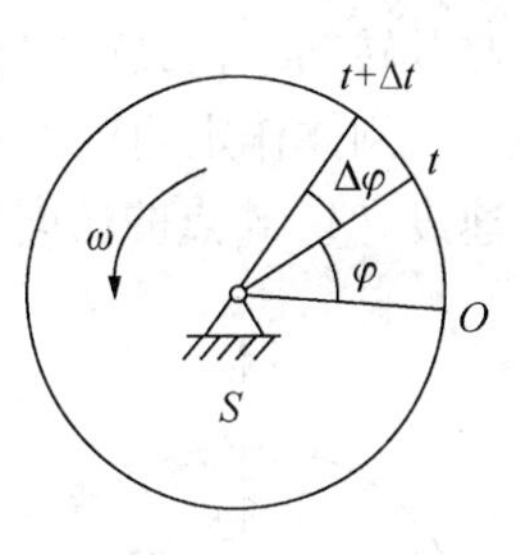

图 13-4　刚体的角速度

在工程上，通常以 r/min 表示转动快慢，称为转速，以 n 表示。角速度 ω 与转速 n 之间的换算关系为：

$$\omega=\frac{2\pi n}{60}=\frac{\pi n}{30} \tag{13-3}$$

3. 角加速度

角加速度是表示角速度变化快慢的物理量。设刚体在瞬时 t 的角速度为 ω，在瞬时 t_1 的角速度为 ω_1（如图 13-5 所示）。在 Δt 时间内角速度的变化量 $\Delta\omega=\omega_1-\omega$，则 Δt 时间内的平均角加速度为 $\varepsilon^*=\dfrac{\Delta\omega}{\Delta t}$。当 $\Delta t\to 0$ 时，上述比值的极限值就是瞬时 t 的角加速度 ε，即：

$$\varepsilon=\lim_{\Delta t\to 0}\frac{\Delta\omega}{\Delta t}=\frac{\mathrm{d}\omega}{\mathrm{d}t}=\frac{\mathrm{d}^2\varphi}{\mathrm{d}t^2} \tag{13-4}$$

因此，刚体的角加速度等于角速度对时间的一阶导数，或等于转角对时间的二阶导数。角加速度的单位为 rad/s²。$\varepsilon>0$，表示它与转角的正向相同，即逆时针转向；$\varepsilon<0$，表示它与转角的正向相反，即顺时针转向。当 ω 与 ε 同号时，刚体加速转动；ω 与 ε 异号时，刚体减速转动。

4. 定轴转动刚体上点的速度和加速度

如图 13-6（a）所示，在定轴转动刚体上任取一点 M，M 点到转轴的距离为 R。刚体转动时，M 点将以 R 为半径绕转轴作圆周运动。由此可以看出，M 点的弧坐标 S 与转角 φ 之间的关系为：

$$S=R\varphi \tag{13-5}$$

根据点的运动学知识，可知：

$$v=\frac{\mathrm{d}S}{\mathrm{d}t}=\frac{\mathrm{d}(R\varphi)}{\mathrm{d}t}=R\frac{\mathrm{d}\varphi}{\mathrm{d}t}=R\omega \tag{13-6}$$

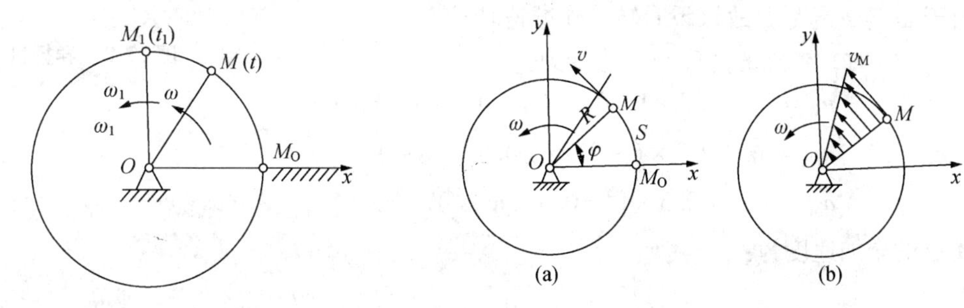

图 13-5　刚体的角加速度

图 13-6　刚体转动时的速度

式（13-6）表明：刚体转动时其上任一点的速度，等于该点的转动半径与刚体角速度的乘积；其方向垂直于转动半径，并指向与转向 ω 相同的一方。转动刚体内点的速度与其转动半径成正比，其分布规律如图 13-6（b）所示。

刚体作定轴转动，其上各点作圆周运动，故其加速度应包括切向加速度 a_τ 和法向加速度 a_n。M 点的切向加速度为：

$$a_\tau = \frac{dv}{dt} = \frac{d(R\omega)}{dt} = R\varepsilon \tag{13-7}$$

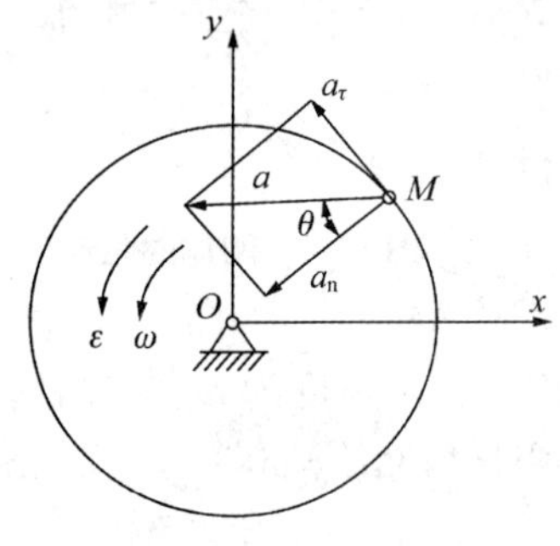

图 13-7　刚体转动时的加速度

M 点的法向加速度为：

$$a_n = \frac{v^2}{R} = \frac{(R\omega)^2}{R} = R\omega^2 \tag{13-8}$$

即定轴转动刚体上任一点的切向加速度等于该点的转动半径和刚体角加速度的乘积，方向与转动半径垂直，指向与 ε 转向一致；法向加速度等于该点转动半径与刚体角速度平方的乘积，方向指向圆心，如图 13-7 所示。

M 点的全加速度的大小为：

$$a = \sqrt{a_\tau^2 + a_n^2} = \sqrt{(R\varepsilon)^2 + (R\omega^2)^2} = R\sqrt{\varepsilon^2 + \omega^4} \tag{13-9}$$

全加速度与转动半径之间的夹角为：

$$\tan\theta = \left|\frac{a_\tau}{a_n}\right| = \left|\frac{\varepsilon}{\omega^2}\right| \tag{13-10}$$

【例 13.1】 卷扬机转筒半径 $R = 0.3$ m，转动方程为 $\varphi = -t^2 + 5t$，如图 13-8 所示。绳端悬一重物 A，试求当 $t = 2$ s 时，图示筒缘上任一点 M 和重物 A 的速度和加速度。

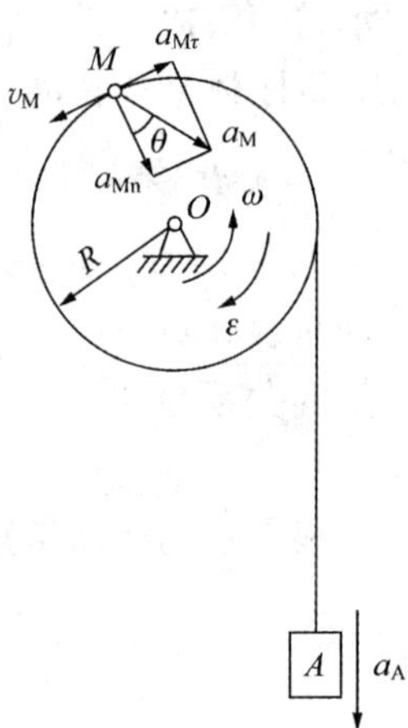

图 13-8　卷扬机

解： 由转筒的转动方程，求角速度和角加速度。

$$\omega = \frac{d\varphi}{dt} = -2t + 5$$

$$\varepsilon = \frac{d\omega}{dt} = -2$$

当 $t = 2$ s 时：

$$\omega = -2t + 5 = -2 \times 2 + 5 = 1 \text{ (rad/s)}$$

$$\varepsilon = -2 \text{ rad/s}^2$$

由于 ω 与 ε 异号，故该瞬时转筒作减速转动。

当 $t = 2$ s 时，M 点的速度与加速度为：

$$v_M = R\omega = 0.3 \times 1 = 0.3 \text{ (m/s)}$$

$$a_{M\tau} = R\varepsilon = 0.3 \times (-2) = -0.6 \text{ (m/s}^2\text{)}$$

$$a_{Mn} = R\omega^2 = 0.3 \times 1^2 = 0.3 \text{ (m/s}^2\text{)}$$

M 点的全加速度为：

$$a_M = \sqrt{a_{M\tau}^2 + a_{Mn}^2} = \sqrt{(-0.6)^2 + 0.3^2} = 0.67 \text{ (m/s}^2\text{)}$$

$$\tan\theta = \left|\frac{\varepsilon}{\omega^2}\right| = \left|\frac{-2}{1^2}\right| = 2$$

$$\theta = \tan^{-1}2 = 63.4°$$

重物 A 的速度与加速度分别等于 M 点的速度和切向加速度，即：

$$v_A = v_M = 0.3\ \text{m/s}$$

$$a_A = a_{M\tau} = -0.6\ \text{m/s}^2$$

【例 13.2】　如图 13-9 所示为带轮传动装置。带轮的半径分别为 $R_A = 20\ \text{cm}$，$R_B = 40\ \text{cm}$，角速度分别为 ω_A 和 ω_B。试求两带轮的角速度的比值 ω_A/ω_B。

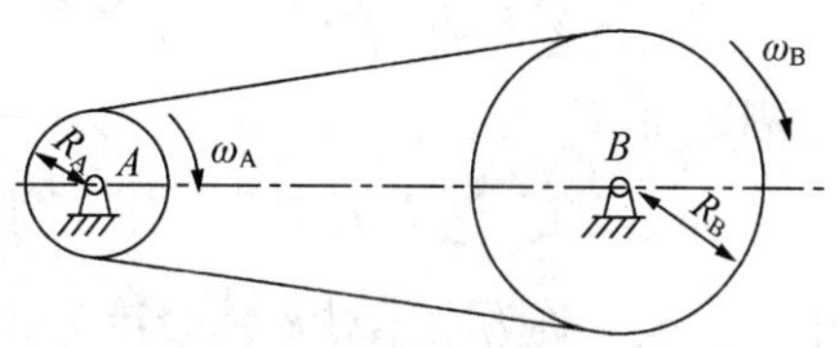

图 13-9　带轮传动装置

解： 设带与带轮之间没有相对滑动，因此带轮边缘上的点与带上的点速度相等，两轮边缘上各点的速度大小也相等，即 $v_A = v_B$，而 $v_A = R_A\omega_A$，$v_B = R_B\omega_B$，得：

$$R_A\omega_A = R_B\omega_B$$

$$\frac{\omega_A}{\omega_B} = \frac{R_B}{R_A} = \frac{40}{20} = 2$$

由上式可看出，一对带轮传动时，两轮的角速度与两轮半径成反比。

13.2　刚体简单运动的动力学方程

13.2.1　平动刚体的动力学方程

刚体平动时，其上各点的轨迹平行且相同。在同一瞬时，各点的速度和加速度也均相同，因此平动刚体的动力学问题，可归纳为质点的动力学问题来研究。把平动刚体看作质量集中于质心的质点，作用在平动刚体上的力系的合力通过质心，由质点的动力学方程得到平动刚体的动力学方程为：

$$Ma_\tau = \sum \boldsymbol{F} \tag{13-11}$$

式中，M 为整个刚体的质量；a_τ为刚体的质心加速度。

13.2.2　刚体定轴转动的动力学方程

设质量为 m 的刚体，在力系 $\boldsymbol{F}_1$，$\boldsymbol{F}_2$，…，$\boldsymbol{F}_n$ 作用下绕 z 轴作定轴转动，如图 13-10 所示。在任一瞬时，刚体转动的角速度为 ω，角加速度为 ε。若在刚体上任取一质量为 m_i 的质点 M_i 到转轴的距离为 r_i，则此质点将绕转轴作圆周运动。由质点动力学方程知：

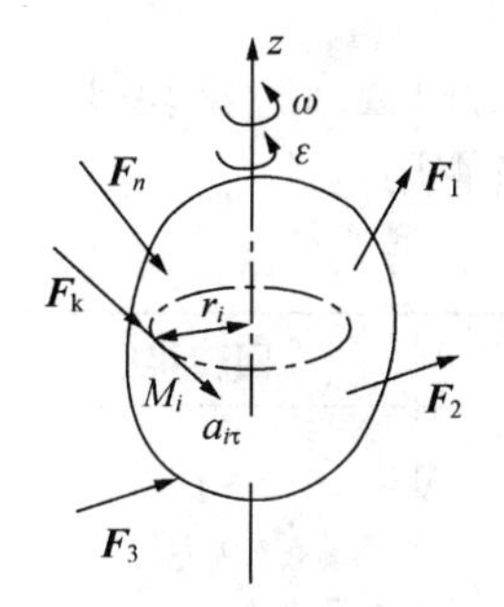

图 13-10　刚体定轴转动

$$\boldsymbol{F}_{i\tau} = m_i a_{i\tau} = m_i r_i \boldsymbol{\varepsilon} \tag{13-12}$$

式中，$\boldsymbol{F}_i$ 为作用在该质点的力，$F_{i\tau}$为 $\boldsymbol{F}_i$ 的切向分量的大小；$a_{i\tau}$为该质点的切向加速度。

将式（13-12）两边都乘以 r_i，有：

$$\boldsymbol{F}_{i\tau} r_i = m_i r_i \varepsilon_i r_i = m_i r_i^2 \boldsymbol{\varepsilon} \tag{13-13}$$

若取整个刚体为研究对象，则每个质点都可写出与式（13-13）形式相同的式子，将它们相加得：

$$\sum \boldsymbol{F}_{i\tau}r_i = \sum m_i r_i^2 \varepsilon \tag{13-14}$$

式中，$\sum \boldsymbol{F}_{i\tau}r_i$ 为作用在各个质点上的力（外力和内力）对 z 轴力矩的代数和。对整个刚体而言，质点间相互作用的力——内力总是成对出现的，所以内力对 z 轴力矩的代数和等于零。因此，$\sum \boldsymbol{F}_{i\tau}r_i$ 是指作用在刚体上的外力对 z 轴力矩的代数和，记为 $\sum m_z(\boldsymbol{F})$。式中，$\sum m_i r^2$ 称为刚体对 Z 轴的转动惯量，用 J_z 表示。于是式（13-14）可写为：

$$\sum m_z(\boldsymbol{F}) = J_z \varepsilon \tag{13-15}$$

式（13-15）称为刚体绕定轴转动的动力学基本方程。它表明作用在定轴转动刚体上的外力对转轴之矩的代数和等于刚体对转轴的转动惯量与其角加速度的乘积，角加速度的转向与力矩 $\sum m_z(\boldsymbol{F})$ 的转向相同。

13.2.3 转动惯量

转动刚体的转动惯量是构成刚体的各个质点的质量与它到转轴距离平方乘积的代数和，其表达式为：

$$J_z = \sum m_i r_i^2 \tag{13-16}$$

由式（13-16）可以看出：转动惯量永远是一个正值标量，其单位为 $kg \cdot m^2$。转动惯量的大小不仅与刚体质量的大小有关，而且与转轴位置和刚体的形状以及质量的分布有关。由式（13-15）可知，不同刚体受相同力矩的作用时，转动惯量大的刚体的角加速度小，转动惯量小的刚体的角加速度大。即转动惯量大的刚体不易改变其运动状态，转动惯量小的刚体容易改变其运动状态。因此，转动惯量是刚体转动时惯性的度量。例如，机器中的飞轮常做成边缘厚且中间挖空的结构，就是为了将大部材料分布在远离转轴的地方，以增大转动惯量，使机器运转平稳。

工程上，常将刚体的转动惯量表示为整个刚体的质量 m 与某一长度 ρ 的平方的乘积，即：

$$J_z = m\rho^2 \tag{13-17}$$

式中，ρ 为刚体对转轴的回转半径。它的含义为假想把刚体的全部质量集中在离转轴为 ρ 的一个点上。

对于形状简单的均质物体，转动惯量的计算公式可在有关手册中查到。表 13-1 中列出了几种常见均质物体对其质心轴 z 的转动惯量的计算公式，以备查用。

表 13-1　均质物体的转动惯量

物体种类	简　图	J_z	回转半径
细直杆	z；$\frac{l}{2}$ $\frac{l}{2}$	$\frac{1}{2}ml^2$	$\frac{1}{2\sqrt{3}}l$

续表

物体种类	简　图	J_z	回转半径
薄圆板		$\frac{1}{4}mR^2$	$0.5R$
矩形六面体		$\frac{1}{12}m\ (a^2+b^2)$	$\frac{\sqrt{a^2+b^2}}{2\sqrt{3}}$
薄壁空心球		$\frac{2}{3}mR^2$	$\sqrt{\frac{2}{3}}R$
圆柱		$\frac{1}{2}mR^2$	$\frac{1}{\sqrt{2}}R$
		$\frac{1}{12}m\ (l^2+3R^2)$	$\sqrt{\frac{l^2+3R^2}{12}}$

13.2.4　平行轴定理

设刚体的质量为 m，对质心轴 z 的转动惯量为 J_z，如图 13-11 所示，而对另一与质心轴 z 平行且相距为 d 的轴 z'的转动惯量为 J'_z，可以证明（从略）：

$$J'_z = J_z + md^2 \tag{13-18}$$

式（13-18）表明：刚体对任意轴 z'的转动惯量 J'_z，等于刚体对通过质心且与 z'轴平行的 z 轴的转动惯量，加上物体的总质量 m 与两轴垂直距离 d 的平方之乘积。这一关系称为转动惯量的平行轴定理。

利用平行轴定理可以计算与质心轴平行的轴的转动惯量。

【例 13.3】　有一均质细杆长 l，质量为 m，如图 13-12 所示，求该直杆对 z'轴的转动惯量。

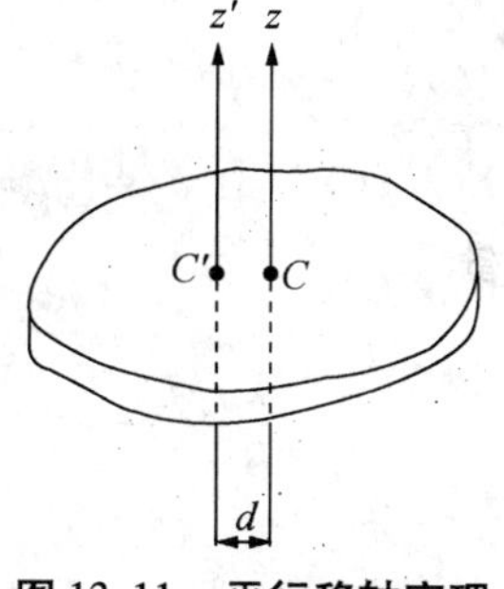

图 13-11　平行移轴定理

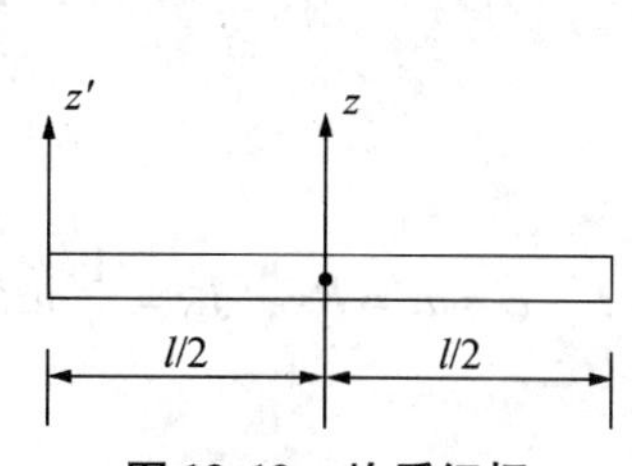

图 13-12　均质细杆

解：查表 13-1 得，细杆对其质心轴 z 的转动惯量为 $J_z = \frac{1}{12}ml^2$。应用平行轴定理，可求得细杆绕 z' 轴的转动惯量为：

$$J'_z = J_z + m\left(\frac{l}{2}\right)^2 = \frac{1}{12}ml^2 + m\left(\frac{l}{2}\right)^2 = \frac{1}{3}ml^2$$

13.3 刚体简单运动动力学方程的应用

平动刚体动力学方程的应用，可归纳到质点动力学方程的应用中去。本节只研究刚体定轴转动动力学方程的应用。运用刚体定轴转动动力学基本方程，可以解决刚体转动时动力学的两类问题。

13.3.1 已知刚体的转动规律，求作用于刚体上的外力（或外力矩）

【例 13.4】 在如图 13-13（a）所示的提升设备中，跨过滑轮的钢索吊起质量为 $m_A = 50$ kg 的物体 A。已知物体 A 的加速度 $a = 1$ m/s²，滑轮为实心圆柱形鼓轮，质量 $m = 20$ kg，半径 $R = 25$ cm。试求加在滑轮上的力矩 $\boldsymbol{M}_O$。不计钢索的质量及轴承摩擦。

解：（1）首先选取重物 A 为研究对象，画受力图，如图 13-13（b）所示。根据质点动力方程，得：

$$\boldsymbol{T} - m_A g = m_A a \quad ①$$

由式①解得：

$$\boldsymbol{T} = m_A(a+g) = 50\ \text{kg} \times (1\ \text{m/s}^2 + 9.8\ \text{m/s}^2) = 540\ \text{N} \quad ②$$

（2）再取滑轮为研究对象并画受力图，如图 13-13（c）所示。滑轮在力矩 $\boldsymbol{M}_O$ 和绳的拉力 $\boldsymbol{T}'$ 所产生的阻力矩共同作用下，沿逆时针方向加速转动。根据定轴转动刚体的动力学方程，得：

$$\boldsymbol{M}_O - \boldsymbol{T}'R = J_O \varepsilon$$

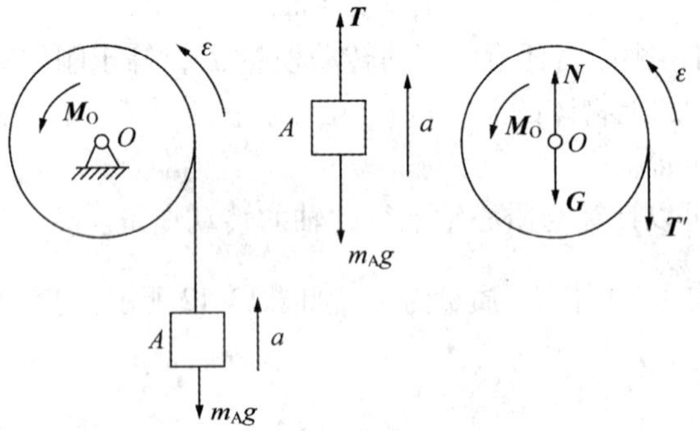

图 13-13 提升设备

因为 $\boldsymbol{T}' = \boldsymbol{T}$，$a = a_\tau = R\varepsilon$，$J_O = \frac{1}{2}mR^2$，所以：

$$M_O = J_O\varepsilon + \boldsymbol{T}R = \frac{1}{2}mR^2 \cdot \frac{a}{R} + \boldsymbol{T}R = R\left(\frac{1}{2}ma + \boldsymbol{T}\right)$$

$$= 0.25\ \text{m} \times \left(\frac{1}{2} \times 20\ \text{kg} \times 1\ \text{m/s}^2 + 540\ \text{N}\right) = 137.5\ \text{N} \cdot \text{m}$$

13.3.2　已知作用于刚体上的外力矩，求转动规律

【例 13.5】　视为均质圆盘的鼓轮上绕有不计质量的钢索，钢索两端分别挂有质量为 m_A、m_B 的物块 A 和物块 B，如图 13-14（a）所示。已知 $m_B > m_A$，鼓轮的质量为 m_0，半径为 R。试求鼓轮转动的角加速度 $\boldsymbol{\varepsilon}$。

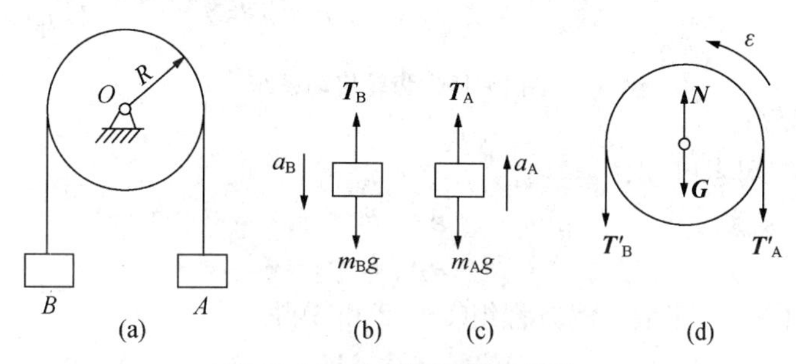

图 13-14　均质圆盘鼓轮系统

解：（1）分别选取物块 B 和物块 A 为研究对象，并画受力图，如图 13-14（b）和图 13-14（c）所示。根据质点动力学方程，得：

$$m_Bg - \boldsymbol{T}_B = m_Ba_B \quad ①$$

$$\boldsymbol{T}_A - m_Ag = m_Aa_A \quad ②$$

（2）再取鼓轮为研究对象，并画受力图，如图 13-14（d）所示。由刚体定轴转动的动力学方程，得：

$$\boldsymbol{T}'_BR - \boldsymbol{T}'_AR = J_O\varepsilon \quad ③$$

因：

$$a_B = a_A = R\varepsilon \quad ④$$

且 $\boldsymbol{T}_A = \boldsymbol{T}'_A$，$\boldsymbol{T}_B = \boldsymbol{T}'_B$，$J_O = \frac{1}{2}m_0R^2$，解方程组①、②、③和④得：

$$\varepsilon = \frac{2g\ (m_B - m_A)}{R\ (m_0 + 2m_B + 2m_A)}$$

【例 13.6】　传动轮系如图 13-15 所示。齿轮 Z_1 的啮合半径为 R_1，并固装于轴Ⅰ上，其转动惯量为 J_1。半径为 R_2 的齿轮 Z_2 与带轮 C 固装于轴Ⅱ上，其转动惯量为 J_2。今在轴Ⅰ上加一主动力矩 $\boldsymbol{M}_1$，轴Ⅱ受阻力矩 $\boldsymbol{M}_2$ 作用。各处的摩擦阻力忽略不计，求轴Ⅰ的角加速度。

解：（1）取轴Ⅰ为研究对象并画受力图，如图 13-15（c）所示。由刚体定轴转动动力学方程，得：

$$\boldsymbol{M}_1 - \boldsymbol{F}'_\tau R_1 = J_1\varepsilon_1 \quad ①$$

（2）取轴Ⅱ为研究对象并画受力图，如图 13-15（b）所示。由刚体定轴转动动力学方程，得：

$$F_{\tau} R_2 - M_2 = J_2 \varepsilon_2 \quad ②$$

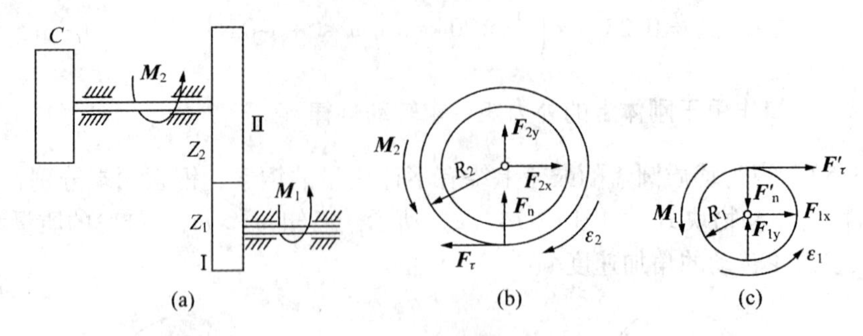

图 13-15　齿轮传动系统

（3）由运动学知识可知：

$$\frac{\varepsilon_1}{\varepsilon_2} = \frac{R_2}{R_1} \quad ③$$

因 $F_{\tau} = F'_{\tau}$，代入已知量，解方程组①、②和③得：

$$\varepsilon_1 = \frac{M_1 - \dfrac{M_2}{R_2/R_1}}{J_1 + \dfrac{J_2}{(R_2/R_1)^2}}$$

通过以上例题的分析，可总结出解决刚体定轴转动动力学两类问题的解题步骤。

（1）选取研究对象，并注意在解决多体构成的系统问题时，必须分别取单体为研究对象，该方法又称为分离法。

（2）进行受力分析和运动分析，并画受力图，注意作用力与反作用力及运动方向。

（3）建立刚体定轴转动的动力学方程，同时注意外力矩与角加速度的正、负。

（4）求解未知量。

13.4　动　静　法

动静法是将动力学问题在形式上转化为静力学问题来进行求解的一种方法。它以达朗伯原理为基础，在工程实际中有广泛的应用。

13.4.1　质点的达朗伯原理

如图 13-16（a）所示，质量为 m 的质点 M，在主动力 F 和约束反力 N 作用下，沿斜面产生向上的加速度。由牛顿第二定律得：

$$F + N = ma \quad (13\text{-}19)$$

将 ma 移项，式（13-19）可写为：

$$F + N - ma = 0 \quad (13\text{-}20)$$

若设 $\boldsymbol{Q}=-m\boldsymbol{a}$，并把 $\boldsymbol{Q}$ 称为惯性力，如图 13-16（b）所示，则式（13-20）可写为：

$$\boldsymbol{F}+\boldsymbol{N}+\boldsymbol{Q}=0 \tag{13-21}$$

由式（13-21）可知：在任一瞬时，若在变速运动的质点上假想地加上惯性力，则作用在质点上的主动力、约束反力与惯性力在形式上就构成平衡力系。这就是质点的达朗伯原理。

惯性力是物体受外力作用而使运动状态发生改变时，由于其惯性而引起的运动物体对施力物体的反作用力。惯性力的大小等于运动物体的质量乘以其加速度，方向与加速度方向相反，作用对象是施力物体。

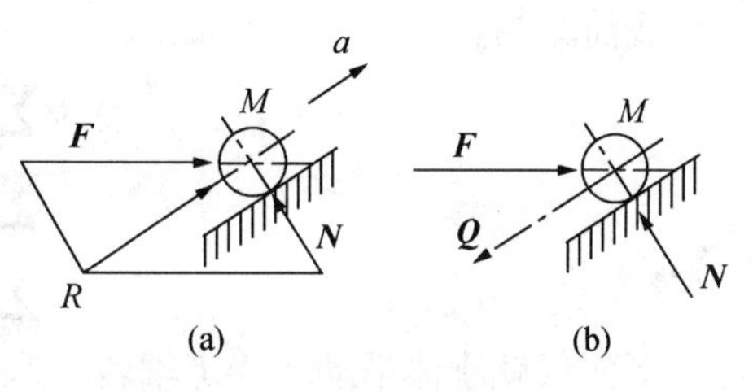

图 13-16　质点的运动与受力

若在运动物体上虚加上惯性力，则可使动力学问题在形式上变成静力学问题，这样就能运用静力学平衡方程来求解。

【例 13.7】　如图 13-17（a）所示，在机车车厢顶上悬挂一动力摆，摆锤质量为 m，当车厢以加速度 a 水平向右运动时，摆锤将偏向左方与铅垂线成不变的角 φ。试求：（1）车厢的加速度 a 与 φ 的关系；（2）悬线的拉力 T 值。

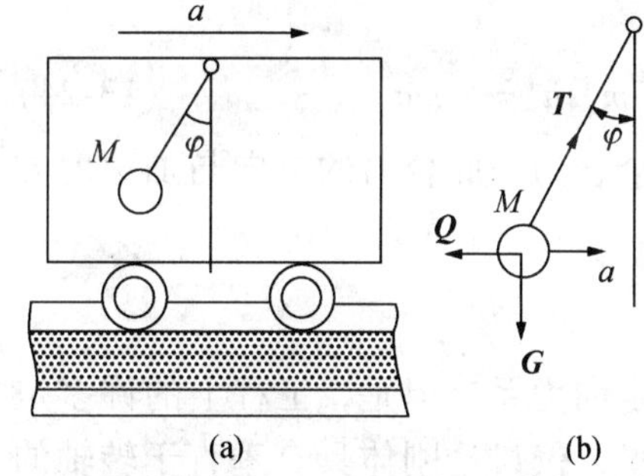

图 13-17　机车车厢内动力摆

解：（1）取质点 M 为研究对象，如图 13-17（b）所示。该质点受重力 $\boldsymbol{G}$ 和悬线拉力 $\boldsymbol{T}$ 作用。质点 M 与车厢保持相对静止，故质点也有水平向右的加速度 a，质点的惯性力 $\boldsymbol{Q}=-ma$，水平向左。因此作用在质点 M 上的重力 $\boldsymbol{G}$、悬线拉力 $\boldsymbol{T}$ 和惯性力 $\boldsymbol{Q}$ 构成平衡力系。

（2）列平衡方程：

$$\sum \boldsymbol{F}_x=0,\ \boldsymbol{T}\sin\varphi-\boldsymbol{Q}=0 \tag{①}$$

$$\sum \boldsymbol{F}_y=0,\ \boldsymbol{T}\cos\varphi-\boldsymbol{G}=0 \tag{②}$$

（3）求解方程①和②可得：

$$\tan\varphi=\frac{\boldsymbol{Q}}{\boldsymbol{G}}=\frac{ma}{mg}=\frac{a}{g}$$

即：

$$a=g\tan\varphi$$

$$\boldsymbol{T}=\boldsymbol{G}/\cos\varphi=mg/\cos\varphi$$

13.4.2　质点系的达朗伯原理

设质点系由 n 个质点组成，由质点的达朗伯原理可知，每一质点在其主动力、约束反力和假想惯性力作用下，在形式上处于平衡。因此在任一瞬时，作用在质点系上的主动力系、约束反力系和虚加的惯性力系，在形式上也组成平衡力系。这便是质点系的达朗伯原理。对于平面力系问题，可用下列平衡方程来表达：

$$\left.\begin{array}{l}\sum \boldsymbol{F}_x + \sum \boldsymbol{N}_x + \sum \boldsymbol{Q}_x = 0 \\ \sum \boldsymbol{F}_y + \sum \boldsymbol{N}_y + \sum \boldsymbol{Q}_y = 0 \\ \sum M_O(\boldsymbol{F}_i) + \sum M_O(\boldsymbol{N}_i) + \sum M_O(\boldsymbol{Q}_i) = 0\end{array}\right\} \tag{13-22}$$

或简写为：

$$\left.\begin{array}{l}\sum \boldsymbol{F}_x = 0 \\ \sum \boldsymbol{F}_y = 0 \\ \sum M_O(\boldsymbol{F}) = 0\end{array}\right\} \tag{13-23}$$

下面仅就刚体平动和绕定轴转动这两种情形，来讨论动静法的应用。

1. 刚体的平动

刚体平动时，因其上各质点的加速度均相同，故各质点的惯性力组成的是一个同向平行力系。该平行力系的合力 $\boldsymbol{Q}_c$ 应通过质心 C，若以 m_k 和 $\boldsymbol{Q}_k$ 分别表示任一点的质量和惯性力，a_c 表示质心的加速度，则：

$$\boldsymbol{Q}_c = \sum \boldsymbol{Q}_k = \sum(-m_k a) = -\left(\sum m_k\right) a_c = -m a_c \tag{13-24}$$

即刚体平动时其惯性力系可简化为通过质心的一个合力，此合力的方向与加速度方向相反，其值等于刚体质量与加速度的乘积。

2. 刚体的定轴转动

一般情况下，刚体绕定轴转动时的惯性力系为一定向力系。但是，工程上的许多定轴转动零件往往具有垂直于转轴的质量对称平面。这里，仅讨论刚体具有垂直于转轴的质量对称平面的情况。

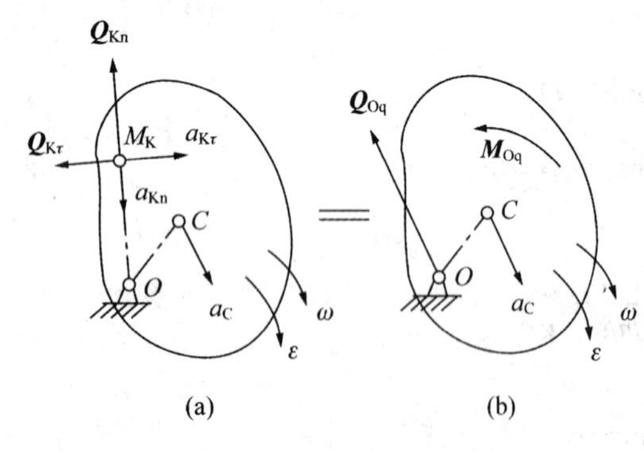

图 13-18　定轴转动刚体的惯性力

以图 13-18（a）中的平面图形代表刚体的对称平面，转轴通过 O 点，刚体转动角速度为 $\boldsymbol{\omega}$，角加速度为 $\boldsymbol{\varepsilon}$，刚体上任一点的质量为 m_k，加速度为 a_k，此质量的惯性力 $\boldsymbol{Q}_k = -m_k \boldsymbol{a}_k$。刚体上无数个质点的惯性力组成一个平面任意力系，将这任意力系向转轴 O 点简化，可得到惯性力系的主矢 $\boldsymbol{Q}_{Oq}$ 和主矩 $\boldsymbol{M}_{Oq}$。惯性力系的主矢 $\boldsymbol{Q}_{Oq}$ 由静力学可知，它应等于各质点惯性力的矢量和，同时可以证明：

$$\boldsymbol{Q}_{Oq} = -m a_c \tag{13-25}$$

即惯性力系主矢的值等于刚体质量和质心加速度的乘积，方向与质心加速度相反，位置作用在简化中心上，如图 13-18（b）所示。

刚体惯性力系的主矩 $\boldsymbol{M}_{Oq}$ 可这样分析：因刚体上任一点作圆周运动，其加速度 a_k 可分解为切向加速度 $a_{K\tau}$ 和法向加速度 a_{Kn}，其相应的惯性力为 $\boldsymbol{Q}_{K\tau}$ 和 $\boldsymbol{Q}_{Kn}$，如图 13-18（a）

所示，质点 M_K 离转轴距离为 r_K，则：

$$Q_{K\tau} = -M_K a_{K\tau} = -M_K r_K \varepsilon \tag{13-26}$$

$$Q_{Kn} = -M_K a_{Kn} = -M_K r_K \omega^2 \tag{13-27}$$

惯性力系对 O 点取矩，因各法向惯性力 Q_{Kn} 均通过 O 点，对 O 点之矩为零。故可得：

$$M_{Oq} = \sum Q_{K\tau} r_K = \sum -(M_K r_K^2 \varepsilon) = -\left(\sum M_K r_K^2\right)\varepsilon = -J_O \varepsilon \tag{13-28}$$

M_{Oq} 的方向与角加速度 ε 的转向相反。

【例 13.8】 电动绞车如图 13-19（a）所示，已知鼓轮半径为 R，质量为 m_O，起吊重物 A 的质量为 m_A，作用在鼓轮上的驱动力矩为 M_O。求重物上升的加速度 a、钢绳的拉力和轴承 O 的反力（鼓轮可视为均质圆盘）。

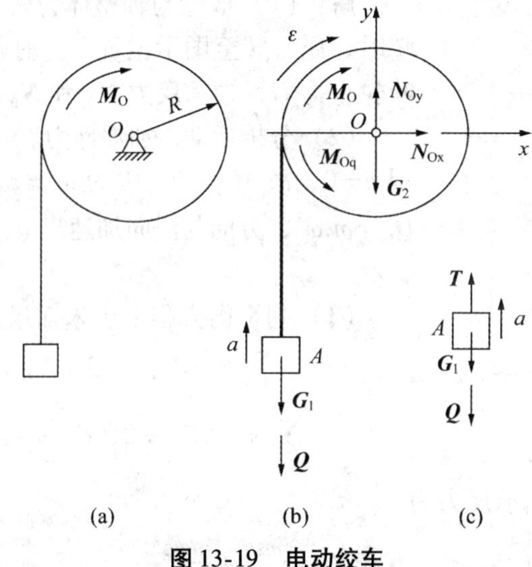

图 13-19　电动绞车

解：（1）取整体为研究对象画受力图，其上受力有：重力 G_1、G_2、驱动力矩 M_O 和轴承反力 N_{Ox} 和 N_{Oy}，如图 13-19（b）所示。

（2）分析运动并加惯性力。鼓轮作定轴转动，角加速度为 ε，顺时针转向。转轴通过质心，故主矢 $Q_{Oq}=0$，主矩 M_{Oq} 的转向与 ε 相反，逆时针转向。重物作直线平动，其加速度 a 方向向上，故惯性力 Q 方向向下，如图 13-19（b）所示。

（3）列平衡方程求未知量。

$$\sum M_O(F)=0,\quad QR+m_A gR+M_{Oq}-M_O=0$$

$$\sum F_x=0,\quad N_{Ox}=0$$

$$\sum F_y=0,\quad N_{Oy}-m_A g-m_O g-Q=0$$

因：

$$M_{Oq}=J_O\varepsilon,\quad Q=m_A a,\quad J_O=\frac{1}{2}m_O R^2,\quad a=R\varepsilon$$

代入以上各式得：

$$a=\frac{2(M_O-m_A gR)}{(2m_A+m_O)R}$$

$$N_{Oy} = (m_A + m_O)g + \frac{2m_A(M_O - m_A gR)}{(2m_A + m_O)R}$$

（4）再取重物为研究对象，求钢绳拉力 $\boldsymbol{T}$，如图 13-19（c）所示，由平衡方程得：

$$\sum \boldsymbol{F}_y = 0,\ \boldsymbol{T} - m_A g - \boldsymbol{Q} = 0$$

所以：

$$\boldsymbol{T} = m_A g + \boldsymbol{Q} = m_A g + m_A a = m_A g + \frac{2m_A(M_O - m_A gR)}{(2m_A + m_O)R}$$

【例 13.9】 叶轮的质量为 m，质心的偏心量为 e，安装在轴 AB 的中点，如图 13-20 所示。当叶轮以匀角速度 ω 转动时，求轴承反力。

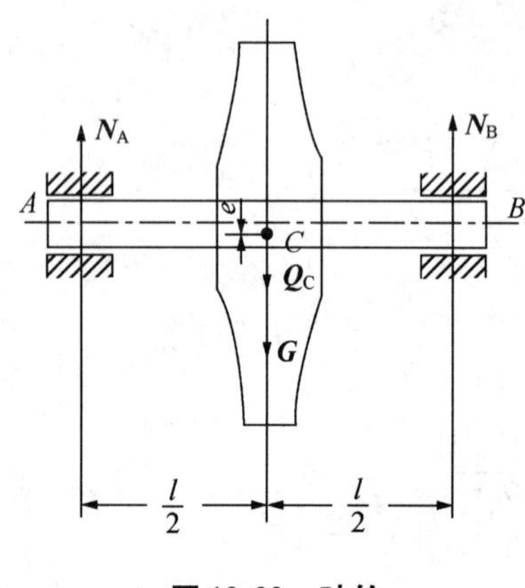

图 13-20 叶轮

解：（1）取轮与轴整体为研究对象，画受力图。某瞬时，质心转至图示位置，此时作用在轮与轴上的力有叶轮重力 $\boldsymbol{G}$，轴承反力 $\boldsymbol{N}_A$ 和 $\boldsymbol{N}_B$。

（2）分析运动，加惯性力。叶轮以匀角速度 ω 转动。因 $\varepsilon = 0$，故 $M_{cq} = 0$。因为 $a_n = e\omega^2$，故惯性力的大小为 $\boldsymbol{Q}_C = me\omega^2$，方向与法向加速度 a_n 方向相反，如图 13-20 所示。

（3）列平衡方程，求未知量。

$$\sum \boldsymbol{F}_y = 0,\ -\boldsymbol{G} + \boldsymbol{N}_A + \boldsymbol{N}_B - \boldsymbol{Q}_C = 0 \quad ①$$

$$\sum m_B(\boldsymbol{F}) = 0,\ \boldsymbol{G}\frac{l}{2} - \boldsymbol{N}_A l + \boldsymbol{Q}_C \frac{l}{2} = 0 \quad ②$$

由式①和②可解得轴承反力为：

$$\boldsymbol{N}_A = \boldsymbol{N}_B = \frac{mg}{2} + \frac{me\omega^2}{2}$$

（4）分析讨论。轴承反力由两部分组成。其中一部分是由重力引起的，称为静反力；另一部分是由转子的惯性力引起的，它与角速度的平方成正比，称为动反力（或称附加动反力）。

若已知叶轮的质量为 $m = 50\,\text{kg}$，偏心量 $e = 0.02\,\text{mm}$，转速 $n = 13000\,\text{r/min}$，代入轴承反力的计算式中得：

$$\boldsymbol{N}_A = \boldsymbol{N}_B = 245\,\text{N} + 789\,\text{N} \approx 1034\,\text{N}$$

如果叶轮静止，则 $\boldsymbol{N}'_A = \boldsymbol{N}'_B = \frac{mg}{2} = 245\,\text{N}$。可见，由于叶轮质心有 0.02 mm 的偏心矩，可引起轴承的反力：

$$\boldsymbol{N}''_A = \boldsymbol{N}''_B = \frac{me\omega^2}{2} = 789\,\text{N}$$

由此可见，在高速旋转机械中，动反力是不可忽视的。

另外，轴承动反力的方向随叶轮的转向时刻在变化，因而会引起机器振动，使轴承磨损加快，缩短机器寿命。因此，工程上必须注意“消除”偏心，使质心 C 精确地位于转动轴上。

本章小结

1. 刚体的简单运动包括刚体的平动和刚体的定轴转动。

（1）刚体的平动：刚体平动时，刚体内各点的轨迹形状、每个瞬时的速度与加速度都相同。因此，只要刚体上任一点的运动能够确定，即代表了整个刚体的运动。

（2）刚体的定轴转动。

①运动方程：

$$\varphi = f(t)$$

②角速度：

$$\omega = \frac{d\varphi}{dt} = f'(t)$$

③角加速度：

$$\varepsilon = \frac{d\omega}{dt} = \frac{d^2\varphi}{dt^2} = f''(t)$$

④转速换算：

$$\omega = \frac{\pi n}{30}$$

⑤角量与线量关系：

$$S = r\varphi,\ v = r\omega$$
$$a_\tau = r\varepsilon,\ a_n = r\omega^2$$

2. 刚体简单运动的动力学方程。

（1）平动：

$$ma_C = \sum \boldsymbol{F}$$

（2）定轴转动：

$$\sum m_z(\boldsymbol{F}) = J_z\varepsilon$$

J_z 是刚体对转轴的转动惯量。

注意，当转轴不通过质心时，需应用平行轴定理计算，即：

$$J'_z = J_z + md^2$$

3. 动静法。

动静法是假想在质点或质点系上加上惯性力，然后应用静力学平衡方程求解动力学问题的一种方法。

（1）质点运动：

$$\boldsymbol{Q} = -ma$$

（2）刚体平动：

$$\boldsymbol{Q}_C = -ma_C$$

（3）刚体定轴转动：

$$\begin{cases} \boldsymbol{Q}_{Oq} = -ma_C \\ M_{Oq} = -J_O\varepsilon \end{cases}$$

思考题

1. 刚体作曲线平动时，若已知刚体上 A 点的轨迹是圆周，半径为 R，圆心在 C 点，则刚体上 B 点的轨迹也是圆周，半径也是 R，圆心也在 C 点，对吗？为什么？

2. 飞轮匀速定轴转动时，角加速度等于零，轮上各点的加速度是否为零？为什么？

3. 试画出思考题图 13-1 所示各转动物体上 A 点和 B 点在图示位置时的速度和加速度。

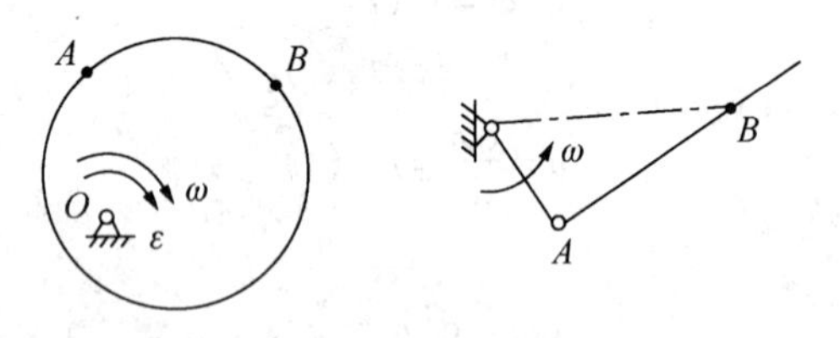

思考题图 13-1　转动物体

4. 圆盘绕 O 作定轴转动，其边缘上一点 M 的加速度为 a，如思考题图 13-2 所示。试问三种情况圆盘的角速度 ω 和角加速度 ε 哪个等于零？哪个不等于零？

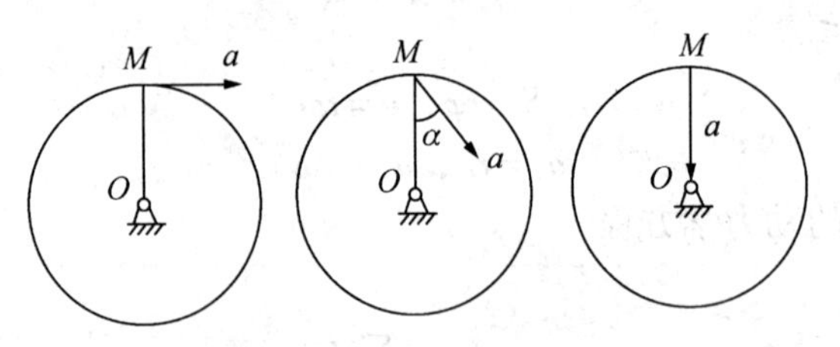

思考题图 13-2　定轴转动圆盘

5. 飞轮匀速转动时，若轮半径增大一倍，轮缘上点的速度和加速度是否都增大一倍？若转速增大一倍，边缘上点的速度和加速度是否增大一倍？

习题

1. 电动机在启动过程中，转子的转动方程为 $\varphi=2\pi t^3$，其中 t 以 s 计，φ 以 rad 计。试求 $t=3$ s 时转子的角速度和角加速度。

2. 车床最大切削速度 $v=200$ m/s。如果车削工件的直径 $D_1=15$ mm，试问车床的最大转速是多少？又如工件直径 $D_2=1\,200$ mm，则最大转速又是多少？

3. 题图 13-1 所示带轮边缘上一点 A 的速度 $v_A=500$ mm/s，在轮缘内与 A 点在同一半径上的 B 点的速度 $v_B=100$ mm/s，两点距离为 20 mm，试求带轮的角速度和直径。

4. 题图 13-2 所示四杆机构的尺寸为 $\overline{O_1A}=\overline{O_2B}=r=0.2$ m，$\overline{O_1O_2}=\overline{AB}$。轮按 $\varphi=10\pi t$ rad 的规律转动。试求当 $t=0.5$ s 时，杆 AB 上点 M 的速度和加速度。

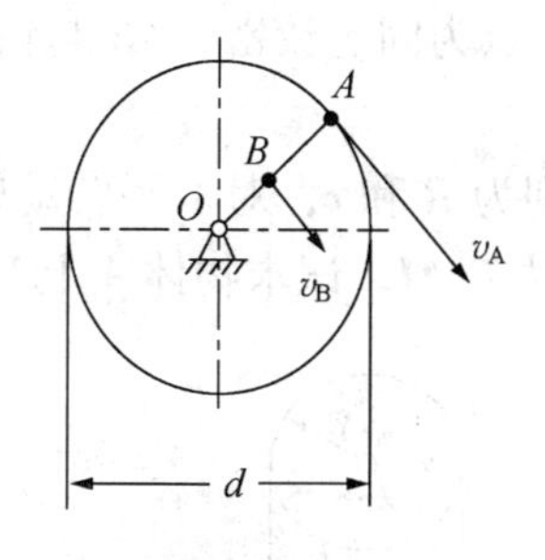

题图 13-1　带轮

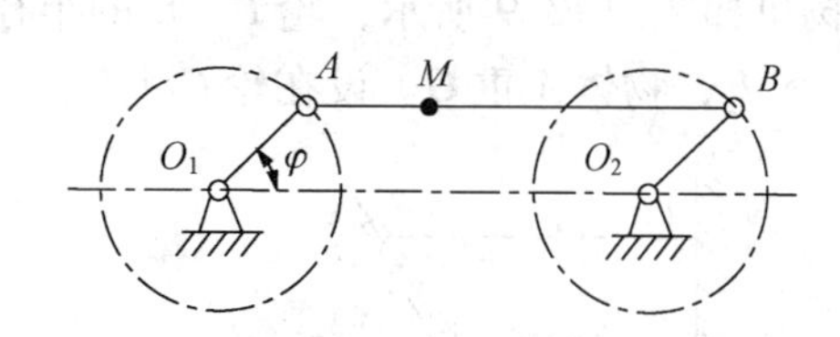

题图 13-2　四杆机构

5. 如题图 13-3 所示升降机装置由半径 $R=0.5$ m 的鼓轮带动，被升降物体的运动方程为 $x=6t^2$，式中 t 以 s 计，x 以 m 计。试求鼓轮的角速度和角加速度，并求任一瞬时轮缘上一点的全加速度。

6. 如题图 13-4 所示两滑轮固结在一起，其半径分别为 $r=100$ mm，$R=200$ mm，A 和 B 两物体与滑轮以绳相连。设物体 A 按运动方程 $S=500t^2$ 向下运动（S 以 mm 计，t 以 s 计）。试求：（1）滑轮的转动方程及第 2 秒末大滑轮轮缘上一点的速度和加速度；（2）物体 B 的运动方程。

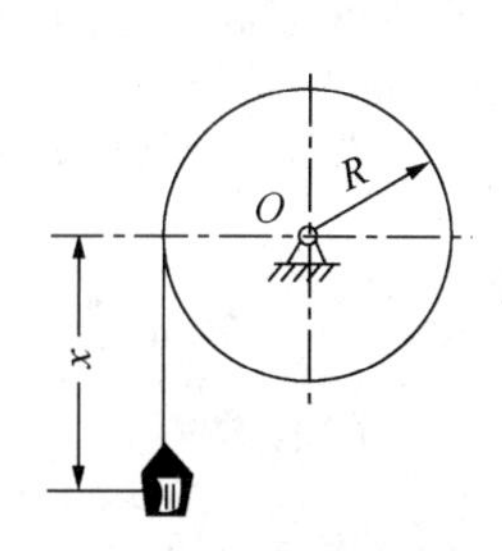

题图 13-3　升降机装置

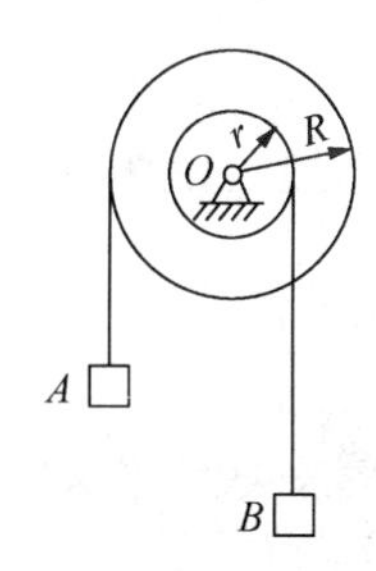

题图 13-4　两固结的滑轮

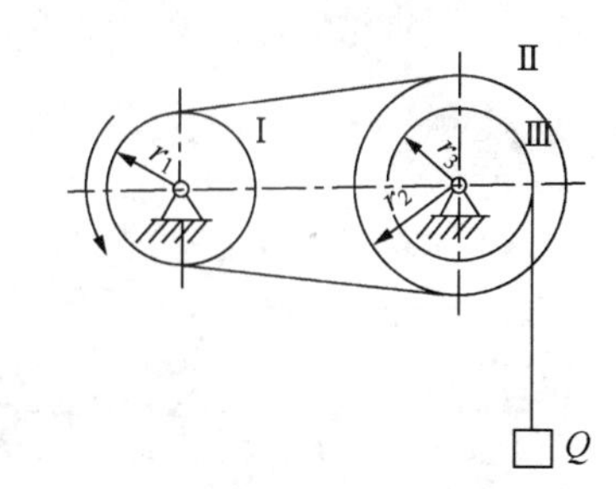

题图 13-5　电动绞车

7. 如题图 13-5 所示电动绞车由带轮Ⅰ、Ⅱ和鼓轮Ⅲ组成，鼓轮Ⅲ和带轮Ⅱ刚性地固连在同一轴上。已知 $r_1=0.3$ m，$r_2=0.9$ m 和 $r_3=0.5$m，求当轮Ⅰ的轮速 $n_1=200$ r/min 时重物 Q 上升的速度。

8. 如题图 13-6 所示均质圆盘轮质量 $m_1=30$ kg，直径 $d=600$ mm，用绳悬挂质量 $m_2=20$ kg的物体 A。试求重物下落时的加速度。

9. 如题图 13-7 所示均质圆盘形滑轮的质量为 10 kg，半径为 0.25 m，其上作用转矩 $\boldsymbol{M}=10$ N · m。绳两端悬挂重物 A 和 B，其质量分别为 $m_A=20$ kg，$m_B=10$ kg。不计轴承的摩擦和绳的质量，试求滑轮的角加速度及重物 B 的加速度。

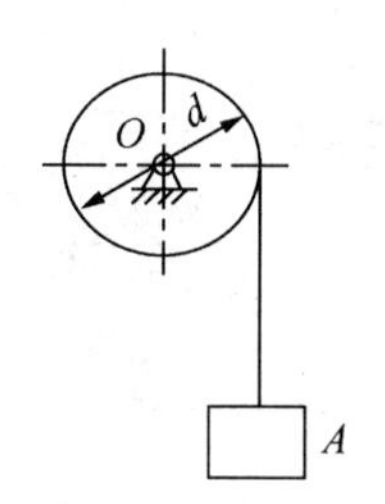

题图 13-6　均质圆盘

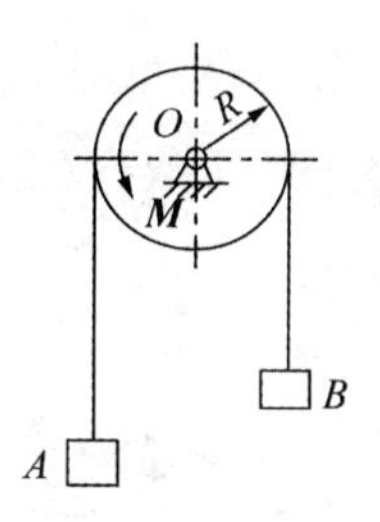

题图 13-7　滑轮

10. 如题图13-8所示匀质杆 AB 长为 l，重为 $\boldsymbol{G}$，A 点为固定铰链，AB 与铅直墙成30°角。求当绳 BE 被割断的瞬时，杆 AB 的角加速度。

11. 卷扬机如题图13-9所示，轮 B、C 的半径分别为 R 和 r，对水平转动轴的转动惯量分别为 J_1 和 J_2，物体 A 重 $\boldsymbol{G}$。设在轮 C 上作用一常力矩 $\boldsymbol{M}$，试求物体 A 上升的加速度。

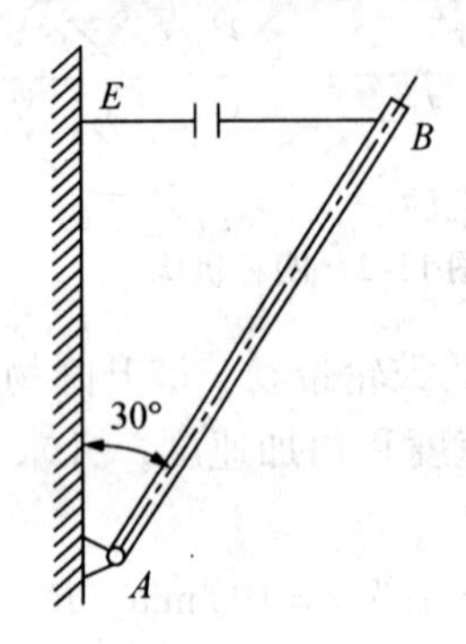

题图 13-8　均质杆

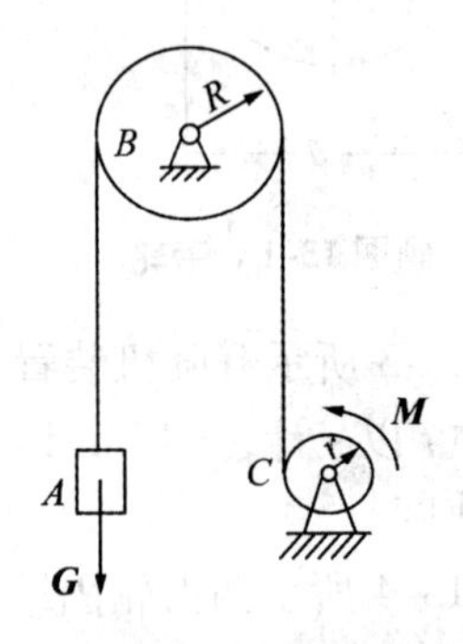

题图 13-9　卷扬机

部分习题参考答案

第 2 章　平面力系

1. $\boldsymbol{F}_{\mathrm{T}}=25\ \mathrm{N}$，$\boldsymbol{N}=43.3\ \mathrm{N}$
2. $\boldsymbol{F}_{\mathrm{NAC}}=86.6\ \mathrm{N}$，$\boldsymbol{F}_{\mathrm{NBC}}=50\ \mathrm{N}$
3. $\boldsymbol{F}_{\mathrm{NAC}}=7.32\ \mathrm{kN}$，$\boldsymbol{F}_{\mathrm{NAB}}=3.04\ \mathrm{kN}$（压）
4. （a）$\boldsymbol{Q}=\boldsymbol{F}\cot\alpha$；（b）$\boldsymbol{Q}=\dfrac{\boldsymbol{F}}{2}\cot\alpha$
5. $\boldsymbol{F}_{\mathrm{NA}}=-\boldsymbol{F}_{\mathrm{NB}}=0.707\boldsymbol{F}$
6. $\theta_{\min}=10°53'56''$
7. （a）$\boldsymbol{F}_{\mathrm{NA}}=-\boldsymbol{F}_{\mathrm{NB}}=1.5\ \mathrm{kN}$；（b）$\boldsymbol{F}_{\mathrm{NB}}=-\boldsymbol{F}_{\mathrm{NA}}=\dfrac{1.414\boldsymbol{F}a}{l}$
8. （a）$M_0(\boldsymbol{F})=\boldsymbol{F}_1$；（b）$M_0(\boldsymbol{F})=0$；（c）$M_0(\boldsymbol{F})=\boldsymbol{F}_1\sin\alpha$；（d）$M_0(\boldsymbol{F})=-\boldsymbol{F}a$；（e）$M_0(\boldsymbol{F})=\boldsymbol{F}(1+r)$；（f）$M_0(\boldsymbol{F})=\boldsymbol{F}\sin\beta\sqrt{l^2+b^2}$
9. $\boldsymbol{F}_{\mathrm{NA}}=-\boldsymbol{F}_{\mathrm{NB}}=100\ \mathrm{kN}$
10. $\boldsymbol{M}_2=0.5\ \mathrm{N\cdot m}$
11. $\boldsymbol{F}_{\mathrm{NA}}=\boldsymbol{F}_{\mathrm{ND}}=8\ \mathrm{N}$，$\boldsymbol{M}_2=15.5\ \mathrm{N\cdot m}$
12. （a）$\boldsymbol{F}_{\mathrm{NA}}=\dfrac{Fb}{a+b}$，$\boldsymbol{F}_{\mathrm{NB}}=\dfrac{Fa}{a+b}$；（b）$\boldsymbol{F}_{\mathrm{NA}}=-\dfrac{qa^2}{2l}$，$\boldsymbol{F}_{\mathrm{NB}}=qa\left(1+\dfrac{a}{2l}\right)$；

    （c）$\boldsymbol{F}_{\mathrm{NA}}=-\boldsymbol{F}_{\mathrm{NB}}=\dfrac{M}{a+b}$；（d）$\boldsymbol{F}_{\mathrm{Ax}}=0$，$\boldsymbol{F}_{\mathrm{Ay}}=\boldsymbol{F}$，$\boldsymbol{M}_{\mathrm{A}}=\boldsymbol{F}a$

第 3 章　摩擦

1. $\boldsymbol{F}=80\ \mathrm{N}$
2. （a）$\boldsymbol{F}=0$；（b）$\boldsymbol{F}=1.732\ \mathrm{N}$（向左）；（c）$\boldsymbol{F}=2\ \mathrm{N}$（临界状态）；（d）$\boldsymbol{F}=f'N$（向左、滑动）
3. $\boldsymbol{Q}=8\ \mathrm{kN}$
4. $\boldsymbol{P}_{\min}=3.16\ \mathrm{kN}$
5. 向下滑动，摩擦力 $\boldsymbol{F}_{\mathrm{f}}=326.8\ \mathrm{kN}$
6. $\boldsymbol{F}=26.1\ \mathrm{kN}$（向上），$\boldsymbol{F}=20.9\ \mathrm{kN}$（向下）

第 4 章　空间力系

1. $\boldsymbol{F}_{1x}=0$，$\boldsymbol{F}_{1y}=0$，$\boldsymbol{F}_{1z}=3\ \mathrm{kN}$，$\boldsymbol{F}_{2x}=-1.48\ \mathrm{kN}$，$\boldsymbol{F}_{2y}=1.85\ \mathrm{kN}$，$\boldsymbol{F}_{2z}=-1.85\mathrm{kN}$，$\boldsymbol{F}_{3x}=0$，$\boldsymbol{F}\boldsymbol{F}_{3y}=3.54\ \mathrm{kN}$，$\boldsymbol{F}_{3z}=-3.54\ \mathrm{kN}$

2. $F_x=-\frac{\sqrt{2}}{4}F$，$F_y=-\frac{\sqrt{2}}{4}F$，$F_z=\frac{\sqrt{3}}{2}F$

3. $F_2=800$ N，$F_{By}=320$ N，$F_{Bz}=1\ 120$ N，$F_{Ay}=480$ N，$F_{Ax}=320$ N

4. $F_{t2}=14.32$ kN，$F_{Ay}=-3.42$ kN，$F_{Bz}=2.6$ kN，$F_{By}=-8.48$ kN，$F_{Bz}=-2.55$ kN

第5章　轴向拉伸与压缩

1. (a) $F_{N1}=50$ kN，$F_{N2}=10$ kN，$F_{N3}=-20$ kN；
   (b) $F_{N1}=F$，$F_{N2}=0$，$F_{N3}=F$；
   (c) $F_{N1}=0$，$F_{N2}=4F$，$F_{N3}=3F$
3. $\sigma_{max}=300$ MPa
4. $\sigma_{AB}=100$ MPa
5. $P_1\leqslant 54.26$ kN，$P_2\leqslant 24$ kN，取 $[P]\leqslant 24$ kN
6. $\sigma=50$ MPa < $[\sigma]$ =60 MPa
7. $d\geqslant 22.6$ mm，取 $d=24$ mm
8. $\Delta L=0.075$ mm

第6章　剪切和挤压

2. $\tau=66.3$ MPa < $[\tau]$ $\sigma_{jy}=102$ MPa < $[\sigma_{jy}]$
3. $\tau=88.5$ MPa > $[\tau]$ $\sigma_{jy}=41.6$ MPa < $[\sigma_{jy}]$
   铆钉不满足剪切强度，不能使用。

第7章　圆轴的扭转

1. $M_{\text{I}}=600$ N·m，$M_{\text{II}}=-600$ N·m，$M_{\text{III}}=200$ N·m（扭矩图略）
2. $M_{AB}=-159.3$ N·m，$M_{BC}=159.3$ N·m，$M_{CD}=63.7$ N·m；
   AB 对调后：$M_{AB}=318.3$ N·m，$M_{BC}=73.2$ N·m，$M_{CD}=63.7$ N·m（扭矩图略）
3. (1) $\tau_{\text{I}\,max}=61.1$ MPa，$\tau_{\text{II}\,max}=20.4$ MPa；
   (2) $\tau=48.9$ MPa
4. (2) $\tau_{ABmax}=7.25$ MPa，$\tau_{BCmax}=4.83$ MPa，$\tau_{CDmax}=1.21$ MPa；
   (3) $\theta_{BC}=0.14°$
5. $\tau_{max}=8.95$ MPa < $[\tau]$
6. $d\geqslant 43.4$ mm
7. $P\leqslant 30.8$ kN
8. AE 段：$\tau_{max}=43.78$ MPa < $[\tau]$，$\theta_{max}=0.44°/m$ < $[\theta]$，安全可用；
   BC 段：$\tau_{max}=71.3$ MPa < $[\tau]$，$\theta_{max}=1.02°/m$，安全可用
9. $d\geqslant 37.3$ mm
10. $d\geqslant 45$ mm，$d_2\geqslant 46$ mm

第8章　直梁弯曲

1. (a) $F_{Q1}=0$，$M_1=0$，$F_{Q2}=2F$，$M_2=3Fa$；

(b) $F_{Q1}=0.5qa$, $M_1=1.5qa^2$, $F_{Q2}=0.5qa$, $M_2=0.5qa^2$;

(c) $F_{Q1}=\frac{F}{3}$, $M_1=\frac{Fa}{3}$, $F_{Q2}=-\frac{2F}{3}$, $M_2=\frac{2Fa}{3}$;

(d) $F_{Q1}=qa$, $M_1=\frac{qa^2}{2}$, $F_{Q2}=qa$, $M_2=-\frac{3qa^2}{2}$

7. $\sigma_A=111$ MPa（拉），$\sigma_B=-111$ MPa（压），$\sigma_C=0$，$\sigma_D=-74.1$ MPa（压）
8. $M_{max}=2.5$ kN·m
9. $b=74$ mm，$h=222$ mm
10. $\sigma_{max}=40.4$ MPa < $[\sigma]$，安全
11. 10 号槽钢
12. B 点：$\sigma_1=24.1$ MPa < $[\sigma_1]$，$\sigma_y=52.4$ MPa < $[\sigma_y]$；

    C 点：$\sigma_1=10.5$ MPa < $[\sigma_1]$
13. $q=5541.2$ kN/m
14. $\sigma_{max}=68.75$ MPa < $[\sigma]$，安全
15. $b=2$ mm，$h=3$ mm
16. 22a
17. (a) $y_c=\frac{qa^4}{24EI_z}$，$\theta_B=\frac{qa^3}{3EI_z}$；(b) $y_B=\frac{ql^4}{24EI_z}$，$\theta_c=\frac{ql^3}{24EI_z}$；

    (c) $y_B=-\frac{F_1l^3}{3EI_z}-\frac{F_2a^2}{6EI_z}(3l-a)$；(d) $y_A=-\frac{5ql^3}{24EI_z}$，$\theta_B=-\frac{9ql^3}{8EI_z}$；

    (e) $y_A=-\frac{Fa^4}{2EI_z}(b^2+ab)$，$\theta_B=\frac{Fab(2b+a)}{3lEI_z}$；(f) $y_B=-\frac{ql^4}{4EI_z}$，$\theta_B=\frac{ql^3}{12EI_z}$

第 9 章　组合变形构件的强度

1. (a) $\sigma_{max}=4$ MPa；(b) $\sigma_{max}=135.3$ MPa
2. $F\leqslant 18.8$ kN
3. $\sigma_{max}=158$ MPa < $[\sigma]=160$ MPa，安全
4. $[F]=1.06$ kN
5. $d\geqslant 60$ mm
6. $\sigma_{max}=70$ MPa < $[\sigma]=90$ MPa，安全
7. $d\geqslant 84$ mm

第 10 章　压杆稳定

1. (1) $F_{cr}=93.71$ kN，$\sigma_{cr}=191$ MPa；

   (2) $F_{cr}=10.75$ kN，$\sigma_{cr}=136.9$ MPa；

   (3) $F_{cr}=59.05$ kN，$\sigma_{cr}=120.4$ MPa；

   (4) $F_{cr}=770126$ kN，$\sigma_{cr}=157.2$ MPa
2. (1) $F_{cr}=12.65$ kN；

   (2) $F_{cr}=4672$ kN；

（3）$F_{cr} = 4\,823$ kN

3. $n = 1.58 < [n_w]$，不安全

第11章　疲劳破坏和交变应力

1. （a）$r = 1$，（b）$r = -1$

2. $\sigma_{max} = 74.1$ MPa，$\sigma_{min} = -74.1$ MPa，$r = -1$

第12章　质点运动力学

1. $\frac{x^2}{(l+R)^2} + \frac{y^2}{(l+R)^2} = 1$

2. $v = 0$，$a = 40\ \text{m/s}^2$

3. $v = 31.6$ m/s，$\alpha = 36.9°$；$a = 25\ \text{m/s}^2$，$\beta = 36.9°$

4. $v = 1.256$ m/s，$\alpha = 90°$；$a = 7.89\ \text{m/s}^2$，$\beta = 180°$

5. （1）$v = 500$ m/s，$\alpha = 53.1°$；$a = 10\ \text{m/s}^2$，$\beta = 90°$；
   （2）$h_{max} = 800$ m，$L_{max} = 2\,400$ m

6. $x = l\sin\frac{kt^2}{2}$，$y = l\cos\frac{kt^2}{2}$

7. $v = 8$ m/s，$a = 32\ \text{m/s}^2$

8. $v = 150$ m/s，$a_\tau = 10\ \text{m/s}^2$，$a_n = 1\,125\ \text{m/s}^2$

9. $F_T = 19.6$ kN，$v = 210$ m/s

10. 2 m

11. $a_{M1} \approx 5\ \text{m/s}^2$，$\theta_1 = 1.15°$；$a_{M2} \approx 15\ \text{m/s}^2$，$\theta_2 = 0.38°$

12. $\rho = 37.2$ m

13. $t = 0.21$ s，$a_B = 34\ \text{m/s}^2$

15. $a = 2.45\ \text{m/s}^2$，$F_T = 37.5$ N

16. $n = \frac{30}{\pi}\sqrt{\frac{fg}{R}}$

第13章　刚体运动力学

1. $\omega = 169.56$ rad/s，$\varepsilon = 113.04\ \text{rad/s}^2$

2. $n_1 \approx 127\,389$ r/min，$n_2 = 1\,592$ r/min

3. $\omega = 20$ rad/s，$d = 50$ mm

4. $v_M = 6.28$ m/s（$\perp O_1A$），$a_M = 197.2\ \text{m/s}^2$（沿 O_1A）

5. $\omega = 24$ rad/s，$\varepsilon = 50\ \text{rad/s}^2$，$a = 12\sqrt{1 + 576t^2}$

6. （1）$\varphi = 2.5t^2$，$v = 2$ m/s，$a = 20\ \text{m/s}^2$；（2）$\omega = 250t^2$

7. $v = 3.49$ m/s

8. $a = 5.6\ \text{m/s}^2$

9. $a = 9.2\ \text{m/s}^2$，$\varepsilon = 36.8\ \text{rad/s}^2$

10. $\varepsilon=\dfrac{3g}{4l}$

11. $a=(M-Gr)R^2rg/(J_1r^2+J_2R^2)g+GR^2r^2$

附　　录

型钢规格表

附表 1　热轧等边角钢（GB/T 9787—1988）

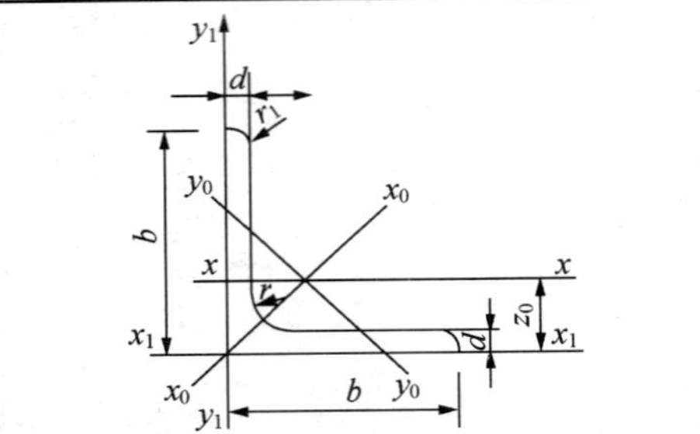

符号意义：
b——边宽度
d——边厚度
r——内圆弧半径
r_1——边端内圆弧半径
I——惯性矩
i——惯性半径
W——截面系数
z_0——重心距离

角钢号数	尺寸 mm			截面面积/cm^2	理论质量/(kg/m)	外表面积/(m^2/m)	参考数值										z_0 cm
							x-x			x_0-x_0			y_0-y_0			x_1-x_1	
	b	d	r				I_x / cm^4	i_x / cm	W_x / cm^3	I_{x0} / cm^4	i_{x0} / cm	W_{x0} / cm^3	I_{y0} / cm^4	i_{y0} / cm	W_{y0} / cm^3	I_{x1} / cm^4	
2	20	3	3.5	1.132	0.889	0.078	0.40	0.59	0.29	0.63	0.75	0.45	0.17	0.39	0.20	0.81	0.60
		4		1.459	1.145	0.077	0.50	0.58	0.36	0.78	0.73	0.55	0.22	0.38	0.24	1.09	0.64
2.5	25	3		1.432	1.124	0.098	0.82	0.76	0.46	1.29	0.95	0.73	0.34	0.49	0.33	1.57	0.73
		4		1.859	1.459	0.097	1.03	0.74	0.59	1.62	0.93	0.92	0.43	0.48	0.40	2.11	0.76
3.0	30	3	4.5	1.749	1.373	0.117	1.46	0.91	0.68	2.31	1.15	1.09	0.61	0.59	0.51	2.71	0.85
		4		2.276	1.786	0.117	1.84	0.90	0.87	2.92	1.13	1.37	0.77	0.58	0.62	3.63	0.89

续表

角钢号数	尺寸 mm			截面面积/cm^2	理论质量/(kg/m)	外表面积/(m^2/m)	参考数值										$\frac{z_0}{cm}$
							x-x			x_0-x_0			y_0-y_0			x_1-x_1	
	b	d	r				$\frac{I_x}{cm^4}$	$\frac{i_x}{cm}$	$\frac{W_x}{cm^3}$	$\frac{I_{x0}}{cm^4}$	$\frac{i_{x0}}{cm}$	$\frac{W_{x0}}{cm^3}$	$\frac{I_{y0}}{cm^4}$	$\frac{i_{y0}}{cm}$	$\frac{W_{y0}}{cm^3}$	$\frac{I_{x1}}{cm^4}$	
3.6	36	3	4.5	2.109	1.656	0.141	2.58	1.11	0.99	4.09	1.39	1.61	1.07	0.71	0.76	4.68	1.00
		4		2.756	2.163	0.141	3.29	1.09	1.28	5.22	1.38	2.05	1.37	0.70	0.93	6.25	1.04
		5		3.382	2.654	0.141	3.95	1.08	1.56	6.24	1.36	2.45	1.65	0.70	1.09	7.84	1.07
4.0	40	3	5	2.359	1.852	0.157	3.59	1.23	1.23	5.69	1.55	2.01	1.49	0.79	0.96	6.41	1.09
		4		3.086	2.422	0.157	4.60	1.22	1.60	7.29	1.54	2.58	1.91	0.79	1.19	8.56	1.13
		5		3.791	2.976	0.156	5.53	1.21	1.96	8.76	1.52	3.01	2.30	0.78	1.39	10.74	1.17
4.5	45	3	5	2.659	2.088	0.177	5.17	1.40	1.58	8.20	1.76	2.58	2.14	0.89	1.24	9.12	1.22
		4		3.486	2.736	0.177	6.65	1.38	2.05	10.56	1.74	3.32	2.75	0.89	1.54	12.18	1.26
		5		4.292	3.369	0.176	8.04	1.37	2.51	12.74	1.72	4.00	3.33	0.88	1.81	15.25	1.30
		6		5.076	3.985	0.176	9.33	1.36	2.95	14.76	1.70	4.64	3.89	0.88	2.06	18.36	1.33
5	50	3	5.5	2.971	2.332	0.197	7.18	1.55	1.96	11.37	1.96	3.22	2.98	1.00	1.57	12.50	1.34
		4		3.897	3.059	0.197	9.26	1.54	2.56	14.70	1.94	4.16	3.82	0.99	1.96	16.69	1.38
		5		4.803	3.770	0.196	11.21	1.53	3.13	17.79	1.92	5.03	4.64	0.98	2.31	20.90	1.42
		6		5.688	4.465	0.196	13.05	1.52	3.68	20.68	1.91	5.85	5.42	0.98	2.63	25.14	1.46
5.6	56	3	6	3.343	2.624	0.221	10.19	1.75	2.48	16.14	2.20	4.08	4.24	1.13	2.02	17.56	1.48
		4		4.390	3.446	0.220	13.18	1.73	3.24	20.92	2.18	5.28	5.46	1.11	2.52	23.43	1.53
		5		5.415	4.251	0.220	16.02	1.72	3.97	25.42	2.17	6.42	6.61	1.10	2.98	29.33	1.57
		6		8.367	6.568	0.219	23.63	1.68	6.03	37.37	2.11	9.44	9.89	1.09	4.16	47.24	1.68

续表

角钢号数	尺寸/mm			截面面积/cm^2	理论质量/(kg/m)	外表面积/(m^2/m)	参考数值										z₀
							x-x			x_0-x_0			y_0-y_0			x_1-x_1	$\frac{z_0}{cm}$
	b	d	r				$\frac{I_x}{cm^4}$	$\frac{i_x}{cm}$	$\frac{W_x}{cm^3}$	$\frac{I_{x0}}{cm^4}$	$\frac{i_{x0}}{cm}$	$\frac{W_{x0}}{cm^3}$	$\frac{I_{y0}}{cm^4}$	$\frac{i_{y0}}{cm}$	$\frac{W_{y0}}{cm^3}$	$\frac{I_{x1}}{cm^4}$	
6.3	63	4	7	4.978	3.907	0.248	19.03	1.96	4.13	30.17	2.46	6.78	7.89	1.26	3.29	33.35	1.70
		5		6.143	4.822	0.248	23.17	1.94	5.08	36.77	2.45	8.25	9.57	1.25	3.90	41.73	1.74
		6		7.288	5.721	0.247	27.12	1.93	6.00	43.03	2.43	9.66	11.20	1.24	4.46	50.14	1.78
		8		9.515	7.469	0.247	34.46	1.90	7.75	54.56	2.40	12.25	14.33	1.23	5.47	67.11	1.85
		10		11.657	9.151	0.246	41.09	1.88	9.39	64.85	2.36	14.56	17.33	1.22	6.36	84.31	1.93
7	70	4	8	5.570	4.372	0.275	26.39	2.18	5.14	41.80	2.74	8.44	10.99	1.40	4.17	45.74	1.86
		5		6.875	5.397	0.275	32.21	2.16	6.32	51.08	2.73	10.32	13.34	1.39	4.95	57.21	1.91
		6		8.160	6.406	0.275	37.77	2.15	7.48	59.93	2.71	12.11	15.61	1.38	5.67	68.73	1.95
		7		9.424	7.398	0.275	43.09	2.14	8.59	68.35	2.69	13.81	17.82	1.38	6.34	80.29	1.99
		8		10.667	8.373	0.274	48.17	2.12	9.68	76.37	2.68	15.43	19.98	1.37	6.98	91.92	2.03
7.5	75	5	9	7.412	5.818	0.295	39.97	2.33	7.32	63.30	2.92	11.94	16.63	1.50	5.77	70.56	2.04
		6		8.797	6.905	0.294	46.95	2.31	8.64	74.38	2.90	14.02	19.51	1.49	6.67	84.55	2.07
		7		10.160	7.976	0.294	53.57	2.30	9.93	84.96	2.89	16.02	22.18	1.48	7.44	98.71	2.11
		8		11.503	9.030	0.294	59.96	2.28	11.20	95.07	2.88	17.93	24.86	1.47	8.19	112.97	2.15
		10		14.126	11.089	0.293	71.98	2.26	13.64	113.92	2.84	21.84	30.05	1.46	9.56	141.71	2.22
8	80	5	9	7.912	6.211	0.315	48.79	2.48	8.34	77.33	3.13	13.67	20.25	1.60	6.66	85.36	2.15
		6		9.397	7.376	0.314	57.35	2.47	9.87	90.98	3.11	16.08	23.72	1.59	7.65	102.50	2.19
		7		10.860	8.525	0.314	65.58	2.46	11.37	104.07	3.10	18.40	27.09	1.58	8.58	119.70	2.23
		8		12.303	9.658	0.314	73.49	2.44	12.83	116.60	3.08	20.61	30.39	1.57	9.46	136.97	2.27
		10		15.126	11.874	0.313	88.43	2.42	15.64	140.09	3.04	24.76	36.77	1.56	11.08	171.74	2.35

续表

角钢号数	尺寸 mm			截面面积/cm^2	理论质量/(kg/m)	外表面积/(m^2/m)	参考数值										z_0 cm
							x-x			x_0-x_0			y_0-y_0			x_1-x_1	
	b	d	r				I_x cm^4	i_x cm	W_x cm^3	I_{x0} cm^4	i_{x0} cm	W_{x0} cm^3	I_{y0} cm^4	i_{y0} cm	W_{y0} cm^3	I_{x1} cm^4	
9	90	6	10	10. 637	8. 350	0. 354	82. 77	2. 79	12. 6t	131. 26	3. 51	20. 63	34. 28	1. 80	9. 95	145. 87	2. 44
		7		12. 301	9. 656	0. 354	94. 83	2. 78	14. 54	150. 47	3. 50	23. 64	39. 18	1. 78	11. 19	170. 30	2. 48
		8		13. 944	10. 946	0. 353	106. 47	2. 76	16. 42	168. 97	3. 48	26. 55	43. 97	1. 78	12. 35	194. 80	2. 52
		10		17. 167	13. 476	0. 353	128. 58	2. 74	20. 07	203. 90	3. 45	32. 04	53. 26	1. 76	14. 52	244. 07	2. 59
		12		20. 306	15. 940	0. 352	149. 22	2. 71	23. 57	236. 21	3. 41	37. 12	62. 22	1. 75	16. 49	293. 76	2. 67
10	100	6	12	11. 932	9. 366	0. 393	114. 95	3. 01	15. 68	181. 98	3. 90	25. 74	47. 92	2. 00	12. 69	200. 07	2. 67
		7		13. 796	10. 830	0. 393	131. 86	3. 09	18. 10	208. 97	3. 89	29. 55	54. 74	1. 99	14. 26	233. 54	2. 71
		8		15. 638	12. 276	0. 393	148. 24	3. 08	20. 47	235. 07	3. 88	33. 24	61. 41	1. 98	15. 75	267. 09	2. 76
		10		19. 261	15. 120	0. 392	179. 51	3. 05	25. 06	284. 68	3. 84	40. 26	74. 35	1. 96	18. 54	334. 48	2. 84
		12		22. 800	17. 898	0. 391	208. 90	3. 03	29. 48	330. 95	3. 81	46. 80	86. 84	1. 95	21. 08	402. 34	2. 91
		14		26. 256	20. 611	0. 391	236. 53	3. 00	33. 73	374. 06	3. 77	52. 90	99. 00	1. 94	23. 44	470. 75	2. 99
		16		29. 627	23. 257	0. 390	262. 53	2. 98	37. 82	414. 16	3. 74	58. 57	110. 89	1. 94	25. 63	539. 80	3. 06
11	110	7	12	15. 196	11. 928	0. 433	177. 16	3. 41	22. 05	280. 94	4. 30	36. 12	73. 38	2. 20	17. 51	310. 64	2. 96
		8		17. 238	13. 532	0. 433	199. 46	3. 40	24. 95	316. 49	4. 28	40. 69	82. 42	2. 19	19. 39	355. 20	3. 01
		10		21. 261	16. 690	0. 432	242. 19	3. 38	30. 60	384. 39	4. 25	49. 42	99. 98	2. 17	22. 91	444. 65	3. 09
		12		25. 200	19. 782	0. 431	282. 55	3. 35	36. 05	448. 17	4. 22	57. 62	116. 93	2. 15	26. 15	534. 60	3. 16
		14		29. 056	22. 809	0. 431	320. 71	3. 32	41. 31	508. 01	4. 18	65. 31	133. 40	2. 14	29. 14	625. 16	3. 24
12. 5	125	8	14	19. 750	15. 504	0. 492	297. 03	3. 88	32. 52	470. 89	4. 88	53. 28	123. 16	2. 50	25. 86	521. 01	3. 37
		10		24. 373	19. 133	0. 491	361. 67	3. 85	39. 97	573. 89	4. 85	64. 93	149. 46	2. 48	30. 62	651. 93	3. 45
		12		28. 912	22. 696	0. 491	423. 16	3. 83	41. 17	671. 44	4. 82	76. 96	174. 88	2. 46	35. 03	783. 42	3. 53
		14		33. 367	26. 193	0. 490	481. 65	3. 80	54. 16	763. 73	4. 78	86. 41	199. 57	2. 45	39. 13	915. 61	3. 61

续表

角钢号数	尺寸/mm			截面面积/cm^2	理论质量/(kg/m)	外表面积/(m^2/m)	参考数值										z_0/cm
							x-x			x_0-x_0			y_0-y_0			x_1-x_1	
	b	d	r				I_x/cm^4	i_x/cm	W_x/cm^3	I_{x0}/cm^4	i_{x0}/cm	W_{x0}/cm^3	I_{y0}/cm^4	i_{y0}/cm	W_{y0}/cm^3	I_{x1}/cm^4	
14	140	10	14	27.373	21.488	0.551	514.65	4.34	50.58	817.27	5.46	82.56	212.04	2.78	39.20	915.11	3.82
		12		32.512	25.522	0.551	603.68	4.31	59.80	958.79	5.43	96.85	248.57	2.76	45.02	1 099.28	3.90
		14		37.567	29.490	0.550	688.81	3.28	68.75	1 093.56	5.40	110.47	284.06	2.75	50.45	1 284.22	3.98
		16		42.539	33.393	0.549	770.24	4.26	77.46	1 221.81	5.36	123.42	318.67	2.74	55.55	1 470.07	4.06
16	160	10	16	31.502	24.729	0.630	779.53	4.98	66.70	1 237.30	6.27	109.36	321.76	3.20	52.76	1 365.33	4.31
		12		37.441	29.391	0.630	916.58	4.95	78.98	1 455.68	6.24	128.67	377.49	3.18	60.74	1 639.57	4.39
		14		43.296	33.987	0.629	1 048.36	4.92	90.95	1 665.02	6.20	147.17	431.70	3.16	68.24	1 914.68	4.47
		16		49.067	38.518	0.629	1 175.08	4.89	102.63	1 865.57	6.17	164.89	484.59	3.14	75.31	2 190.82	4.55
18	180	12	16	42.241	35.159	0.710	1 321.35	5.59	100.82	2 100.10	7.05	165.00	542.61	3.58	78.41	2 332.80	4.89
		14		48.896	38.383	0.709	1 514.48	5.56	116.25	2 407.42	7.02	189.14	621.53	3.56	88.38	2 723.48	4.97
		16		55.467	43.542	0.709	1 700.99	5.54	131.13	2 703.37	6.98	212.40	698.60	3.55	97.83	3 115.29	5.05
		18		61.955	48.634	0.708	1 875.12	5.50	145.64	2 988.24	6.94	234.78	762.01	3.51	105.14	3 502.43	5.13
20	200	14	18	54.642	42.894	0.788	2 103.55	6.20	144.70	3 343.26	7.82	236.40	863.83	3.98	111.82	3 734.10	5.46
		16		62.013	48.680	0.788	2 366.15	6.18	163.65	3 760.89	7.79	265.93	971.41	3.96	123.96	4 270.39	5.54
		18		69.301	54.401	0.787	2 620.64	6.15	182.22	4 164.54	7.75	294.48	1 076.74	3.94	135.52	4 808.13	5.62
		20		76.505	60.056	0.787	2 867.30	6.12	200.42	4 554.55	7.72	322.06	1 180.04	3.93	146.55	5 347.51	5.69
		24		90.661	71.168	0.785	3 338.25	6.07	236.17	5 294.97	7.64	374.41	1 381.53	3.90	166.55	6 457.16	5.87

注：截面图中的 $r_1=\frac{1}{3}d$ 及表中 r 值的数据用于孔型设计，不作交货条件。

附表 2 热轧不等边角钢（GB/T 9788—1988）

符号意义：

B——长边宽度　　b——短边宽度

d——边厚度　　r——内圆弧半径

r_1——边端内圆弧半径　　I——惯性矩

i——惯性半径　　W——截面系数

x_0——重心距离　　y_0——重心距离

角钢号数	尺寸/mm				截面面积/cm^2	理论质量/(kg/m)	外表面积/(m^2/m)	参考数值													
								x-x			y-y			x_1-x_1		y_1-y_1		u-u			
	B	b	d	r				I_x/cm^4	i_x/cm	W_x/cm^3	I_y/cm^4	i_y/cm	W_y/cm^3	I_{x1}/cm^4	y_0/cm	I_{y1}/cm^4	x_0/cm	I_u/cm^4	i_u/cm	W_u/cm^3	tanα
2. 5/1. 6	25	16	3	3. 5	1. 162	0. 912	0. 080	0. 70	0. 78	0. 43	0. 22	0. 44	0. 19	1. 56	0. 86	0. 43	0. 42	0. 14	0. 34	0. 16	0. 392
			4		1. 499	1. 176	0. 079	0. 88	0. 77	0. 55	0. 27	0. 43	0. 24	2. 09	0. 90	0. 59	0. 46	0. 17	0. 34	0. 20	0. 381
3. 2/2	32	20	3		1. 492	1. 171	0. 102	1. 53	1. 01	0. 72	0. 46	0. 55	0. 30	3. 27	1. 08	0. 82	0. 49	0. 28	0. 43	0. 25	0. 382
			4		1. 939	1. 522	0. 101	1. 93	1. 00	0. 93	0. 57	0. 54	0. 39	4. 37	1. 12	1. 12	0. 53	0. 35	0. 42	0. 32	0. 374
4/2. 5	40	25	3	4	1. 890	1. 484	0. 127	3. 08	1. 28	1. 15	0. 93	0. 70	0. 49	6. 39	1. 32	1. 59	0. 59	0. 56	0. 54	0. 40	0. 386
			4		2. 467	1. 936	0. 127	3. 93	1. 26	1. 49	1. 18	0. 69	0. 63	8. 53	1. 37	2. 14	0. 63	0. 71	0. 54	0. 52	0. 381
4. 5/2. 8	45	28	3	5	2. 149	1. 687	0. 143	4. 45	1. 44	1. 47	1. 34	0. 79	0. 62	9. 10	1. 47	2. 23	0. 64	0. 80	0. 61	0. 51	0. 383
			4		2. 806	2. 203	0. 143	5. 69	1. 42	1. 91	1. 70	0. 78	0. 80	12. 13	1. 51	3. 00	0. 68	1. 02	0. 60	0. 66	0. 380
5/3. 2	50	32	3	5. 5	2. 431	1. 908	0. 161	6. 24	1. 60	1. 84	2. 02	0. 91	0. 82	12. 49	1. 60	3. 31	0. 73	1. 20	0. 70	0. 68	0. 404
			4		3. 177	2. 494	0. 160	8. 02	1，59	2. 39	2. 58	0. 90	1. 06	16. 65	1. 65	4. 45	0. 77	1. 53	0. 69	0. 87	0. 402
5. 6/3. 6	56	36	3	6	2. 743	2. 153	0. 181	8. 88	1. 80	2. 32	2. 92	1. 03	1. 05	17. 54	1. 78	4. 70	0. 80	1. 73	0. 79	0. 87	0. 408
			4		3. 590	2. 818	0. 180	11. 45	1. 79	3. 03	3. 76	1. 02	1. 37	23. 39	1，82	6. 33	0. 85	2. 23	0. 79	1. 13	0. 408
			5		4. 415	3. 466	0. 180	13. 86	1. 77	3. 71	4. 49	1. 01	1. 65	29. 25	1. 87	7. 94	0. 88	2. 67	0. 78	1. 36	0. 404
6. 3/4	63	40	4	7	4. 058	3. 185	0. 202	16. 49	2. 02	3. 87	5. 23	1. 14	1. 70	33. 30	2. 04	8. 63	0. 92	3. 12	0. 88	1. 40	0. 398
			5		4. 993	3. 920	0. 202	20. 02	2. 00	4. 74	6. 31	1. 12	2. 71	41. 63	2. 08	10. 86	0. 95	3. 76	0. 87	1. 71	0. 396

续表

角钢号数	尺寸/mm				截面面积/cm^2	理论质量/(kg/m)	外表面积/(m^2/m)	参考数值													
								x-x			y-y			x_1-x_1		y_1-y_1		u-u			
	B	b	d	r				I_x/cm^4	i_x/cm	W_x/cm^3	I_y/cm^4	i_y/cm	W_y/cm^3	I_{x1}/cm^4	y_0/cm	I_{y1}/cm^4	x_0/cm	I_u/cm^4	i_u/cm	W_u/cm^3	$\tan\alpha$
6.3/4	63	40	6	7	5.908	4.638	0.201	23.36	1.96	5.59	7.29	1.11	2.43	49.98	2.12	13.12	0.99	4.34	0.86	1.99	0.393
			7		6.802	5.339	0.201	26.53	1.98	6.40	8.24	1.10	2.78	58.07	2.15	15.47	1.03	4.97	0.86	2.29	0.389
7/4.5	70	45	4	7.5	4.547	3.570	0.226	23.17	2.26	4.86	7.55	1.29	2.17	45.92	2.24	12.26	1.02	4.40	0.98	1.77	0.410
			5		5.609	4.403	0.225	27.95	2.23	5.92	9.13	1.28	2.65	57.10	2.28	15.39	1.06	5.40	0.98	2.19	0.407
			6		6.647	5.218	0.225	32.54	2.21	6.95	10.62	1.26	3.12	68.35	2.32	18.58	1.09	6.35	0.98	2.59	0.404
			7		7.657	6.011	0.225	37.22	2.20	8.03	12.01	1.25	3.57	79.99	2.36	21.84	1.13	7.16	0.97	2.94	0.402
(7.5/5)	75	50	5	8	6.125	4.808	0.245	34.86	2.39	6.83	12.61	1.44	3.30	70.00	2.40	21.04	1.17	7.41	1.10	2.74	0.435
			6		7.260	5.699	0.245	41.12	2.38	8.12	14.70	1.42	3.88	84.30	2.44	25.37	1.21	8.54	1.08	3.19	0.435
			8		9.467	7.431	0.244	52.39	2.35	10.52	18.53	1.40	4.99	112.50	2.52	34.23	1.29	10.87	1.07	4.10	0.429
			10		11.590	9.098	0.244	62.71	2.33	12.79	21.96	1.38	6.04	140.80	2.60	43.43	1.36	13.10	1.06	4.99	0.423
8/5	80	50	5	8	6.375	5.005	0.255	41.96	2.56	7.78	12.82	1.42	3.32	85.21	2.60	21.06	1.14	7.66	1.10	2.74	0.388
			6		7.560	5.935	0.255	49.49	2.56	9.25	14.95	1.41	3.91	102.53	2.65	25.41	1.18	8.85	1.08	3.20	0.387
			7		8.724	6.848	0.255	56.16	2.54	10.58	16.96	1.39	4.48	119.33	2.69	29.82	1.21	10.18	1.08	3.70	0.384
			8		9.867	7.745	0.254	62.83	2.52	11.92	18.85	1.38	5.03	136.41	2.73	34.32	1.25	11.38	1.07	4.16	0.381
9/5.6	90	56	5	9	7.212	5.661	0.287	60.45	2.90	9.92	18.32	1.59	4.21	121.32	2.91	29.53	1.25	10.98	1.23	3.49	0.385
			6		8.557	6.717	0.286	71.03	2.88	11.74	21.42	1.58	4.96	145.59	2.95	35.58	1.29	12.90	1.23	4.18	0.384
			7		9.880	7.756	0.286	81.01	2.86	13.49	24.36	1.57	5.70	169.66	3.00	41.71	1.33	14.67	1.22	4.72	0.382
			8		11.183	8.779	0.286	91.03	2.85	15.27	27.15	1.56	6.41	194.17	3.04	47.93	1.36	16.34	1.21	5.29	0.380
10/6.3	100	63	6	10	9.617	7.550	0.320	99.06	3.21	14.64	30.94	1.79	6.35	199.71	3.24	50.50	1.43	18.42	1.38	5.25	0.394
			7		11.111	8.722	0.320	113.45	3.20	16.88	35.26	1.78	7.29	233.00	3.28	59.14	1.47	21.00	1.38	6.02	0.392
			8		12.584	9.878	0.319	127.37	3.18	19.08	39.39	1.77	8.21	266.32	3.32	67.88	1.50	23.50	1.37	6.78	0.391
			10		15.467	12.142	0.319	153.81	3.15	23.32	47.12	1.74	9.98	333.06	3.40	85.73	1.58	28.33	1.35	8.24	0.387

续表

角钢号数	尺寸 mm				截面面积/cm²	理论质量/(kg/m)	外表面积/(m²/m)	参考数值													
								x-x			y-y			x_1-x_1		y_1-y_1		u-u			
	B	b	d	r				I_x/cm⁴	i_x/cm	W_x/cm³	I_y/cm⁴	i_y/cm	W_y/cm³	I_{x1}/cm⁴	y_0/cm	I_{y1}/cm⁴	x_0/cm	I_u/cm⁴	i_u/cm	W_u/cm³	tanα
10/8	100	80	6	10	10.637	8.350	0.454	107.04	3.17	15.19	61.24	2.40	10.16	199.83	2.95	102.68	1.97	31.65	1.72	8.37	0.627
			7		12.301	9.656	0.354	122.73	3.16	17.52	70.08	2.39	11.71	233.20	3.00	119.98	2.01	36.17	1.72	9.60	0.626
			8		13.944	10.946	0.353	137.92	3.14	19.81	78.58	2.37	13.21	266.61	3.04	137.37	2.05	40.58	1.71	10.80	0.625
			10		17.167	13.476	0.353	166.87	3.12	24.24	94.65	2.35	16.12	333.63	3.12	172.48	2.13	49.10	1.69	13.12	0.622
11/7	110	70	6	10	10.637	8.350	0.354	133.57	3.54	17.85	42.92	2.01	7.90	265.78	3.53	69.08	1.57	25.36	1.54	6.53	0.403
			7		12.301	9.656	0.354	153.00	3.53	20.60	49.01	2.00	9.09	310.07	3.57	80.82	1.61	28.95	1.53	7.50	0.402
			8		13.944	10.946	0.353	172.04	3.51	23.30	54.87	1.98	10.25	354.39	3.62	92.70	1.65	32.45	1.53	8.45	0.401
			10		17.167	13.476	0.353	208.39	3.48	28.54	65.88	1.96	12.48	443.13	3.70	116.83	1.72	39.20	1.51	10.29	0.397
12.5/8	125	80	7	11	14.096	11.066	0.403	277.98	4.02	26.86	74.42	2.30	12.01	454.99	4.01	120.32	1.80	43.81	1.76	9.92	0.408
			8		15.989	12.551	0.403	256.77	4.01	30.41	83.49	2.28	13.56	519.99	4.06	137.85	1.84	49.15	1.75	11.18	0.407
			10		19.712	15.474	0.402	312.04	3.98	37.33	100.67	2.26	16.56	650.99	4.14	173.40	1.92	59.45	1.74	13.64	0.404
			12		23.351	18.330	0.402	364.41	3.95	44.01	116.67	2.24	19.43	780.39	4.22	209.67	2.00	69.35	1.72	16.01	0.400
14/9	140	90	8	12	18.038	14.160	0.453	365.64	4.50	38.48	120.69	2.59	17.34	730.53	4.50	195.79	2.04	70.83	1.98	14.31	0.411
			10		22.261	17.475	0.452	445.50	4.47	47.31	146.03	2.56	21.22	913.20	4.58	245.92	2.12	85.82	1.96	17.48	0.409
			12		26.400	20.724	0.451	521.59	4.44	55.87	169.79	2.54	24.95	1096.09	4.66	296.89	2.19	100.21	1.95	20.54	0.406
			14		30.456	23.908	0.451	594.10	4.42	64.18	192.10	2.51	28.54	1279.26	4.74	348.82	2.27	114.13	1.94	23.52	0.403
16/10	160	100	10	13	25.315	19.872	0.512	668.69	5.14	62.13	205.03	2.85	26.56	1362.89	5.24	336.59	2.28	121.74	2.19	21.92	0.390
			12		30.054	23.592	0.511	784.91	5.11	73.49	239.06	2.82	31.28	1635.56	5.32	405.94	2.36	142.33	2.17	25.79	0.388
			14		34.709	27.247	0.510	896.30	5.08	84.56	271.20	2.80	35.83	1908.50	5.40	476.42	2.43	162.23	2.16	29.56	0.385
			16		39.281	30.835	0.510	1003.04	5.05	95.33	301.60	2.77	40.24	2181.79	5.48	548.22	2.51	182.57	2.16	33.44	0.382

续表

角钢号数	尺寸/mm				截面面积/cm^2	理论质量/(kg/m)	外表面积/(m^2/m)	参考数值													
								x-x			y-y			x_1-x_1		y_1-y_1		u-u			
	B	b	d	r				I_x/cm^4	i_x/cm	W_x/cm^3	I_y/cm^4	i_y/cm	W_y/cm^3	I_{x1}/cm^4	y_0/cm	I_{y1}/cm^4	x_0/cm	I_u/cm^4	i_u/cm	W_u/cm^3	tanα
18/11	180	110	10	14	28.373	22.273	0.571	956.25	5.80	78.96	278.11	3.13	32.49	1940.40	5.89	447.22	2.44	166.50	2.42	26.88	0.376
			12		33.721	26.464	0.571	1124.72	5.78	93.53	325.03	3.10	34.32	2328.38	5.98	538.94	2.52	194.87	2.40	31.66	0.374
			14		38.967	30.589	0.570	1286.91	5.75	107.76	369.55	3.08	43.97	2716.60	6.06	631.95	2.59	222.30	2.39	36.32	0.372
			16		44.139	34.649	0.569	1443.06	5.72	121.64	411.85	3.06	49.44	3105.15	6.14	726.46	2.67	248.94	2.38	40.87	0.369
20/12.5	200	125	12		37.912	29.761	0.641	1570.90	6.44	116.73	483.16	3.57	49.99	3193.85	6.54	787.74	2.83	285.79	2.74	41.23	0.392
			14		42.867	34.436	0.640	1800.97	4.41	134.65	550.83	3.54	57.44	3726.17	6.62	922.47	2.91	326.58	2.73	47.34	0.390
			16		49.739	39.045	0.639	2023.35	6.38	152.18	615.44	3.52	64.69	4258.86	6.70	1058.86	2.99	366.21	2.71	53.32	0.388
			18		55.526	43.588	0.639	2238.30	6.35	169.33	677.19	3.49	71.74	4792.00	6.78	1197.13	3.06	404.83	2.70	59.18	0.385

注：1. 括号内型号不推荐使用；

2. 截面图中的 $r_1=\frac{1}{3}d$ 及表中 r 的数据用于孔型设计，不作交货条件。

附表 3　热轧工字钢（GB/T 706—1988）

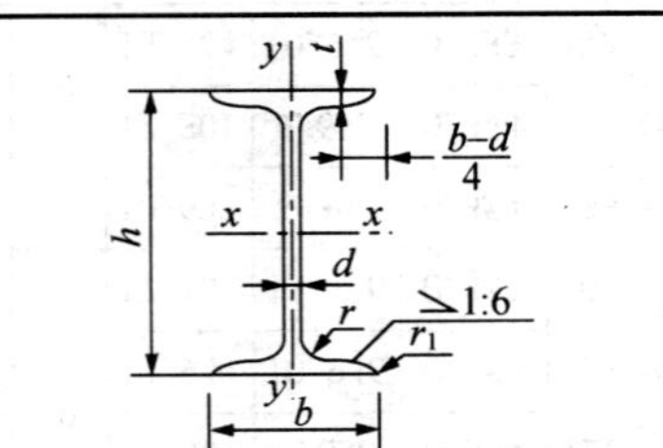

符号意义：

- h——高度
- b——腿宽度
- d——腰厚度
- t——平均腿厚度
- r——内圆弧半径
- r_1——腿端圆弧半径
- I——惯性矩
- W——截面系数
- i——惯性半径
- S——半截面的静力矩

型号	尺寸/mm						截面面积/cm^2	理论质量(kg/m)	参考数值						
									x-x				y-y		
	h	b	d	t	r	r_1			I_x/cm^4	W_x/cm^3	i_x/cm	$i_x:S_x$/cm	I_y/cm^4	W_y/cm^3	i_y/cm
10	100	68	4.5	7.6	6.5	3.3	14.3	11.2	245	49	4.14	8.59	33	9.72	1.52
12.6	126	74	5	8.4	7	3.5	18.1	14.2	488.43	77.529	5.195	10.85	46.906	12.677	1.609

续表

型号	尺寸 mm						截面面积/cm²	理论质量 (kg/m)	参考数值						
									x-x				y-y		
	h	b	d	t	r	r_1			$\frac{I_x}{cm^4}$	$\frac{W_x}{cm^3}$	$\frac{i_x}{cm}$	$\frac{i_x:S_x}{cm}$	$\frac{I_y}{cm^4}$	$\frac{W_y}{cm^3}$	$\frac{i_y}{cm}$
14	140	80	5.5	9.1	7.5	3.8	21.5	16.9	712	102	5.76	12	64.4	16.1	1.73
16	160	88	6	9.9	8	4	26.1	20.5	1 130	141	6.58	13.8	93.1	21.2	1.89
18	180	94	6.5	10.7	8.5	4.3	30.6	24.1	1 660	185	7.36	15.4	122	26	2
20a	220	100	7	11.4	9	4.5	35.5	27.9	2 370	237	8.15	17.2	158	31.5	2.12
20b	200	102	9	11.4	9	4.5	39.5	31.1	2 500	250	7.96	16.9	169	33.1	2.06
22a	220	110	7.5	12.3	9.5	4.8	42	33	3 400	309	8.99	18.9	225	40.9	2.31
22b	220	112	9.5	112.3	9.5	4.8	46.4	36.4	3 570	325	8.78	18.7	239	42.7	2.27
25a	250	116	8	13	10	5	48.5	38.1	5 023.54	401.88	10.18	21.58	280.046	48.283	2.403
25b	250	118	10	13	10	5	53.5	42	5 283.96	422.72	9.938	21.27	309.297	52.423	2.404
28a	280	122	8.5	13.7	10.5	5.3	55.45	43.4	7 114.14	508.15	11.32	24.62	345.051	56.565	2.495
28b	280	124	10.5	13.7	10.5	5.3	61.05	47.9	7 480	534.29	11.08	24.24	379.496	61.209	2.493
32a	320	130	9.5	15	11.5	5.8	67.05	52.7	11 075.5	692.2	12.84	27.46	459.93	70.758	2.619
32b	320	132	11.5	15	11.5	5.8	73.45	57.7	11 621.4	726.33	12.58	27.09	501.93	75.989	2.614
32c	320	134	13.5	15	11.5	5.8	79.95	62.8	12 167.5	760.47	12.34	26.77	543.81	81.166	2.608
36a	360	136	10	15.8	12	6	76.3	59.9	15 760	875	14.4	30.7	552	81.2	2.69
36b	360	138	12	15.8	12	6	83.5	65.6	16 530	919	14.1	30.3	582	84.3	2.64
36c	360	140	14	15.8	12	6	90.7	71.2	17 310	962	13.8	29.9	612	87.4	2.6
40a	400	142	10.5	16.5	12.5	6.3	86.1	67.6	21 720	1 090	15.9	34.1	660	93.2	2.77
40b	400	144	12.5	16.5	12.5	6.3	94.1	73.8	22 780	1 140	15.6	33.6	692	96.2	2.71
40c	400	146	14.5	16.5	12.5	6.3	102	80.1	23 850	1 190	15.2	33.2	727	99.6	2.65
45a	450	150	11.5	18	13.5	6.8	102	80.4	32 240	1 430	17.7	38.6	855	114	2.89
45b	450	152	13.5	18	13.5	6.8	111	87.4	33 760	1 500	17.4	38	894	118	2.84
45c	450	154	15.5	18	13.5	6.8	120	94.5	35 280	1 570	17.1	37.6	938	122	2.79
50a	500	158	12	20	14	7	119	93.6	46 470	1 860	19.7	42.8	1 120	142	3.07
50b	500	160	14	20	14	7	129	101	48 560	1 940	19.4	42.4	1 170	146	3.01

续表

型号	尺寸 mm						截面面积/cm^2	理论质量(kg/m)	参考数值						
									x-x				y-y		
	h	b	d	t	r	r_1			I_x cm^4	W_x cm^3	i_x cm	$i_x:S_x$ cm	I_y cm^4	W_y cm^3	i_y cm
50c	500	162	16	20	14	7	139	109	50 640	2 080	19	41.8	1 220	151	2.96
56a	560	166	12.5	21	14.5	7.3	135.25	106.2	65 585.6	2 342.31	22.02	47.73	1 370.16	165.08	3.182
56b	560	168	14.5	21	14.5	7.3	146.45	115	68 512.5	2 446.69	21.63	47.17	1 486.75	174.25	3.162
56c	560	170	16.5	21	14.5	7.3	157.85	123.9	71 439.4	2 551.41	21.27	46.66	1 558.39	183.34	3.158
63a	630	176	13	22	15	7.5	154.9	121.6	93 916.2	2 981.47	24.62	54.17	1 700.55	193.24	3.314
63b	630	178	15	22	15	7.5	167.5	131.5	98 083.6	3 163.38	24.2	53.51	1 812.07	203.6	3.289
63c	630	180	17	22	15	7.5	180.1	141	102 251.1	3 298.42	23.82	52.92	1 924.91	213.88	3.268

注：截面图和表中标注的圆弧半径 r、r_1 的数据用于孔型设计，不作交货条件。

附表 4　热轧槽钢（GB/T 707—1988）

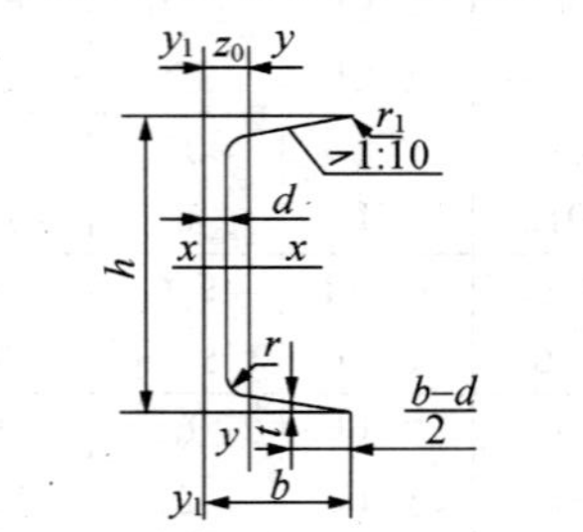

符号意义：

h——高度　　　　r_1——腿端圆弧半径

b——腿宽度　　　I——惯性矩

d——腰厚度　　　W——截面模量

t——平均腿厚度　i——惯性半径

r——内圆弧半径　z_0——y-y 轴与 y_1-y_1 轴间矩

型号	尺寸 mm						截面面积/cm^2	理论质量(kg/m)	参考数值							
									x-x			y-y			y_1-y_1	
	h	b	d	t	r	r_1			W_x cm^3	I_x cm^4	i_x cm	W_y cm^3	I_y cm^4	i_y cm	I_{y1} cm^4	z_0 cm
5	50	37	4.5	7	7	3.5	6.93	5.44	10.4	26	1.94	3.55	8.3	1.1	20.9	1.35
6.3	63	40	4.8	7.5	7.5	3.75	8.444	6.63	16.123	50.786	2.453	4.50	11.872	1.185	28.38	1.36
8	80	43	5	8	8	4	10.24	8.04	25.3	101.3	3.15	5.79	16.6	1.27	37.4	1.43

续表

型号	尺寸 mm						截面面积/cm²	理论质量 (kg/m)	参考数值							
									x-x			y-y			y_1-y_1	
	h	b	d	t	r	r_1			W_x/cm³	I_x/cm⁴	i_x/cm	W_y/cm³	I_y/cm⁴	i_y/cm	I_{y1}/cm⁴	z_0/cm
10	100	48	5. 3	8. 5	8. 5	4. 25	12. 74	10	39. 7	198. 3	3. 95	7. 8	25. 6	1. 41	54. 9	1. 52
12. 6	126	53	5. 5	9	9	4. 5	15. 69	12. 37	62. 137	391. 466	4. 953	10. 242	37. 99	1. 567	77. 09	1. 59
14a	140	58	6	9. 5	9. 5	4. 75	18. 51	14. 53	80. 5	563. 7	5. 52	13. 01	53. 2	1. 7	107. 1	1. 71
14b	140	60	8	9. 5	9. 5	4. 75	21. 31	16. 73	87. 1	609. 4	5. 35	14. 12	61. 1	1. 69	120. 6	1. 67
16a	160	63	6. 5	10	10	5	21. 95	17. 23	108. 3	866. 2	6. 28	16. 3	73. 3	1. 83	144. 1	1. 8
16	160	63	8. 5	10	10	5	25. 15	19. 74	116. 8	934. 5	6. 1	17. 55	83. 4	1. 82	160. 8	1. 75
18a	180	68	7	10. 5	10. 5	5. 25	25. 69	20. 17	141. 4	1 272. 7	7. 04	20. 03	98. 6	1. 96	189. 7	1. 88
18	180	70	9	10. 5	10. 5	5. 25	29. 29	22. 99	152. 2	1 369. 9	6. 84	21. 52	111	1. 95	210. 1	1. 84
20a	200	73	7	11	11	5. 5	28. 83	22. 63	178	1 780. 4	7. 86	24. 2	128	2. 11	244	2. 01
20	200	75	9	11	11	5. 5	32. 83	25. 77	191. 4	1 913. 7	7. 64	25. 88	143. 6	2. 09	268. 4	1. 95
22a	220	77	7	11. 5	11. 5	5. 75	31. 84	24. 99	217. 6	2 393. 9	8. 67	28. 17	157. 8	2. 23	298. 2	2. 1
22	220	79	9	11. 5	11. 5	5. 75	36. 24	28. 45	233. 8	2 571. 4	8. 42	30. 05	176. 4	2. 21	326. 3	2. 03
25a	250	78	7	12	12	6	34. 91	27. 47	269. 597	3 369. 62	9. 823	30. 607	175. 529	2. 243	322. 256	2. 065
25b	250	80	9	12	12	6	39. 91	31. 39	282. 402	3 530. 04	9. 405	32. 657	196. 421	2. 218	353. 187	1. 982
25c	250	82	11	12	12	6	44. 91	35. 32	295. 236	3 690. 45	9. 065	35. 926	218. 415	2. 206	384. 133	1. 921
28a	280	82	7. 5	12. 5	12. 5	6. 25	40. 02	31. 42	340. 328	4 764. 59	10. 91	35. 718	217. 989	2. 333	387. 566	2. 097
28b	280	84	9. 5	12. 5	12. 5	6. 25	45. 62	35. 81	366. 46	5 130. 45	10. 6	37. 929	242. 144	2. 304	427. 589	2. 016
28c	280	86	11. 5	12. 5	12. 5	6. 25	51. 22	40. 21	392. 594	5 496. 32	10. 35	40. 301	267. 602	2. 286	462. 597	1. 951
32a	320	88	8	14	14	7	48. 7	38. 22	474. 879	7 598. 06	12. 49	46. 473	304. 787	2. 502	552. 31	2. 242
32b	320	90	10	14	14	7	55. 1	43. 25	509. 012	8 144. 2	12. 15	49. 157	336. 332	2. 471	592. 933	2. 158
32c	320	92	12	14	14	7	61. 5	48. 28	543. 145	8 690. 33	11. 88	52. 642	374. 175	2. 467	643. 299	2. 092

续表

型号	尺寸/mm						截面面积/cm^2	理论质量/(kg/m)	参考数值							
									x-x			y-y			y_1-y_1	
	h	b	d	t	r	r_1			W_x/cm^3	I_x/cm^4	i_x/cm	W_y/cm^3	I_y/cm^4	i_y/cm	I_{y1}/cm^4	z_0/cm
36a	360	96	9	16	16	8	60. 89	47. 8	659. 7	11 874. 2	13. 97	63. 54	455	2. 73	818. 4	2. 44
36b	360	98	11	16	16	8	68. 09	53. 45	702. 9	12 651. 8	13. 63	66. 85	496. 7	2. 7	880. 4	2. 37
36c	360	100	13	16	16	8	75. 29	50. 1	746. 1	13 429. 4	13. 36	70. 02	536. 4	2. 67	947. 9	2. 34
40a	400	100	10. 5	18	18	9	75. 05	58. 91	878. 9	17 577. 9	15. 30	78. 83	592	2. 81	1 067. 7	2. 49
40b	400	102	12. 5	18	18	9	83. 05	65. 19	932. 2	18 644. 5	14. 98	82. 52	640	2. 78	1 135. 6	2. 44
40c	400	104	14. 5	18	18	9	91. 05	71. 47	985. 6	19 711. 2	14. 71	86. 19	687. 8	2. 75	1 220. 7	2. 42

注：截面图和表中标注的圆弧半径 r、r_1 的数据用于孔型设计，不作交货条件。